新工科建设·计算机系列教材
河南省省级精品课程教材
河南科技大学教材出版基金项目

C 语言程序设计（第 2 版）

刘欣亮　李　敏　主编

赵海霞　薛冰冰　张兵利　韩同跃　副主编

普杰信　主审

电子工业出版社
Publishing House of Electronics Industry
北京·BEIJING

内 容 简 介

本书是河南省省级精品课程"C 语言程序设计"的配套教材。全书分为程序设计基础篇和程序设计进阶篇两大部分：基础篇介绍了 C 语言概述，数据类型、运算符与表达式，顺序结构程序设计，选择结构程序设计，循环结构程序设计，数组，函数及预处理命令；进阶篇主要介绍了指针，结构体与共用体，位运算及文件。

本书知识体系完整、结构清晰、叙述简洁、例题典型丰富，注重对读者进行程序设计方法的基础训练，培养良好的程序设计风格。本书配有网络版的教学平台及考试系统，并提供相关的教学资源（电子课件、例题源代码等）。

本书适合作为高等院校非计算机类各专业"C 语言程序设计"课程的教材，也可作为计算机程序设计人员的参考书。

图书在版编目（CIP）数据

C 语言程序设计 / 刘欣亮，李敏主编. —2 版. —北京：电子工业出版社，2018.2
ISBN 978-7-121-33304-0

I. ①C… II. ①刘… ②李… III. ①C 语言－程序设计－高等学校－教材 IV. ①TP312.8

中国版本图书馆 CIP 数据核字（2017）第 311549 号

策划编辑：戴晨辰
责任编辑：戴晨辰
印　　刷：北京虎彩文化传播有限公司
装　　订：北京虎彩文化传播有限公司
出版发行：电子工业出版社
　　　　　北京市海淀区万寿路 173 信箱　　邮编：100036
开　　本：787×1092　1/16　印张：21　字数：538 千字
版　　次：2013 年 1 月第 1 版
　　　　　2018 年 2 月第 2 版
印　　次：2022 年 8 月第 12 次印刷
定　　价：59.90 元

凡所购买电子工业出版社图书有缺损问题，请向购买书店调换。若书店售缺，请与本社发行部联系，联系及邮购电话：(010)88254888，88258888。

质量投诉请发邮件至 zlts@phei.com.cn，盗版侵权举报请发邮件至 dbqq@phei.com.cn。

本书咨询联系方式：dcc@phei.com.cn。

前　言

C 语言是目前世界上应用最广泛的一种结构化的程序设计语言。它既具有高级语言的功能，又具有低级语言的功能，它提供类型丰富、使用灵活的基本运算和数据类型，而且可移植性非常好。许多大型应用软件都是用 C 语言编写的，深受编程者的喜爱。

本书分为程序设计基础篇和程序设计进阶篇两大部分：基础篇介绍了 C 语言概述，数据类型、运算符与表达式，顺序结构程序设计，选择结构程序设计，循环结构程序设计，数组，函数及预处理命令；进阶篇主要介绍了指针，结构体与共用体，位运算及文件。

本书的主要特点如下。

1．知识点精练，实用性强

C 语言程序设计课程的知识点繁多，为了让读者在学习 C 语言程序设计的过程中快速入门，本书对各个章节中的知识点进行了提炼，删减了一些不常用的知识点，增加了典型算法与综合程序设计的内容，使初学者能够快速掌握 C 语言程序设计的方法。

2．案例新颖，趣味性强

教材中的每个案例都经过精心设计，趣味性及实用性较强。通过这些案例，不仅可以提高读者学习 C 语言的兴趣，而且可以对所学知识点达到举一反三的效果，从而使读者更深刻地理解所学习的知识点。

3．注重程序代码的规范化

本书中的所有程序代码严格按照流行的 C 语言的书写规范进行编写，使读者在 C 语言学习中逐步养成良好的代码书写习惯，提高读者对程序设计严谨性、缜密性、规范性的认识，为培养优秀的程序员打下良好的基础。

4．通过实际案例学习知识点，提高分析问题和独立编写程序的能力

本书通过实际项目中的综合应用程序将 C 语言的知识点融为一体，使读者能够有目的性地学习 C 语言的各知识点。在每个综合应用程序中，通过需求分析、程序编写、调试运行等标准化程序设计的步骤，使读者较快地提高独立编写程序的能力，掌握标准化的程序设计方法。

本书配套实验指导书《C 语言上机实验指导(第 2 版)》(刘欣亮、赵海霞主编)，另外还配有网络版的教学平台及考试系统，并提供相关的教学资源(电子课件、例题源代码等)。需要的教师可登录华信教育资源网(www.hxedu.com.cn)注册后免费下载，也可与本书的编辑(dcc@phei.com.cn)联系获取。

本书由长期从事一线教学的教师和具有多年 C 语言实际项目编程经验的工程技术人员编写，获得了河南科技大学教材出版基金项目的资助。全书由普杰信教授负责主审，

刘欣亮、李敏担任主编。韩同跃编写了第 1、2 章；张兵利编写了第 3、4 章；李敏编写了第 5、6 章；赵海霞编写了第 7、8 章；刘欣亮编写了第 10、12 章；薛冰冰编写了第 9、11 章。此外，孙素环、赵红英、韩爱意、张蕾，以及洛阳众智软件科技股份有限公司的技术人员参加了部分程序的调试工作。在本书的编写过程中，参阅并引用了国内外诸多同行的著作，在此向他们表示感谢。

　　由于作者学术水平有限，书中错误和不妥之处在所难免，敬请读者批评指正。

编　者

目　　录

程序设计基础篇

程序设计基础篇

第1章 C语言概述

计算机发展到今天，其应用已经深入到许多领域。程序设计所用的计算机语言也从最早面向计算机的低级语言，发展到今天的面向对象的高级语言。

1.1 程序设计语言的发展过程

计算机的一切操作都是由程序控制的，离开程序，计算机将一无所用。程序就是用计算机语言编写的命令序列。计算机语言的种类有很多，根据其发展的过程和面向的对象，可分为三大类：机器语言、汇编语言、高级语言。

1.1.1 机器语言（第一代语言）

机器语言是由二进制代码 0 和 1 构成的指令序列，是面向计算机 CPU 系统的，是计算机可以直接识别并执行的计算机语言。不同的计算机 CPU 系统能够识别的机器语言是不同的。

例如：在某种计算机 CPU 系统中，加法指令用 00100101 表示，减法指令用 10010101 表示。

优点：机器语言能被计算机的 CPU 直接理解和执行，不需要另外的翻译软件，占用空间少，执行速度快。

缺点：机器语言的缺点主要表现在难理解、难编写、难修改、难移植几个方面。

1.1.2 汇编语言（第二代语言）

为了克服机器语言的缺点，人们采用助记符和符号地址来代替机器指令，所形成的计算机语言，称为汇编语言，汇编语言是符号语言。

例如：用 ADD 代表加法，用 SUB 代表减法。

用汇编语言编写的程序，计算机硬件不能直接理解和执行，需要通过另外的翻译软件（汇编程序）将其翻译成机器语言目标程序后，计算机才可以执行。

优点：执行效率高，与机器语言相比，其学习和记忆难度有所下降。

缺点：仍然是面向计算机硬件系统的语言，通用性较差，用户较难掌握，仍然属于计算机的低级语言。

1.1.3 高级语言

高级语言是由表示不同意义的英文单词和数学符号按照一定的逻辑关系及严格的语法规则构成的程序设计语言。

例如："+"代表加法，"−"代表减法。

高级语言接近于自然语言，便于用户学习和记忆，且通用性较强。

用高级语言编写的程序，计算机硬件也不能直接理解和执行，需要另外的语言处理程序将其翻译成机器语言程序。高级语言可分为面向过程的高级语言和面向对象的高级语言。

1. 面向过程的高级语言(第三代语言)

面向过程的高级语言在程序中不仅要告诉计算机"做什么",还要告诉计算机"怎么做"。即在程序中要详细描述用什么动作加工什么数据,也就是把解题过程编写成高级语言程序。

常用的面向过程的高级语言有 BASIC、FORTRAN、Pascal、C、COBOL 等。

2. 面向对象的高级语言(第四代语言)

面向对象的高级语言是非过程化的语言,是面向应用层的。编写程序时,在程序中只需告诉计算机"做什么",一般无须告诉计算机"怎么做"。

常用的面向对象的高级语言有 Visual Basic、C++、Visual C++、Visual J++、Visual FoxPro、Borland Delphi 和 Power Builder 等。

1.2 C 语言简介

1.2.1 C 语言的发展

C 语言是面向过程的高级语言中的一种,是在 20 世纪 70 年代初问世的。1978 年,美国电话电报公司(AT&T)贝尔实验室正式发布了 C 语言。同时,由 B. W. Kernighan 和 D. M. Ritchit 合著了著名的 *The C Programming Language* 一书,该书通常简称为 *K&R*,也有人称之为 *K&R* 标准。但是,在 *K&R* 中并未定义一个完整的标准 C 语言;美国国家标准学会(American National Standards Institute)后来在此基础上制定了一个 C 语言标准,并于 20 世纪 80 年代初期发布,该标准通常简称为 ANSI C。

早期的 C 语言主要用于 UNIX 系统。后来,由于 C 语言的强大功能和各方面的优点逐渐为人们所认识,到了 20 世纪 80 年代,C 开始进入其他操作系统,并很快在各类大、中、小和微型计算机上得到了广泛使用,成为当代最优秀的程序设计语言之一。

目前最流行的 C 语言有以下几种版本。

(1) Visual C++,简称 VC++。

(2) Microsoft C,简称 MS C。

(3) Borland Turbo C,简称 Turbo C。

(4) AT&T C。

这些 C 语言版本都在 ANSI C 标准的基础上各自做了一些扩充,使之更加方便、完美。20 世纪 80 年代,贝尔实验室又为 C 语言增加了面向对象的特性,即 C++。

1.2.2 C 语言的特点

1. 简洁紧凑

C 语言一共有 32 个关键字、9 种控制语句,一般用小写字母表示。由于压缩了一切不必要的内容,所以完成同样功能的程序更短小精悍。

2. 数据类型齐全

C 的数据类型有:整型、实型、字符型、数组型、指针型、结构体型、共用体型等,几乎包含了其他高级语言中的所有数据类型,能方便地实现各种不同数据类型的运算。另外,又引入了能实现如链表、树、栈等复杂数据结构的指针概念,使程序更加灵活和多样化、效率更高。

3．运算符丰富

C 语言共有 34 种运算符。C 语言把括号、赋值等都作为运算符处理，从而使 C 语言的运算类型极其丰富，灵活使用各种运算符可以实现在其他高级语言中难以实现的运算。

4．C 语言是结构化语言

结构化语言的显著特点是代码及数据的分隔化，即程序的各个部分除了必要的信息交流外，彼此独立。这种结构化方式可使程序层次清晰，便于使用、维护及调试。C 语言是以函数形式提供给用户的，用户可以方便地调用这些函数。另外，C 语言提供了多种结构化的循环、条件控制语句，从而使程序很容易地实现完全结构化。

5．C 语言语法限制不太严格、程序设计自由度大

大多数高级语言对程序语法检查比较严格，能够检查出几乎所有的语法错误。而 C 语言放宽了对程序语法的检查，程序员用 C 语言写程序会感到限制少、灵活性大，允许程序编写者有较大的自由度。

6．C 语言可以直接对硬件进行操作

C 语言既具有高级语言的功能，又具有低级语言的许多功能，能够像汇编语言一样对位、字节和地址进行操作，而这三者是计算机最基本的工作单元。C 语言功能强大，既可以用于编写应用软件，也可用于编写系统软件，因此被称为"高级语言中的低级语言"或"中级语言"。

7．C 语言程序可移植性好、生成代码质量高、程序执行效率高

C 语言的一个突出的优点是适用于多种操作系统，也适用于多种机型。用 C 语言编写的程序几乎不用修改就能用于其他各种型号的计算机和各种操作系统，可移植性非常好。另外，C 语言编写的程序生成的代码质量高，只比汇编程序生成的目标代码效率稍低一些，从而使程序执行效率较高。

当然，C 语言也有缺点，如灵活性给编程人员带来自由的同时，可能也埋下了一定的风险；指针使得程序的执行过程难以跟踪；简洁使得程序难以阅读等，但与其众多的优点相比，仍然不失为人们首选的编程语言之一。

1.2.3　C 语言和 C++语言

20 世纪 80 年代，贝尔实验室推出了 C++，它是在 C 语言的基础上发展而来的，进一步扩充和完善了 C 语言的各项功能，成为一种面向对象的程序设计语言。C++目前流行的版本有 Borland C++、Symantec C++、Microsoft Visual C++。

C++提出了一些全新的概念，所支持的这些新的面向对象的概念容易将问题空间直接地映射到程序空间，为程序员提供了一种与传统结构程序设计不同的思维方式和编程方法。就 C++来说，语言的复杂性增加了很多，掌握起来有一定难度。

C 是 C++的基础，C++语言在很多方面和 C 语言是兼容的。因此，掌握了 C 语言，再进一步学习 C++就能以一种熟悉的语法来学习面向对象的语言，对学好 C++会有较大的帮助。

1.3　C 语言程序的结构

1.3.1　简单的 C 语言程序

阅读以下程序并从中了解一个 C 语言源程序的基本组成和书写格式。

【例 1-1】 输出一个字符串。

```
/* exp1-1 */
#include "stdio.h"
int main( )
{
    printf("C 语言是优秀的程序设计语言\n");
    return 0;
}
```

程序运行结果：

```
C语言是优秀的程序设计语言
Press any key to continue_
```

程序分析：

(1) /* exp1-1 */

C 语言程序的注释语句，内容不影响程序的执行，只是为了帮助阅读和理解程序。注释内容可用汉字、英文等各种符号。

(2) #include "stdio.h"

文件包含命令，当在源程序中需调用库函数时，要将该函数所对应的头文件包含到该程序中，stdio.h 文件为输入和输出头文件。除此之外，常用的库函数头文件还有数学函数的头文件 math.h、字符串函数的头文件 string.h 等。

(3) int main( )

main：C 语言程序的主函数名；int：定义函数类型为整型。

(4) {

C 语言程序的函数体开始标志。

(5) printf("C 语言是优秀的程序设计语言\n");

printf 为格式输出函数，其功能是在屏幕上输出双引号中的一行信息。\n 实现换行。

(6) return 0;

return 为返回函数值语句，该语句的功能是验证主函数是否正常执行。若主函数正常执行，返回值为 0。

(7) }

C 语言程序的函数体结束标志。

【例 1-2】 求三个数的平均数。

```
/* exp1-2 */
#include "stdio.h"
int main( )
{
    int x, y, z;                        /* 定义 x,y,z 为整型变量 */
    float average;                      /* 定义 average 为实型变量 */
    x = 5;                              /* 给变量 x 赋初值 */
    y = 12;                             /* 给变量 y 赋初值 */
    z = 35;                             /* 给变量 z 赋初值 */
    average = (x + y + z) / 3.0;        /* 计算平均数 */
    printf("average = %f\n", average);  /* 输出平均数 */
    return 0;
}
```

程序运行结果：

```
average = 17.333333
Press any key to continue
```

程序分析：

（1）/* exp1-2 */

C 语言程序的注释语句。

（2）#include "stdio.h"

文件包含命令。

（3）int main( )

main：C 语言程序的主函数名；int：定义函数类型为整型。

（4）{

C 语言程序的函数体开始标志。

（5）int x,y,z;

定义 3 个变量，而且数据类型是整型。

（6）float average;

定义 1 个变量表示平均数，而且数据类型是实型。

（7）x = 5;

　　y = 12;

　　z = 35;

此 3 行为赋值语句，给 3 个变量分别赋初始值 5、12、35。

（8）average = (x + y + z) / 3.0;

计算 x、y、z 的平均值。

（9）printf("average = %f \n", average);

printf 为格式输出函数，在屏幕上输出平均数。其中%f 是格式控制符，控制变量 average 的值以实型数据格式输出（将在本书第 3 章学习）。

（10）return 0;

return 为返回函数值语句，该语句的功能是验证主函数是否正常执行。若主函数正常执行，返回值为 0。

（11）}

C 语言程序的函数体结束标志。

【例 1-3】 求两个数中的大数。

```
/* exp1-3 */
#include "stdio.h"
int main( )
{
    int max(int x, int y);        /* 声明要调用的 max 子函数 */
    int a, b, c;                  /* 定义 3 个整型变量 a,b,c */
    scanf("%d%d", &a, &b);        /* 由键盘输入两个数分别给 a,b */
    c = max(a, b);                /* 调用 max 函数求两个数中的大数 */
    printf("最大数是:%d\n", c);   /* 输出两个数中的大数 */
    return 0;
}
```

```
int max(int x, int y)                           /* 定义max子函数 */
{
    int z;                                      /* max函数中的声明部分 */
    if(x > y)                                   /* 比较两个数的大小 */
        z = x;                                  /* x,y中的大数x赋给变量z */
    else
        z = y;                                  /* x,y中的大数y赋给变量z */
    return z;                                   /* 返回两个数中的大数 */
}
```

程序运行结果：

```
-8  12
最大数是:12
```

程序分析：本程序中的一些语句行的功能与前两个程序完全一样，在这里不再分析。下面只对程序中的部分语句行进行分析。

(1) int max(int x, int y);

对被调函数 max 的声明，告知编译系统主函数的执行中将会调用 max 函数。该函数的类型为整型(返回值为整型)，并有两个整型参数。

(2) scanf("%d%d", &a, &b);

scanf( )为格式输入函数，从键盘给变量 a 和 b 输入数值。

(3) c = max(a, b);

调用函数 max 的语句，调用时会将实参 a 和 b 的值传递给 max 函数中的形式参数 x，y，并将 max 函数中的返回值赋给变量 c。

(4) return z;

返回函数值语句，将 max 函数中求得的最大数返回到主函数中。

本程序将要实现的功能分给两个函数来完成，主函数(main 函数)负责数据的输入和输出；子函数(max 函数)负责在两个数中找出最大数。在主函数中给 a 和 b 两个变量输入数据，并通过函数调用语句将变量 a 和 b 的值传递给子函数中的变量 x 和 y；在子函数中，对变量 x 和 y 进行判断，将较大的那个值放入变量 z 中，并将变量 z 的值返回给主函数，由主函数负责输出，即两个函数共同合作完成任务。

1.3.2 C 语言程序的结构

以上几个程序，虽然还不能完全包含 C 语言程序的全部，但从中已可以了解一个 C 语言源程序的基本结构和书写格式。

1. C 语言程序由一个或若干个函数组成

(1) C 语言程序由一个或若干个函数组成，其中有且仅有一个函数名为 main 的主函数。

(2) 无论主函数写在什么位置，C 语言程序总是从主函数开始执行，结束于主函数。

(3) 被调用的函数可以是系统提供的库函数，如 printf( )、scanf( )等，也可以是用户自定义的子函数，如 max( )。如果调用系统提供的库函数，在调用之前必须将相应的头文件包含到本程序中，如果调用用户定义的子函数，在调用之前必须声明。

例如，上面程序中的语句#include "stdio.h"和 int max（int x, int y）;，就起这样的作用，其详细内容将在后续的章节中介绍。

（4）C 语言程序的函数相当于其他语言中的子程序，用函数来实现某特定功能，编写 C 语言程序实际上就是编写一个个函数。

2．C 语言程序中的每一个函数由两部分组成

在 C 语言程序中，每一个函数又由函数首部和函数体两部分组成。

（1）函数首部，即函数的第一行，包括函数类型、函数名、函数参数类型、函数参数名。

（2）函数体，即函数首部下面花括号内的部分，由说明和执行两部分组成。如果一个函数内有多个花括号，则最外层的一对花括号为函数体的范围。下面以子函数 max 为例来看一下函数的构成。

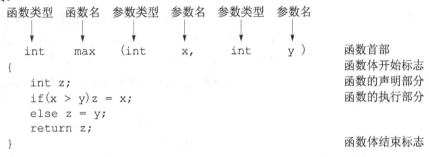

3．函数体由若干 C 语句组成

（1）函数体由若干 C 语句组成，C 语句有多种类型。例如：/* …… */为注释语句；int z;为声明语句；z = x;为赋值语句；return z;为返回语句等。

（2）C 语句必须以分号（;）作为语句结束符。

（3）C 语句书写比较自由。例如，可在一行书写多条语句，也可将一条语句写在多行，但习惯一行只写一条语句。

4．C 语句由一些基本字符组成

C 语言程序的语句中含有各种符号、名称、数值等。例如，int 是英语单词 integer（整型）的缩写，表示整型；average=(x+y+z)/3.0;类似于数学式子；x>y 类似于不等式；3.0 代表一个数值；return z 代表的功能也与英文原意相同等。

5．C 语言程序区分大小写字母

由于在 C 语言程序中区分大小写字母，因此命名时应特别注意。

6．C 语言对输入/输出实行"函数化"

C 语言系统本身没有设置输入/输出语句,输入/输出的操作是通过调用函数库中的scanf（）、printf（）等函数来完成的。

1.4　C 语言程序的运行步骤和集成开发环境

1.4.1　C 语言程序的运行步骤

编好一个 C 语言程序后,如何上机运行呢? 在所选用的系统上,一般要经过如下几个步骤。

1. 输入和编辑源程序

在启动所选用的 C 语言集成环境之后，在源代码编辑窗口，将程序输入到计算机中，并对源程序进行编辑修改，借助于编程环境建立 C 语言程序的源代码，并形成代码文件，其扩展名为 ".c"。例如，编辑后得到一个源程序文件 "f.c"。

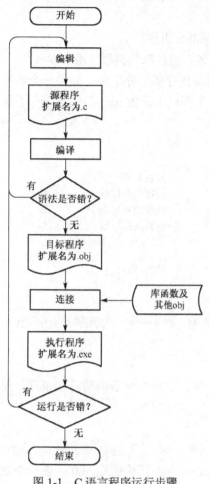

图 1-1 C 语言程序运行步骤

2. 编译程序

计算机系统无法识别用 C 语言编写的高级语言的源程序，必须将 C 语言程序的源代码文件转换为用机器语言表示的目标代码文件，扩展名为 ".obj"。例如，编译后得到一个目标代码文件 "f.obj"。

3. 连接程序

C 语言程序中引用了一些库函数，如 printf( ) 和 scanf( ) 等，系统还必须从系统的库中抽取引用的库函数的代码，将其加入到本程序代码中，使得各程序模块结合为一个有机的整体，最终形成计算机可以理解的、可直接运行的可执行程序，其扩展名为 ".exe"。例如，连接后得到一个可执行文件 "f.exe"。

4. 运行程序

得到可执行文件后，将该文件调入内存并使之执行，即可按照程序的要求得到程序的结果。

程序编写过程中，若在编辑和编译阶段发现错误，需要对程序代码的语法进行修改，若在运行程序时发现结果错误，需要对程序代码的逻辑进行修改。上述过程可能需要反复很多次才能使程序得到正确的运行结果，这就是程序的调试，调试就是发现并修正错误。通过不断地查找错误，修正错误，最终得到正确的运行结果。这个过程中，程序员的编程能力也在同步增长，编程水平会不断提高。

以上 C 语言程序的运行步骤可形象地表示为图 1-1。

1.4.2 C 语言的集成开发环境

编译、连接、运行源程序需要有相应的编译系统。目前使用的大部分编译系统都是集成开发环境，它把程序的编译、连接、运行操作全部集成在一个界面上来进行，功能齐全、使用方便直观。常用的编译系统有 Turbo C 2.0、Turbo C++ 3.0、Visual C++ 6.0 等。

1. Turbo C 2.0

Turbo C 2.0 以往用得比较多，它是在 DOS 操作系统下使用的，由于只能用键盘操作，而不能使用鼠标操作，再加上不能使用复制、剪切、粘贴等功能，因此感觉很不方便，现在已不常使用了。

2. Turbo C++ 3.0

近年来，有比较多的人使用 Turbo C++ 3.0，尽管 Turbo C++ 3.0 也是在 DOS 环境下运行的，但用户可以在 Windows 操作系统下直接运行 Turbo C++ 3.0 编译系统，其使用较之 Turbo C 2.0 更为方便。

3．Visual C++ 6.0

Visual C++ 6.0 是 Windows 下的集成环境，支持复制、剪切、粘贴等功能，能够使用鼠标操作。这些年随着 C++语言程序的普及，Visual C++ 6.0 作为一种功能强大的程序编译器也被相当多的程序员所使用。由于 Visual C++ 6.0 对 C 语言也是兼容的，所以也可以选用它作为学习 C 语言的集成环境。这也有利于同学们以后进一步学习 C++语言。Visual C++ 6.0 平台下运行 C 语言程序的过程将在本书配套实验指导书中详细介绍。

小　结

本章主要介绍了程序设计语言的发展、分类，C 语言的基本特点、构成规则，C 语言程序的上机运行步骤。通过本章的学习，读者可对计算机程序设计语言，特别是 C 语言有一个总体认识。

习　题　1

一、选择题

1. 以下叙述正确的是＿＿＿＿＿＿＿。

　A）在 C 语言程序中，主函数必须位于程序的最前面

　B）在 C 语言程序中，一行只能写一条语句

　C）C 语言程序的基本结构是程序行

　D）C 语句是完成某种程序功能的最小单位

2. 一个 C 程序的执行是从＿＿＿＿＿＿＿。

　A）本程序的主函数开始，到本程序的主函数结束

　B）本程序的第一个函数开始，到本程序的最后一个函数结束

　C）本程序的主函数开始，到本程序的最后一个函数结束

　D）本程序的第一个函数开始，到本程序的主函数结束

3. 以下叙述正确的是＿＿＿＿＿＿＿。

　A）C 语句的结束符为分号　　　　　　　　B）C 语句的结束符为逗号

　C）C 语句的结束符为冒号　　　　　　　　D）C 语句的结束符为句号

4. 以下叙述正确的是＿＿＿＿＿＿＿。

　A）在一个 C 语言程序中，有且只能有一个主函数

　B）在一个 C 语言程序中，可以有两个或两个以上的主函数

　C）在一个 C 语言程序中，主函数可以由用户来命名

　D）在一个 C 语言程序中，主函数名（main）后面的括号可以省略

5. 以下叙述正确的是＿＿＿＿＿＿＿。

　A）计算机的硬件系统可以直接识别并执行汇编语言程序

B)计算机的硬件系统可以直接识别并执行高级语言程序

C)计算机的硬件系统可以直接识别并执行机器语言程序

D)计算机的硬件系统可以直接识别并执行 C 语言程序

6. 以下叙述不正确的是_____。

A)在 C 语言程序中，主函数、子函数都可以由用户来命名

B)在 C 语言程序中，子函数可以由用户来命名，但主函数不能

C)在 C 语言程序中，主函数名只能用 main

D)在 C 语言程序中，主函数不一定要放在子函数的前面

二、问答题

1. 程序设计语言分为哪几种类型？

2. C 语言的主要特点有哪些？

3. C 语言程序由哪几个部分构成？

4. 写出 Visual C++ 6.0 环境下运行一个 C 语言程序的步骤。

三、程序设计题

1. 编写一个程序，输出字符串"C 语言为世界上应用最广泛的几种计算机语言之一"。

2. 参照本章内容，编写一个程序，求两个数之和。

第2章　数据类型、运算符与表达式

计算机程序的主要任务是对数据进行处理、加工。如果没有数据，计算机程序将无法完成指定的功能。因此，数据在计算机程序中占有重要地位。

2.1　C语言数据类型概述

数据是对外界事物的描述，由于事物的多样性，使得描述数据有不同的类型和组织形式。数据是以某种特定形式存在的(如整数、实数、字符等)。不同数据之间往往还存在某些联系，不同的计算机语言允许定义和使用的数据类型是不一样的，如一个学生有他的姓名、性别、学号、数学成绩、英语成绩、计算机成绩等，这些不同的数据构成了一个有机的整体，在C语言中可以定义为一个结构体来使用，而在其他程序设计语言中就不一定提供这样的数据类型。C语言提供的数据类型很丰富，具有现代语言的各种不同的数据类型。

编写程序时，区分数据的类型很重要，不同的数据类型具有不同的特征，如数据的表示形式不同、数据合法的取值范围不同、数据在计算机内部所占字节的数量不同、数据可参与的计算不同等。

C语言中的数据类型可分为：基本类型、枚举类型、空类型及派生类型，其中基本类型又可分为整型、字符型、实型，派生类型又可分为数组类型、结构体类型、共用体类型、指针类型及函数类型，如图2-1所示。

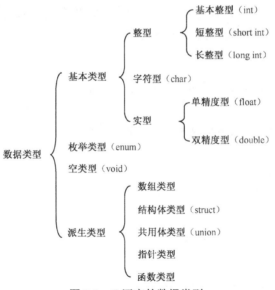

图2-1　C语言的数据类型

C语言规定，在程序中用到的数据都必须先定义类型，然后再使用。在本章中主要学习基本类型，其他的数据类型将在后续的章节中逐步介绍。

2.2 常　　量

2.2.1 常量的概念

在 C 语言中，基本类型数据按其取值是否可改变又分为常量和变量两种形式。在程序执行过程中，其值不发生改变的量称为常量。C 语言中的常量包括符号常量、整型常量、实型常量、字符型常量、字符串常量等。由于常量的表示形式决定了常量的大小和类型，如常量–26 为整型常量、常量 29.45 为实型常量、常量'a'为字符常量、常量"abc"为字符串常量，因此常量可以不经定义而直接引用。

2.2.2 符号常量

1. 标识符

在 C 语言中，用来标识变量名、符号常量名、函数名、数组名、类型名、文件名的有效字符序列称为标识符。

能够作为标识符的有效字符有以下三种：

(1)26 个英文字母　　　　　　(2)数字 0~9　　　　　　(3)下画线

且第一个字符必须为字母或下画线，例如下面列出的都为合法的标识符：

     max, sum, _total, day, teacher_name, book_1_2_3, PASCAL, li_ling

下面是不合法的标识符：

     N*John, ￥123, 3D64, a>b, china.li

2. 符号常量

在 C 语言中，可以用一个标识符来表示一个常量，称之为符号常量。

符号常量在使用之前必须先定义，其一般形式为：

     #define 标识符 常量

其功能是把该标识符定义为其后的常量值。经过定义后，在程序中所有出现该标识符的地方均代之以该常量值参与运算。

【例 2-1】 求半径为 r 的圆面积及半径为 r 的球体积。

```
/* exp2-1 */
#include "stdio.h"
#define PI 3.14159
int main( )
{
    float r, area, volume;
    r = 2.5;
    area = PI*r*r;
    volume = 4.0/3*PI*r*r*r;
    printf("area = %f, volume = %f\n", area, volume);
    return 0;
}
```

程序运行结果：

```
area = 19.634937 , volume = 65.449792
Press any key to continue_
```

程序分析：在程序中定义了一个符号常量 PI，值为 3.14159，在此后程序中凡出现 PI 的地方，都代表常量 3.14159，PI 可以像常量一样参与运算。

另外，在程序中若想把 PI 的值修改为 3.1415926，只需将【例 2-1】中的"#define PI 3.14159"改为"#define PI 3.1415926"即可。

对符号常量的几点说明如下。

(1)用标识符代表一个常量，称为符号常量，习惯上用大写字母来表示符号常量。

(2)符号常量与变量不同，定义之后在程序中不能改变，也不能再被赋值。

(3)使用符号常量有两个优点：

① 含义清楚。在阅读【例 2-1】的程序时，很容易就可以理解到 PI 代表的是圆周率。定义符号常量名时应遵守"见名知意"的原则。

② 修改方便。在【例 2-1】程序中，PI 是定义的符号常量，代表的是圆周率。如果想把圆周率的值修改为 3.1415926，只需将【例 2-1】中的"#define PI 3.14159"改为"#define PI 3.1415926"即可，并不需要修改程序中所有的 PI。只需改动一处，程序中 PI 代表的圆周率就会自动地全改为 3.1415926。

2.2.3 整型常量

1. 整型常量的表示方法

整型常量即整常数。在 C 语言中整型常量有以下 3 种表示形式。

(1)十进制形式

例如，–6、123、–456 等，注意其首位不能为 0。

(2)八进制形式

必须以数字 0 开头，如 0114 表示八进制数 114，转换成十进制数就是 76；–013 表示八进制数–13，对应十进制数–11。

(3)十六进制形式

必须以数字 0 加上字母 x 开头，例如，0x114 表示十六进制数 114，转换成十进制数就是 276；–0x13 表示十六进制数–13，对应十进制数–19。

整型常量的十进制、八进制、十六进制表示形式只是外部表示形式，在计算机系统内部，都要转换成二进制编码来存放。例如，以 2 个字节存放一个整数为例，十进制整数 18、八进制整数 022、十六进制整数 0x12 在计算机内部都是以二进制编码 00000000 00010010 来存放的。

2. 整型常量在计算机内部的存放

不同的编译系统在内存中为一个整型数据分配的字节数是不同的。Turbo C 2.0 和 Turbo C++ 3.0 在内存中为一个基本整型数据分配 2 个字节的存储单元，Visual C++ 6.0 则分配 4 个字节。以下举例时，一般假定基本整型数据在内存中占 4 个字节。

数据在内存中是以二进制编码形式来存放的，整型常量属于数值型数据，数值型数据在内存中是以补码形式来存储的。

补码的编码规律简单总结如下。

（1）正数的补码和原码相同。

（2）负数的补码是将该负数绝对值的二进制形式按位取反再加 1。

例如，整型常量 18 的原码：

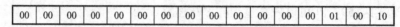

| 00 | 00 | 00 | 00 | 00 | 00 | 00 | 00 | 00 | 00 | 00 | 00 | 00 | 01 | 00 | 10 |

整型常量 18 的补码（与原码相同）：

| 00 | 00 | 00 | 00 | 00 | 00 | 00 | 00 | 00 | 00 | 00 | 00 | 00 | 01 | 00 | 10 |

整型常量-18 的补码（步骤如下）：

18 的原码：

| 00 | 00 | 00 | 00 | 00 | 00 | 00 | 00 | 00 | 00 | 00 | 00 | 00 | 01 | 00 | 10 |

各位取反：

| 11 | 11 | 11 | 11 | 11 | 11 | 11 | 11 | 11 | 11 | 11 | 11 | 11 | 10 | 11 | 01 |

再加 1，得-18 的补码：

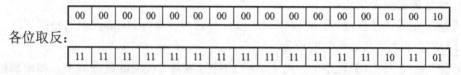

11	11	11	11	11	11	11	11	11	11	11	11	11	10	11	01
+															1
11	11	11	11	11	11	11	11	11	11	11	11	11	10	11	10

-18 的补码是 11111111111111111111111111101110，左边的第 1 位表示符号，"0"表示"+"号，"1"表示"-"号。

2.2.4 实型常量

1. 实型常量的表示方法

实型常量是指实数，是带有小数部分的数据，在 C 语言中也称为浮点数，它有两种表示形式。

（1）十进制小数形式

十进制小数形式由数的符号、小数点和数字三部分组成（"+"可以省略），且必须含有小数点，如 26.38、0.55、-6.78、23.、.55 等都是正确的十进制小数的表示形式。

（2）指数形式

指数形式由尾数、字母 E 或 e、指数三部分组成，如 25.6e-5。其中 25.6 是尾数部分，-5 是指数部分。字母 E 可以是大写，也可以是小写。书写时要注意，字母 E(e)之前必须有数字，字母 E(e)之后必须为整数，如 2e6、2.8e-5、-23e-6、-.5e-3 都是合法的指数形式，又如 E8、.23E3.6、.E-8、E 等都是不合法的指数形式。数学上的指数表示形式与 C 语言中的指数形式对应如下。

数学上的指数表示形式：

$$\pm 尾数 \times 10^{\pm n}$$

C 语言中的指数表示形式：

$$\pm 尾数 E(e) \pm 指数(n)$$

一个实数对应的指数表示形式有多种，如-23.678 可表示为-0.023678e3、-0.23678e2、-2.3678e1、-23.678e0、-236.78e-1、-2367.8e-2 等，其中只有一种表示形式称为"规范化的指数形式"，即字母 e 或 E 的前面小数部分中，小数点左边有且只有一位非零数字。由此，实数-23.678 对应的指数表示形式中，只有-2.3678e1 是规范化的指数形式，其余的-0.023678e3、-0.23678e2、-23.678e0、-236.78e-1、-2367.8e-2 都不是规范化的指数形式。

2. 实型常量在内存中的存放形式

实型数据与整型数据在内存中的存储形式是不一样的，实型数据以指数形式存储，假设系统用 4 个字节来存放一个实型数据，会用其中的若干字节来存放尾数部分(包括尾数的符号)，而用剩余字节来存放指数部分(包括指数的符号)。

例如，十进制数-323.678 可以表示为：

$$-323.678 = -0.323678 \times 10^3$$

-0.323678 是实数-323.678 的尾数部分，3 是实数-323.678 的指数部分(也称为阶码)。

实型数在计算机系统中的存储分配为：

尾符	尾数	阶符	指数

实型数-323.678 在计算机系统中的存储分配示意图为：

–	.3 2 3 6 7 8	+	3

上面的示意图是以十进制来表示的，实际上在计算机的内存中是以二进制来表示的。如"–"用"1"表示，"+"用"0"表示，尾数.323678 与指数 3 都要转换成其对应的补码来表示。

究竟用多少个字节来表示尾数部分，多少个字节来表示指数部分，并无具体规定，各个编译系统自己来决定怎样分配。

不同的分配方案会有不同的效果，尾数部分占的字节数愈多，能接受数的有效数字位数愈多，精度就愈高。指数部分占的字节数愈多，则能表示的数值范围愈大。

2.2.5 字符常量

1. 字符常量的定义

用单引号括起来的一个字符称为字符常量。

例如，'a'、'A'、'b'、'B'、'='、'*'、'!'等，都是合法的字符常量。但要注意，'a'和'A'、'b'和'B'是不同的字符常量。

对字符常量的说明如下。

(1)字符常量只能是一个字符，不能是多个字符。

(2)字符常量只能用单引号括起来，而不能是双引号或其他任何符号。

(3)一对单引号(')是定界符，本身不属于字符型数据。

(4)字符常量中的字符可以是字符集中的任意字符。0～9 的数字用单引号括起来被定义为字符型之后就不能参与数值运算。例如，'6'和 6 是不同的。'6'是字符常量，不能参与数值运算。

2. 转义字符

用单引号括起来一个字符即构成一个字符常量，这仅适合于 ASCII 码表中的可印刷字符；而那些不可印刷的字符如回车符、换行符等，是无法通过键盘输入至单引号中的，为此 C 语言引入了一种特殊意义的字符常量——转义字符，转义字符以反斜线"\\"开头，后跟字母。转义字符具有特定的含义，不同于字符原有的意义，故称"转义"字符。例如，在前面各例题 printf( ) 函数的格式串中，用到的"\n"就是一个转义字符，其意义是"换行"。转义字符主要用来表示那些用一般字符不便于表示的控制代码。常用的转义字符及其作用如表 2-1 所示。

表 2-1　常用的转义字符及其作用

转义字符	转义字符的作用
\n	换行，光标移到下一行的开头
\r	回车，光标移到本行的开头
\0	空操作符，ASCII 码值为 0 的字符
\t	水平制表，光标跳到下一个制表位上
\f	换页，光标移到下一页的开头
\b	退格，光标向左退一格
\'	一个单引号字符
\"	一个双引号字符
\\	一个反斜杠字符
\?	一个问号字符
\ddd	1～3 位八进制 ASCII 码值所对应的字符
\xhh	1～2 位十六进制 ASCII 码值所对应的字符

表中的 ddd 和 hh 分别为八进制和十六进制的 ASCII 代码。而\ddd 和\xhh 分别表示八进制和十六进制的 ASCII 代码所对应的字符，如\101 表示字符'A'，\x41 也表示字符'A'，\0 或\000 表示 ASCII 代码为 0 的控制字符及空操作符等。可以参考 ASCII 码表来理解。

下面通过例题来理解转义字符的功能。

【例 2-2】　通过转义字符来控制输出格式。

```c
/* exp2-2 */
#include "stdio.h"
int main( )
{
    printf(" ab c\tde\t\"\\f\tg\n");
    printf("book\tR\bS\n");
    return 0;
}
```

程序运行结果：

程序分析：程序中的 printf 语句直接输出双引号之间的字符，但其中的一些"转义字符"需要注意。

第一个 printf 语句先在第一个输出行的左端原样输出" ab c"，然后遇到转义字符\t，跳到下一个"制表位置"，一般情况下一个制表位占 8 列。所以在 9～10 列上输出" de"，下面又遇到转义字符\t，再跳到下一个"制表位置"，输出转义字符\"、转义字符\\和字符 f，即输出一个双引号、一个反斜杠和字符 f。接下来再一次遇到转义字符\t，会再一次跳到下一个"制表位置"，输出字符 g。最后遇到转义字符\n，换行，即光标移到下一行，输出下一个 printf( ) 语句的内容。

第二个 printf 语句先在输出行的左端原样输出 "book"，然后遇到转义字符\t，跳到下一个 "制表位置"，输出大写字符 R，输出 R 完成后，光标处于字符 R 右面一列处。下面遇到转义字符\b，光标向左退一列，输出字符 S，即字符 S 将原有字符 R 取而代之。因此在屏幕上最终看到的不是字符 R，而是字符 S。实际在程序执行中，屏幕上输出了要求的全部字符，只是在输出前面的字符后很快又输出了后面的字符，由于速度太快，肉眼没来得及分辨而已。如果在打印机输出，就会留下相应的痕迹，能真正反映输出的结果。

3．字符常量在内存中的存放

在计算机内存中，用一个字节的内存空间来存放一个字符。大多数情况下字符以 ASCII 码的形式存放在内存单元中。

例如，A 的十进制 ASCII 码值是 65，B 的十进制 ASCII 码值是 66。

实际上 A、B 两个字符在内存中是以 65、66 的二进制 ASCII 码来存放的。

字符 A 的存储形式：

0	1	0	0	0	0	0	1

字符 B 的存储形式：

0	1	0	0	0	0	1	0

以上字符的存储形式，与整数的存储形式很相似。所以字符型数据与整型数据之间可以通用。

2.2.6　字符串常量

在 C 语言中，用一对双引号括起来的字符序列，称为字符串。例如，"student"、"a"、"C program"、"$12.5"、"CHINA"等都是合法的字符串常量。

对字符串常量的几点说明如下。

(1)字符常量由单引号括起来，字符串常量由双引号括起来。例如，'M'是一个字符型常量，而"M"是一个字符串型常量。

(2)字符常量由单个字符构成，而字符串常量则由一个或多个字符构成。

(3)在内存中，字符常量占 1 个字节的内存空间。字符串常量占的内存字节数等于字符串中的字符个数加 1。增加的 1 个字节中存放一个字符'\0'，该字符是一个 ASCII 码值为 0 的空操作符，不引起任何动作，也不显示，仅仅作为字符串的结束标志。读到该字符时，C 程序判断字符串结束。

例如，字符串"a student"在内存中占用 10 个字节。

字符常量'M'和字符串常量"M"虽然都只有一个字符，但在内存中的情况是不同的。

字符常量'M'在内存中占 1 个字节，可表示为：

M

字符串常量"M"在内存中占 2 个字节，可表示为：

M	\0

2.3 变　量

2.3.1 变量的概念及其应用

1. 变量的概念

在程序执行过程中其值可以改变的量，称为变量。正是由于变量的值是可变的，也不像常量那样直接书写出来，因此一个变量必须有一个名称，以便在程序中被引用。在 C 语言中，变量名用标识符来表示，如变量名 sum、average、area、a、a1 等；由于变量名本身并不能表示变量的数据类型，因此在使用变量之前，必须先定义变量的数据类型，即变量必须"先定义，后使用"。一般对变量的定义放在函数体的开头部分。

2. 变量的命名

变量命名时应注意以下几个问题。

(1)变量名必须满足 C 语言中标识符的命名规则。

(2)变量命名时，应遵循"见名知意"的原则。例如，sum 表示求和，average 表示求平均值，area 表示求面积等。

(3)变量名中的大写字母和小写字母被认为是两个不同的字符。例如，sum 和 SUM 是两个不同的变量名。

(4)变量名的长度不要过长，最好不要超过 8 个字符。

尽管一些 C 编译系统允许用较多的字符构成变量名(Turbo C 允许变量名有 32 个字符)，但为了阅读程序的方便、增强程序的可移植性，建议变量名不要太长。

3. 变量的定义

在 C 语言中对变量定义的一般格式为：

> 类型说明符　变量名表;

变量的定义需注意以下几个问题。

(1)类型说明符必须是 C 语言中存在的数据类型。

(2)变量名表是以逗号相间隔的、用标识符代表的变量名。例如，

```
int x, y;                    /* 定义x、y为整型变量 */
float sum, average, area;    /* 定义sum、average、area为实型变量 */
```

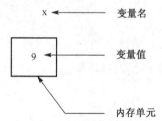

图 2-2　变量名和变量值

(3)变量一经定义，系统就为变量分配内存单元，变量名代表内存单元的地址，变量值是内存单元中存储的数据，如图 2-2 所示。

2.3.2 整型变量

1. 整型变量的分类

整型变量的基本类型符为 int，可以根据实际应用中数值的范围将变量定义成基本整型、短整型和长整型，表示形式为在符号 int 之前加修饰符 short(短整型)、long(长整型)。因此，整型变量可分为以下三种类型。

(1)基本整型：用 int 定义。

(2)短整型：用 short 或 short int 定义。

(3)长整型：用 long 或 long int 定义。

计算机中的数据都是用物理器件来存储的，表示数的范围有限。例如，Visual C++编译系统下，一个 int 型变量对应 4 个字节的存储空间，能存储数的范围是$-2^{31} \sim 2^{31}-1$，即$-2147483648 \sim 2147483647$。在实际应用中，很多时候变量的值都是正的。为了充分利用有限的存储空间，可以将变量定义为"无符号"类型，也就是将 4 个字节中表示符号的第一位也用来表示数值，这样能存储数的范围就会扩大很多，从原来的$-2^{31} \sim 2^{31}-1$ 即$-2147483648 \sim 2147483647$，变为$0 \sim 2^{32}-1$ 即$0 \sim 4294967295$。

"无符号"型数据的定义可以在原来 3 种类型之前加修饰符 unsigned。因此，在定义整型变量时，如果前面加修饰符 unsigned 就是无符号类型，加修饰符 signed 就是有符号类型。如果既不加修饰符 unsigned 也不加修饰符 signed，则默认为有符号型(signed)。整型变量可以归纳为以下 6 种类型，如图 2-3 所示。

【例 2-3】 整型变量的定义与使用。

```
/* exp2-3 */
#include "stdio.h"
int main( )
{
    int x, y, z, m;
    unsigned u;
    x = 12;
    y = -24;
    u = 10;
    z = x + u;
    m = y * u;
    printf("x + u = %d,  y * u = %d\n", z, m);
    return 0;
}
```

整型变量
　有符号型{
　　有符号基本整型 (signed)
　　有符号短整型 (signed)short (int)
　　有符号长整型 (signed)long (int)
　无符号型{
　　无符号基本整型 unsigned int
　　无符号短整型 unsigned short (int)
　　无符号长整型 unsigned long (int)

图 2-3　整型变量的类型

程序运行结果：

```
x + u = 22, y * u = -240
Press any key to continue_
```

程序分析：可以看到不同类型的整型数据之间可以进行运算，这里看到的是基本整型数据和无符号整型数据之间的运算。其实在 C 语言中，各种不同类型数据之间都可以进行运算，有关的运算规则将在本章后面部分介绍。

2. 整型变量的取值范围

用不同的 C 语言编译系统，整型变量在计算机内部占用的字节数和取值范围也是不完全相同的。在 Visual C++环境下，整型变量占用的字节数和取值范围如表 2-2 所示。

表 2-2　Visual C++下整型变量占用的字节数和取值范围

类　　型	取　值　范　围	字　节　数
short　int	$-32768 \sim 32767 (-2^{15} \sim 2^{15}-1)$	2
int	$-2147483648 \sim 2147483647 (-2^{31} \sim 2^{31}-1)$	4
long int	$-2147483648 \sim 2147483647 (-2^{31} \sim 2^{31}-1)$	8
unsigned　short　int	$0 \sim 65535 (0 \sim 2^{16}-1)$	2
unsigned　int	$0 \sim 4294967295 (0 \sim 2^{32}-1)$	4
unsigned　long　int	$0 \sim 4294967295 (0 \sim 2^{32}-1)$	8

3. 整型数据的溢出

在 Visual C++编译系统下，一个 int 型变量用 4 个字节来存储，所表示数的范围是$-2^{31}\sim$ $2^{31}-1$，即$-2147483648\sim2147483647$。也就是说，一个 int 型变量的最大允许值是 2147483647，如果再加 1，结果就会溢出。

【例 2-4】 整型数据的溢出（Visual C++环境下运行）。

```
/* exp2-4 */
#include "stdio.h"
int main( )
{
    int x, y;
    x = 2147483647;
    y = x + 1;
    printf("x = %d, y = %d\n", x, y);
    return 0;
}
```

程序运行结果：

```
x = 2147483647, y = -2147483648
Press any key to continue_
```

程序分析：

x（2147483647）的补码为：

01	11	11	11	11	11	11	11	11	11	11	11	11	11	11	11

x+1 的补码为：

10	00	00	00	00	00	00	00	00	00	00	00	00	00	00	00

该补码对应的十进制数为-2147483648。

在【例 2-4】的代码中定义了 int 型变量 x 和 y，且为 x 赋了 int 型变数所能存放的最大值（2147483647），x+1 后超出了基本整型数据的范围，因此不会得到结果 2147483648，而是又回到基本整型数据的最小值（-2147483648）。此种情况，称为数据"溢出"。

2.3.3 实型变量

1. 实型变量的分类

在 C 语言中，Visual C++环境下实型变量包括单精度（float 型）和双精度（double 型）两类。这两种类型在计算机中所占的字节数和取值范围如表 2-3 所示。

表 2-3　Visual C++下实型变量所占的字节数和取值范围

类　　型	取值范围（绝对值）	字　节　数	有　效　数　字
float	0及 $1.2\times10^{-38}\sim3.4\times10^{38}$	4	6～7
double	0及$2.3\times10^{-308}\sim1.7\times10^{308}$	8	15～16

2. 实型变量的定义与应用

实型变量定义的一般形式为：

```
float 或 double  变量名列表;
```

【例 2-5】 实型变量的定义与使用。

```
/* exp2-5 */
#include "stdio.h"
int main( )
{
    float x;
    double y, z, m;
    x = 12.35;
    y = -24.2;
    z = x + y;
    m = x * y;
    printf("x + y = %f, x * y = %f\n", z, m);
    return 0;
}
```

程序运行结果：

```
x + y = -11.850000, x * y = -298.870009
Press any key to continue
```

程序分析：可以看到不同类型的实型数据之间可以进行运算，这里看到的是单精度型数据和双精度型数据之间的运算。其实在 C 语言中，各种不同类型数据之间都可以进行运算，有关的运算规则将在本章后面部分介绍。另外在程序的运行结果中有 6 位小数部分，这与 printf 语句中的格式控制符%f 有关，在第 3 章中会做较详细的介绍。

3. 实型数据的精度与舍入误差

在计算机系统内部，实型变量占有的内存单元是有限的，而分配给尾数部分的位元数也是有限的，因而其取值范围和有效位数也是有限的。实型变量的取值范围和有效数字位数如表 2-3 所示，所以，在 Visual C++环境下，当数据的值超出取值范围时，超出的部分将丢失；当数据的有效数字位数超出时，超出的部分将舍弃，由此将产生一定的误差。

【例 2-6】 实型数据的精度。

```
/* exp2-6 */
#include "stdio.h"
int main( )
{
    float x;
    double y;
    x = 123456789.123;
    y = 123456789123456729.123;
    printf("x = %f, y = %f\n", x, y);
    return 0;
}
```

程序运行结果：

```
x = 123456792.000000, y = 123456789123456740.000000
Press any key to continue
```

程序分析：在【例 2-6】中，定义了单精度(float 型)变量 x，其只能接受 7 位有效数字，当为 x 赋值 123456789.123 时，超出有效位数的数字部分将丢失，结果 x = 123456792.000000 中，前 7 位是精确的，而后 2 位是随机值，小数点后面的数字部分将丢失。同理，定义的双精度(double 型)变量，其只能接受 16 位有效数字，当为其赋值 123456789123456729.123 时，超出有效位数的数字部分将丢失，结果 y = 123456789123456740.000000 中，前 16 位是精确的，而后的部分是不准确的。

【例 2-7】 实型数据的舍入误差(x、y 定义为单精度型变量)。

```
/* exp2-7 */
#include "stdio.h"
int main( )
{
    float x, y;
    x = 123456789.123e3;
    y = x + 10;
    printf("y = %f\n", y);
    return 0;
}
```

程序运行结果：

```
y = 123456790538.000000
Press any key to continue_
```

程序分析：在程序中，定义了单精度(float 型)变量 x，其只能接受 7 位有效数字，当为 x 赋值 123456789.123e3 时，超出有效位数的数字部分是无意义的。因此，把 10 加在后几位上也是无意义的，不会得到想要的结果。从理论角度来看，x 赋的值是 123456789.123e3，x+10 的结果应为 123456789133，如果用%f 来控制输出这个结果，应得到 123456789133.000000。这个结果与实际输出结果相差很多，主要原因就是单精度(float 型)变量 x 只能接受 7 位有效数字所造成的。要想得到正确结果，只需将【例 2-7】源代码中的变数 x 和 y 定义成双精度型(double 型)，如【例 2-8】所示。

【例 2-8】 实型数据的舍入误差(x、y 定义为双精度型变量)。

```
/* exp2-8 */
#include "stdio.h"
int main( )
{
    double x, y;
    x = 123456789.123e3;
    y = x + 10;
    printf("y = %f\n", y);
    return 0;
}
```

程序运行结果：

```
y = 123456789133.000000
Press any key to continue_
```

2.3.4 字符型变量

1. 字符变量及其使用

字符变量是用来存放字符常量的，一个字符变量只能存放一个字符。用到字符变量时也要先定义，字符变量的类型说明符是 char。定义字符变量的一般形式为：

char 变量名列表；

【例2-9】 字符变量的定义与使用。

```
/* exp2-9 */
#include "stdio.h"
int main( )
{
    char x, y, z;
    x = 'b';
    y = 'o';
    z = 'y';
    printf("%c%c%c\n", x, y, z);
    return 0;
}
```

程序运行结果：

```
boy
Press any key to continue_
```

程序分析：printf 语句中的%c 的作用，类似于前面程序中的%d 和%f，即控制后面对应的输出项以字符形式输出，本书第 3 章会做详细介绍。

2．字符变量在内存中的存储形式

在 C 语言中，几乎所有的编译系统都规定一个字符变量在内存中占 1 个字节，1 个字节中存储 1 个字符。

用一个字符型变量来存放一个字符型常量，计算机系统中存储的不是这个字符本身，而是这个字符对应的 ASCII 码（字符常用的编码形式）。

例如，在【例2-9】中，x = 'b'，字符'b'的 ASCII 码是 01100010，就是把字符'b'的 ASCII 码（01100010）存放到字符型变量 x 所对应的内存单元中。由于字符在计算机系统中的 ASCII 码形式与整数在计算机系统中的存储形式一致（十进制数 98、八进制数 142、十六进制数 62 在计算机系统中的二进制编码与字符'b'的编码一致），因此，C 语言允许字符数据和整型数据通用，字符'b'既可作为字符'b'，也可作为十进制整数 98、八进制整数 142、十六进制整数 62 来使用，可以参加整数的运算；反过来，十进制整数 98、八进制整数 142、十六进制整数 62 也可以转换成字符'b'来使用。

【例2-10】 字符数据和整型数据的通用性。

```
/* exp2-10 */
#include "stdio.h"
int main( )
{
    char x;
    int y;
    x = 98;
    y = 'd';
    printf("%c, %c\n", x, y);
    printf("%d, %d\n", x, y);
    return 0;
}
```

程序运行结果：

```
b,d
98,100
Press any key to continue
```

程序分析：程序中定义了字符变量 x 和基本整型变量 y，由于字符数据和整型数据的通用性，在接下来的赋值语句中给字符变量 x 赋了一个整数 98，给整型变量 y 赋了一个字符'd'，程序后面的 printf 中，输出的 x 和 y 究竟是字符还是整数，取决于双引号之间的控制字符。如果对应的控制字符是%c，则输出相应的字符；如果对应的控制字符是%d，则输出相应的整数。所以，第一个 printf 语句输出的结果为 b,d；第二个 printf 语句输出的结果为 98,100。

字符数据和整型数据是通用的，上例中的 x 和 y 既可以以字符形式输出，也可以以整数形式输出。但是应注意字符数据只占一个字节，只能存放 0～255 之间的数。

【例 2-11】 在 ASCII 码表中，相应的大小写字母的 ASCII 码值相差 32，利用这个关系来实现大小写字母之间的转换。

```
/* exp2-11 */
#include "stdio.h"
int main( )
{
    char c1, c2;
    c1 = 'A';
    c2 = 'B';
    printf("%c, %c\n", c1, c2);
    c1 = c1 + 32;
    c2 = c2 + 32;
    printf("%c, %c\n", c1, c2);
    return 0;
}
```

程序运行结果：

```
A, B
a, b
Press any key to continue
```

程序分析：程序的作用是将大写字母 A 和 B 转换成小写字母 a 和 b。ASCII 码表中'A'和'B'的 ASCII 码值分别是 65 和 66，而'a'和'b'的 ASCII 码值分别是 97 和 98，小写字母比相应的大写字母的 ASCII 码值大 32。如果原来的 c1 和 c2 中是字符'A'和'B'，则 c1 + 32 和 c2 + 32 对应的就是字符'a'和'b'。因此，程序中第一个 printf 语句输出的是大写的 A 和 B，第二个 printf 语句输出的则是小写的 a 和 b，从而实现了大小写字母之间的转换。

2.4　算术运算符和算术表达式

2.4.1　运算符概述

在程序设计语言中，C 语言提供了最为丰富的运算符，把除了控制语句和输入/输出以外的几乎所有操作都作为运算符处理。丰富多样的各类运算符为程序设计人员处理各种问题提供了多种手段。C 语言的常用运算符可以归类如下。

算术运算符　　　　　　　　　(+、−、*、/、%)
赋值运算符　　　　　　　　　(=、+=、−=、*=、/=、%=等)
关系运算符　　　　　　　　　(<、>、==、>=、<=、!=)

逻辑运算符	(&&、!、‖)
条件运算符	(?:)
逗号运算符	(,)
强制类型转换运算符	(())
指针运算符	(*、&)
下标运算符	([ ])
求字节数运算符	(sizeof)
位运算符	(<<、>>、~、|、^、&)
成员运算符	(.、–>)

2.4.2 算术运算符和算术表达式

1. 算术运算符介绍

基本的算术运算符有以下 5 种：

+ 　　加法运算符或正值运算符，如完成 2.3+4.6 或+20。

– 　　减法运算符或负值运算符，如完成 2.3–4.6 或–20。

* 　　乘法运算符，如完成 2.3*4.6。

/ 　　除法运算符，如完成 2.3/4.6。

% 　　求余运算符或模运算符，如 5%3。

对算术运算符的说明如下。

(1)两个整数相除的结果取商的整数部分，小数部分舍去。例如，5/3 的结果是 1，–9/4 的结果是–2(Visual C++环境下的结果)。

(2)求余运算符或模运算符要求参与运算的对象为整型或字符型数据，运算结果的符号与被除数相同。例如，9%2 的结果是 1，–9%2 的结果是–1。

(3)+、–、*、/运算中，只要有一个运算对象是实型数据，结果也为实型数据。

2. 算术表达式和运算符的优先级与结合性

(1)算术表达式：用 C 语言允许的算术运算符将各种运算对象连接起来的、符合一定的语法规则的式子。如 x+2.5*y–z/5 就是一个算术表达式。

(2)算术运算符的优先级：表达式的值是按照一定的运算规则进行的，必须按照相应的顺序进行，即存在优先级的问题，算术运算符的优先级是先乘除和求余，后加减。例如，在表达式 x+y/z 中，y 的左侧是加法运算，右侧是除法运算，由于除法运算的优先级高于加法运算，所以 y 先除以 z，将结果再和 x 相加。

(3)算术运算符的结合性：C 语言规定了各种运算符的结合方向(结合性)，算术运算符的结合性为"自左向右"，即为"左结合性"。也就是说，在一个运算对象的两侧是同一级运算符时，先进行左侧的运算。例如，在表达式 x+y–z 中，y 的左侧是加法运算，右侧是减法运算，由于加法运算和减法运算是同一级运算，根据算术运算符的结合性，y 先和 x 相加，将结果再减去 z。

运算符的优先级和结合性请同学们参考书后的附表。

3. 自增(++)、自减(––)运算符

自增(++)运算符的功能是让变量的值增 1；自减(––)运算符的功能是让变量的值减 1。

自增和自减运算符的位置可以放在变量的前面，也可以放在变量的后面。

```
++i, --i        表示先对变量 i 加 1 或减 1，再参加其他运算。
i++, i--        表示 i 先参加其他运算，再对变量 i 加 1 或减 1。
```

例如，

```
i = 5;
printf("%d\n", i++);
```

输出结果为 5。如果把 printf 语句改为：

```
printf("%d\n", ++i);
```

输出结果为 6。

再来分析以下两个语句(如果 i 的原值是 5)：

```
x = ++i;等价于 i = i + 1;x = i;两个语句。执行后 i = 6,x = 6。
x = i++;等价于 x = i;i = i + 1;两个语句。执行后 i = 6,x = 5。
```

【例 2-12】 自增(++)、自减(--)运算符应用举例。

```c
/* exp2-12 */
#include "stdio.h"
int main( )
{
    int i, j, k;
    i = 3;
    j = i++;
    k = ++i;
    printf("i = %d, j = %d, k = %d\n", i, j, k);
    return 0;
}
```

程序运行结果：

```
i = 5, j = 3, k = 5
Press any key to continue
```

程序分析：语句 j=i++;可分解为 j=i;和 i=i+1;两个语句。语句 k=++i;可分解为 i=i+1; 和 k=i; 两个语句。因此，【例 2-12】的源代码等效于以下源代码：

```c
#include "stdio.h"
int main( )
{
    int i, j, k;
    i = 3;
    j = i;
    i = i + 1;
    i = i + 1;
    k = i;
    printf("i = %d, j = %d, k = %d\n", i, j, k);
    return 0;
}
```

从以上分解后的源代码，很容易就可以判断出变量 i, j, k 的值分别为 5, 3, 5。程序的执行结果为：i=5, j=3, k=5。

对自增(++)、自减(− −)运算符的说明如下。

(1)自增(++)、自减(− −)运算符为单目运算符,参与运算的对象只能是一个。

(2)自增(++)、自减(− −)运算符的结合方向为"自右至左",也就是右结合性。例如,有表达式−i++,其中 i 的原值为 3。由于负号运算符和自加运算符优先级相同,结合方向是"自右至左",即相当于对表达式−(i++)进行运算。此时运算符++为后缀运算符,故表达式(i++)的值为 3。因此,表达式−(i++)的值为−3,i 自增为 4。

(3)自增(++)、自减(− −)运算符只对变量有效,对常量和表达式无效。例如,8++、(x+y)++等都是错误的。

(4)不要对同一个变量进行多次如 i++或者++i 等运算,例如,写成 i++++i。这种表达式不仅可读性差,而且对于不同的编译系统,对这样的表达式会做不同的解释,进行不同的处理,因此运行的结果也各不相同。

(5)自增(++)、自减(− −)运算符常用于循环中,使循环变量自动增值或自动减值;也用于指针变量中,使指针指向下一个地址。

2.5 赋值运算符和赋值表达式

2.5.1 赋值运算符

在大多数程序设计语言中,"="被称为赋值号。C 语言中"="既被称为赋值号,又被称为赋值运算符。作用是将赋值号右边的常量或表达式的值赋给赋值号左边的变量。如 x = 6;将 6 赋给 x,又如 x=2+3;将表达式 2+3 的值 5 赋给 x。

赋值运算符的优先级较低,低于算术运算符。结合方向为"自右向左",即右结合性。

2.5.2 赋值表达式及其值

1. 赋值表达式

由赋值运算符将一个变量和一个表达式连接起来的式子称为赋值表达式。赋值表达式的一般形式如下:

　　　　<变量名><赋值运算符><表达式>

例如,x=8、x=y+5.2、x=x+1、x=y=9 等都是赋值表达式。

求值过程:先计算出赋值号右边表达式的值,再将此值赋给赋值号左边的变量。

x=8　　　　　　将常量 8 赋给变量 x。

x=y+5.2　　　　先计算 y+5.2 的值,再将此值赋给 x。

x=x+1　　　　　先计算 x+1 的值,再将此值赋给 x,即使得 x 的值在原值基础上增 1。

2. 赋值表达式的值

赋值表达式是 C 语言中的表达式之一,既然是表达式,就应该有一个值,赋值表达式的值和赋值运算符左侧变量得到的值是一样的。

x=8　　　　　　变量 x 的值是 8,赋值表达式 x=8 的值也是 8。

x=y+5.2　　　　y+5.2 的值既是变量 x 的值,也是赋值表达式 x=y+5.2 的值。

x=x+1　　　　　x 的值在原值基础上增 1。赋值表达式 x=x+1 的值也在原值基础上增 1。

赋值表达式"<变量名><赋值运算符><表达式>"中的表达式也可以是赋值表达式。例如，

　　　x=(y=9)

括号中也是一个赋值表达式，常量 9 赋给变量 y，y 的值是 9，赋值表达式 y=9 的值也是 9。因此，变量 x 的值是 9，表达式 x = (y = 9)的值也是 9。

由于赋值运算符是右结合性，所以，x=(y=9)中的括号可以去掉，即 x=(y=9)和 x=y=9 是等价的，都是先求 y=9 的值，然后再赋给 x。再看下面几个例子：

x=y=z=6　　　　　　x、y、z 的值均为 6，表达式的值为 6。

x=(y=9)+7　　　　　x 的值为 16，y 的值为 9，表达式的值为 16。

x=(y=15)/(z=4)　　　x 的值为 3，y 的值为 15，z 的值为 4，表达式的值为 3。

x=(y=15)%(z=7)　　　x 的值为 1，y 的值为 15，z 的值为 7，表达式的值为 1。

2.5.3　复合赋值运算符

1．复合赋值运算符概述

在赋值运算符"="的前面加上其他运算符就构成了复合赋值运算符，如+=、*=等。

C 语言规定凡是二目运算符都可以与赋值运算符构成复合赋值运算符，有以下 10 种：

　　　　　+=、−=、*=、/=、%=、<<=、>>=、&=、^=、|=

前 5 种称为算术复合运算符，在此重点学习；后 5 种是有关位运算的，在后面的章节中介绍。算术复合赋值运算符的含义和等价关系如表 2-4 所示。

表 2-4　复合赋值运算符

算术复合运算符	应 用 举 例	等价表达式
+=	x+=3	x=x+3
−=	x−=y+2	x=x−(y+2)
*=	x*=y−3	x=x*(y−3)
/=	x/=4*y+2	x=x/(4*y+2)
%=	x%=5+y	x=x%(5+y)

为帮助理解、记忆复合赋值运算符，可以通过以下变换规律来得到等价表达式。

（1）x+=y（其中 x 为变量，y 为表达式）

（2）x+=y（将有下画线的"x+"移到"="右侧）

（3）x=x+y（在"="左侧补上变量名 x）

通过以上变换得到的 x=x+y 即为 x+=y 的等价表达式。

如果 y 是包含若干项的表达式，则相当于表达式加括号。

（1）x*=y−6

（2）x*=(y−6)

（3）x=x*(y−6)

通过以上变换得到的 x=x*(y−6)即为 x*=y−6 的等价表达式，不能错写成 x=x*y−6。

2. 包含复合赋值运算符的表达式

赋值表达式也可以包含复合赋值运算符。例如，x+=x*=x−=x+2 也是一个赋值表达式。假设 x 的原值是 3，来求解表达式的值。由于赋值运算符（包括复合赋值运算符）是右结合性，所以求解表达式的步骤如下。

(1) 求 x−=x+2。等价表达式为 x=x−(x+2)，则求得 x=−2，表达式的值也为−2。

(2) 求 x*=−2。等价表达式为 x=x*(−2)，则求得 x=4，表达式的值也为 4。

(3) 求 x+=4。等价表达式为 x=x+4，则求得 x=8，表达式的值也为 8。

通过以上步骤求得赋值表达式 x += x *= x −= x + 2 的值为 8，x 的取值也为 8。

使用复合赋值运算符，可以简化程序，使程序更精练，也可以提高程序的编译效率，但同时降低了程序的可读性。建议初学者尽量少用。

2.6 逗号运算符和逗号表达式

C 语言的运算符很丰富，逗号"，"也是一种运算符，称为逗号运算符。用逗号运算符将两个表达式连接起来的式子，称为逗号表达式。

逗号表达式的一般形式为：

表达式 1，表达式 2

逗号表达式的求值过程：先求表达式 1 的值，再求表达式 2 的值，并将表达式 2 的值作为整个逗号表达式的值。

【例 2-13】 逗号表达式应用举例。

```
/* exp2-13 */
#include "stdio.h"
int main( )
{
    int m, n, k, x, y;
    m = 3;
    n = 2;
    k = 6;
    x = ((y = m - n), (m * k));
    printf("y = %d, x = %d\n", y, x);
    return 0;
}
```

程序运行结果：

```
y = 1,x = 18
Press any key to continue
```

程序分析：程序中，通过赋值语句 x=((y=m−n), (m*k));可以看出，x 等于整个逗号表达式的值，也就是表达式 m*k 的值，y 等于表达式 m−n 的值。

注意：由于逗号是优先级最低的运算符，所以 x=((y=m−n), (m*k));中整个逗号表达式的括号是不能省掉的。如果省掉括号，写成 x=(y=m−n), (m*k);，那么 x 的值就不再等于整个逗号表达式的值，而等于表达式(y=m−n)的值，结果就会改变。

逗号表达式一般形式中的表达式 1 和表达式 2 也可以是逗号表达式。例如，

```
(x = 3 + 6, x * 5), x % 2
```

求值过程：x 的值为 9，表达式(x=3+6, x*5)的值为 45，整个逗号表达式的值等于表达式 x%2 的值。所以，整个逗号表达式的值为 1。

逗号表达式的一般形式可扩展为：

表达式 1，表达式 2，表达式 3，…，表达式 n

求值过程：从左至右顺序求各个表达式的值，整个逗号表达式的值等于表达式 n 的值。

并不是在所有出现逗号的地方都组成逗号表达式。如在变量说明中，函数参数表中的逗号只是用作间隔符。例如，int x, y, z;和 printf("%d, %d, %d", x, y, z);中的逗号为变量间的间隔符，而不是运算符。

2.7 数据类型转换

在 C 语言中，允许不同类型数据之间进行运算。但在运算之前，必须先将数据转换为同类型的数据。转换的方法有两种：一种是自动转换，另一种是强制转换。

2.7.1 数据类型的自动转换

数据类型的自动转换由编译系统自动完成，可分为两种情况。

1. 表达式中不同类型数据之间的转换

在表达式中进行运算时，如果运算对象的数据类型不一致，则转换规则如下。

(1)转换按数据长度增加的方向进行，以保证精度不降低，转换方向为：

int → unsigned → long → double

(2)实型数据的运算都是以双精度进行的，float 单精度量参与运算时，必须先转换成 double 型，然后再进行运算。

(3)char 型和 short 型参与运算时，必须先转换成 int 型，然后再进行运算。

注意：(1)中的转换说明了不同类型数据之间进行运算时的转换方向，(2)和(3)中的转换是必须进行的，称为必定的转换。

自动转换的规则如图 2-4 所示。竖直方向是必定的转换，水平方向表示转换的方向。

图 2-4 自动转换的规则

【例 2-14】 数据类型转换应用举例。

```
/* exp2-14 */
#include "stdio.h"
int main( )
{
    int x = 3;
    float y = 2.5;
    double z = 2.9, m;
```

```
        long n = 6;
        m = x + '*' - x / y + z * n;
        printf("m = %f\n", m);
        return 0;
    }
```

程序运行结果：

```
m = 61.200000
Press any key to continue_
```

程序分析：程序中，语句 m=x+'*'-x/y+z*n;赋值号右侧是一个不同类型数据混合运算的表达式，求值步骤如下。

(1)进行 x+'*'的运算，将'*'转换成整数 42 与 x 相加，得整数 45。

(2)进行 x/y 的运算，将 x 和 y 都转换成 double 型数据，然后相除，结果仍是 double 型。

(3)将整数 45 与 x/y 的结果相加，先将整数 45 转换成 double 型数据，然后与 x/y 的结果相加，结果为 double 型。

(4)进行 z*n 的运算，先将 n 转换成 double 型数据，然后相乘，结果为 double 型。

(5)将 x+'*'-x/y 的结果与 z*n 的结果相加，最终结果为 double 型。将这个结果数据赋给变量 m。

2．赋值表达式中数据类型的转换

前面学习过赋值表达式，其一般形式为：

<变量><赋值运算符><表达式>

在赋值表达式的运算中，赋值号两边量的数据类型不同时，无论赋值运算符右边的数据是什么类型，均以赋值运算符左边的变量类型为准，即先将右边的数据转换为与左边的变量一致的数据类型，再赋值。若右边量的数据类型长度比左边长，则会丢失一部分数据，进而降低精度。

【例 2-15】 赋值表达式中数据类型转换应用举例（一）。

```
/* exp2-15 */
#include "stdio.h"
int main( )
{
    int x;
    float y;
    x = 9.5;
    y = 6;
    printf("x = %d, y = %f\n", x, y);
    return 0;
}
```

程序运行结果：

```
x = 9,y = 6.000000
Press any key to continue_
```

程序分析：程序中，x 为整型变量，被赋一个实型数据 9.5，舍弃实型数据的小数部分，以整型数据的形式存放到变量 x 中。y 为单精度型变量，被赋一个整型常数 6，数值不变，但以实型数据的形式存放到变量 y 中，即先将 6 转换为 6.000000，再存储到 y 中。

【例 2-16】 赋值表达式中数据类型转换应用举例(二)。

```
/* exp2-16 */
#include "stdio.h"
int main( )
{
    float x;
    double y = 123456789.123;
    x = y;
    printf("x = %f, y = %f\n", x, y);
    return 0;
}
```

程序运行结果：

```
x = 123456792.000000, y = 123456789.123000
Press any key to continue_
```

程序分析：程序中，x 为 float 型变量(接收 7 位有效数字)，y 为 double 型变量(接收 16 位有效数字)并被赋值 123456789.123(12 位有效数字)。当把 y 赋给 x 时，x 只能接受 7 位有效数字。所以，在结果 x = 123456792.000000 中，前 7 位数字是准确的，后边的数字都是可疑的。在本次数据转换中，赋值号右边量的数据类型长度比左边长，出现了数据丢失，精度降低。

C 语言中的数据类型很多，赋值表达式中数据类型的转换很复杂，可以分很多种情况来讨论。在此不再一一详述，如果编程时用到的话，请查阅 C 语言编译系统相关手册。

2.7.2　数据类型的强制转换

在 C 语言程序设计中，在数据类型不符合设计人员需要时，可以通过类型转换运算符来实现转换，这种转换称为数据类型的强制转换。

其一般形式为：

(类型说明符)(表达式)

注意：

(1)类型说明符应加括号，例如，(int) x 不能写成 int x。

(2)要转换类型的表达式由两项或两项以上构成时，必须加括号。例如，(float)(x+3)和(float) x+3 的含义是不同的，前者是将 x+3 的值强制转换为单精度型，后者是将 x 的值强制转换为单精度型，再与 3 相加。

(3)强制类型转换后得到一个转换后的表达式的值，并不改变变量原来的类型。例如，如果定义 x 为 float 型变量，通过(int) x 强制类型转换后得到一个值，这个值等于 x 的整数部分，而变量 x 的类型没有改变，仍为 float 型。

【例 2-17】 数据类型强制转换应用举例。

```
/* exp2-17 */
#include "stdio.h"
int main( )
{
    int x, y = 3;
    float z = 17.8;
    x = (int)(z +3.4) % y;
```

```
    printf("x = %d\n", x);
    return 0;
}
```

程序运行结果：

```
x = 0
Press any key to continue_
```

程序分析：程序中 z 为 float 型变量，z=17.8，表达式 z+3.4 的值为实型数据，不能直接参与求余(%)运算，求余(%)运算要求运算对象均为整型量，(z+3.4)%y 是不合法的，使用 (int)(z+3.4)%y 才是正确的。通过本例题看到，有时可以通过强制转换来得到符合设计人员要求的数据类型。

小　　结

本章中主要介绍了 C 语言中的常量和变量两种数据类型；C 语言中的多种运算符；C 语言中的算术、赋值、逗号等表达式。与其他计算机语言相比，C 语言中的数据类型齐全，运算符丰富，表达式灵活多样。

习　题　2

一、选择题

1. C 语言中的变量名只能由字母、数字和下画线三种字符组成，且第一个字符_____。

　A) 必须为字母 　　　　　　　　　　　B) 必须为下画线

　C) 必须为字母或下画线 　　　　　　　D) 可以是字母、数字或下画线中的任意一种

2. 字符(char)型数据在微机内存中的存储形式是_____。

　A) 反码　　　　　B) 补码　　　　　C) EBCDIC 码　　　　　D) ASCII 码

3. 在 C 语言中，要求运算量必须是整型或字符型的运算符是_____。

　A) &&　　　　　B) %　　　　　C) !　　　　　D) +

4. 设 int a = 12，则执行完语句 a += a -= a * a 后，a 的值是_____。

　A) 552　　　　　B) 264　　　　　C) 144　　　　　D) -264

5. 下面程序的输出结果是_____。

```
#include "stdio.h"
int main( )
{
    int a;
    printf("%d\n", (a = 3 * 5, a * 4, a + 5));
    return 0;
}
```

　A) 65　　　　　B) 20　　　　　C) 15　　　　　D) 10

6. 下面程序的输出结果是_____。

```
#include "stdio.h"
```

```
int main( )
{
    int x = 023;
    printf("%d\n", --x);
    return 0;
}
```

A) 17 B) 18 C) 23 D) 24

7. 下面程序的输出结果是_____。

```
#include "stdio.h"
int main( )
{
    int x = 10, y = 3;
    printf("%d\n", y = x / y);
    return 0;
}
```

A) 0 B) 1 C) 3 D) 不确定的值

8. 已知字母 A 的 ASCII 码为十进制数 65，下面程序的输出结果是_____。

```
#include "stdio.h"
int main( )
{
    char ch1, ch2;
    ch1 = 'A' + '5' - '3';
    ch2 = 'A' + '6' - '3';
    printf("%d, %c\n", ch1, ch2);
    return 0;
}
```

A) 67,D B) B,C C) C,D D) 不确定的值

9. 下面程序的输出结果是_____。

```
#include "stdio.h"
int main( )
{
    int x = 10, y = 10;
    printf("%d %d\n", x--, --y);
    return 0;
}
```

A) 10 10 B) 9 9 C) 9 10 D) 10 9

10. 下面程序的输出结果是_____。

```
#include "stdio.h"
int main( )
{
    int i, j, m, n;
    i= 8; j = 10;
    m = ++i;
    n = j++;
    printf("%d, %d, %d, %d", i, j, m, n);
    return 0;
}
```

A) 8,10,8,10 B) 9,11,8,10 C) 9,11,9,10 D) 9,10,9,11

二、填空题

1. 已知有 double 型变量 x=2.5, y=4.7, 整型变量 a=7, 则表达式 x+a%3*(int)(x+y) % 2/4 的值是_____。

2. 若已定义 int a, 则表达式 a = 10, a + 10, a++的值是_____。

3. 有如下程序, 最后一个 printf 语句的运行结果是_____。

```
#include "stdio.h"
int main( )
{
    char c1 = 97, c2 = 98;
    int a = 97, b = 98;
    printf("%3c, %3c\n",c1,c2);
    printf("%d, %d\n", c1, c2);
    printf("%c %c\n", a, b);
    return 0;
}
```

4. 有如下程序, 最后一个 printf 语句的运行结果是_____。

```
#include "stdio.h"
int main( )
{
    int i, j;
    i = 3; j = 4;
    printf("%d%d\n", i++, ++j);
    printf("%d,%d\n", i, j);
    printf("%d,%d\n", -i++, -++j);
    return 0;
}
```

5. 如下程序是当 x=2.5, a=7, y=4.7 时, 计算并输出表达式 x+a%3*(int)(x+y)%2/4 的运算结果 z 的值, 程序不完整, 请填空。

```
#include "stdio.h"
int main( )
{
    _____a = 7, z;
    float x = 2.5, y = 4.7;
    z = x + a % 3 * (int) (x + y) % 2 / 4;
    printf("z = %d\n", z);
    return 0;
}
```

三、程序设计题

1. 编写程序, 实现将大写英文字母 A、B 转换成小写字母 a、b。

2. 编写程序, 求半径 r =3 的圆面积。

第3章 顺序结构程序设计

程序是用计算机语言编写的能够完成一定任务的命令或语句的有序集合，从程序流程的角度来看，程序可以分为三种基本结构，即顺序结构、选择结构、循环结构，这三种基本结构可以组成各种复杂的程序。C语言提供了多种语句来实现这几种程序结构。

本章主要介绍C语句、输入/输出函数及其在顺序结构程序中的应用，使读者对C程序有一个初步的认识，能够掌握编写简单C程序的方法，为后面各章的学习打下基础。

3.1 结构化程序设计方法

20世纪70年代中期以后，软件规模越来越大，开发周期越来越长，出现了大型软件，而程序设计人员和程序设计技术却远远落后于这种发展状况，利用原先的"手工作坊"开发的软件效率低、可靠性差、开发周期长、维护费用高、难以移植，无法适应硬件的不断升级。这种现象称为"软件危机"。这些问题的出现，促使人们开始思考程序设计的方法和软件开发的技术，从而逐渐形成了结构化程序设计的思想和方法。

3.1.1 自顶向下、逐步求精、模块化的结构化程序设计方法

自顶向下、逐步求精、分而治之的结构化程序设计方法大致有以下几个步骤。

(1) 对实际问题进行全局性的分析，确定解决问题的数学模型。

(2) 确定程序的总体结构。

(3) 将整个问题分解为若干个相对独立的子问题。

(4) 确定每一个子问题的具体功能及其相互关系。

(5) 对每一个子问题进行分析和细化，确定解决方法。

结构化程序设计方法，使程序具有结构清晰、可读性强、易于分工、易于调试、易于维护等特性。

3.1.2 程序的结构

(1) 三种基本结构

结构化程序的结构分为三种基本结构——顺序结构、选择结构和循环结构。三种基本程序结构参见图3-1。

① 顺序结构

顺序结构是一种最简单的算法结构，在顺序结构中，算法的每一个操作是按照从上到下的顺序执行的。图3-1(a)所示为顺序结构的流程图。其执行过程为程序段A执行结束后，接着执行程序段B。整个结构只有一个入口和一个出口。顺序结构的程序能够解决的问题非常有限，也称为简单程序。

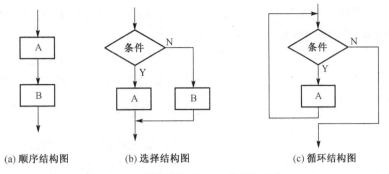

(a) 顺序结构图　　　　(b) 选择结构图　　　　　　(c) 循环结构图

图 3-1　结构化程序的三种基本结构

② 选择结构

在实际问题中，经常会遇到这样的情况，即做完一件事后，下面该做什么，要根据某个条件是否成立选择下一步该怎么做。程序设计也是这样，有时，前一句执行后，下面该执行哪条语句，要根据某个条件成立与否进行选择，这种结构称为选择结构。在选择结构中，必然包括一个条件判断的操作，此时语句的书写顺序和语句的执行顺序不一定一致。从图 3-1(b) 可以看出，根据逻辑条件成立与否，分别选择执行程序块 A 或程序块 B，即在两条路径中，选择执行其中的一条，而到底选择哪一条，取决于条件，整个结构只有一个入口和一个出口。

③ 循环结构

在客观现实中，有些事情在某种情况下，需要循环往复地去做，直至停止。在程序设计中也会遇到这样的情况，有些语句只执行一遍远不能解决问题，需要在某种条件满足的情况下循环执行，这种结构称为循环结构。循环结构如图 3-1(c) 所示，在进入循环结构后，首先判断条件是否为真，如果为真则执行程序块 A，否则退出循环结构，执行完程序块 A 后再去判断条件，如果条件仍然为真，则再次执行程序块 A，循环往复，直到条件为假结束。整个结构只有一个入口和一个出口。

(2) 三种基本结构的特征

在程序设计中，会遇到许多复杂的问题，用一种控制结构可能无法解决，此时可用三种基本结构的组合来实现。一般来说，任何一个问题从宏观的角度理解，其解决步骤是顺序的，但其中的某一部分可能需要选择或循环，根据需要选择或循环还可以相互包含，如选择中包含循环，循环中包含选择，顺序结构渗透在程序的各个环节中。三种基本结构的这个特征决定使用计算机语言编写的程序可以模拟复杂逻辑思维过程，从而解决复杂问题。

可以看出，以一个控制结构为一个单元，每个单元必须满足如下 4 个特征。

① 只有一个入口。

② 只有一个出口。

③ 没有永远执行不到的语句。

④ 没有永远执行不完的循环。

同时各单元之间接口简单，功能独立，易于理解。

3.2　C 语句概述

C 语言程序是由语句组成的。每条语句可以完成一个特定的功能，通过语句将数据及对数

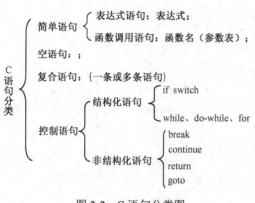

图 3-2　C 语言分类图

据如何处理的要求表达出来，明确告诉计算机"做什么"和"怎么做"。

C 语句有表达式语句、函数调用语句、控制语句、复合语句、空句 5 类，如图 3-2 所示。

3.2.1　表达式语句

1. 表达式语句的一般形式

表达式语句由表达式加分号构成，一般形式为：

表达式；

执行表达式语句就是计算表达式的值。例如：

```
i--;
x = 1, y = 2, z = 3;
```

2. 赋值语句

赋值语句由赋值表达式加分号构成。赋值语句的功能和特点都与赋值表达式相同。

赋值语句的一般形式为：

赋值表达式；

例如：

```
a = 3;             /* 3 保存在变量 a 中 */
a = 3 + 5;         /* 表达式 3+5 的值 8 保存在变量 a 中 */
```

赋值语句给变量提供数据，在程序设计中最常用。其在使用中需要注意以下几点。

(1)赋值语句允许连续赋值。

由于在赋值运算符 "=" 右边的表达式也可以又是一个赋值表达式，其一般形式为：

变量=变量=…=变量=表达式；

等价于

变量=(变量=…=(变量=表达式))；

例如：

```
int a, b, c;
a = b = c = 5;
```

按照赋值运算符的右结合性，等效于：

```
c = 5;
b = c;
a = b;
```

(2)在变量说明中给变量赋初值和赋值语句的区别。

给变量赋初值是变量说明的一部分，赋初值后的变量与其后的其他同类变量之间仍必须用逗号间隔，而赋值语句则必须用分号结尾。

例如：

```
int a = 5, b, c;        /* 在定义变量 a 时，赋初值 5 */
b = 3;                  /* 给变量 b 赋值 3，b 必须先定义 */
```

(3)在定义变量时，不允许连续给多个变量赋初值。

```
int a = b = c = 5;          /* 错误的变量定义 */
```

必须写为：

```
int a = 5, b = 5, c = 5;
```

(4)赋值表达式与赋值语句的区别。

赋值表达式可以出现在任何允许表达式出现的位置，而赋值语句则不能。

例如，下面的表达式合法：

```
(a = 3) +(b = 4)          /* 结果为 7 */
```

下面的表达式非法：

```
(a = 3;) + (b = 4)
```

因为 a = 3;是语句，不能出现在表达式中。

3.2.2 函数调用语句

函数调用是执行一段预先设计好的程序，求出结果后返回调用点。

函数调用语句的一般形式为：

```
函数名(实际参数表);
```

例如：

```
y=fabs(x);
printf("Hello!");
```

通常情况下，有返回值的函数可以作为表达式的一部分。

3.2.3 控制语句

控制语句用于控制程序的流程，C 语言有 9 种控制语句，可分为以下 3 类。

(1)选择结构语句：if 语句、switch 语句。

(2)循环结构语句：while 语句、do-while 语句、for 语句。

(3)其他语句：break 语句、continue 语句、return 语句、goto 语句。

3.2.4 复合语句

把若干个语句用{ }括起来就组成一个复合语句，它在语法上相当于一条语句。例如：

```
{
    r = 3;
    s = 3.14 * r * r;
    printf"%d%d", r, s);
}
```

是一条复合语句。

注意：

(1)复合语句内的各条语句都必须以分号结尾，在"}"外不加分号。

(2)复合语句常用在选择结构和循环结构中。

3.2.5 空语句

仅由分号构成的语句称为空语句，在编译时不产生任何指令，在执行时不产生任何操作。空语句的一般形式为：

```
;
```

空语句常用于下面两种情况。

(1)空语句可以起到延迟的作用。

(2)可以为模块化程序中未实现的函数预留位置。

3.3　程序的注释

注释是对程序或程序行的说明，以便于阅读。运行程序时，计算机并不执行注释行。

C 语言的注释符一般分为两种，一种以"/*"开头，在中间加上注释内容，并以"*/"结尾，它的一般形式为：/* 注释文本 */；另一种以"//"开头，在"//"之后加注释内容，一般用于单行注释，它的一般形式为：//注释文本。

注释虽然不对程序的运行产生任何影响，但必要的注释是程序的重要组成部分。注释分为功能性注释和说明性注释。功能性注释用以注释程序、函数及语句块的功能，说明性注释用以注释变量或单个语句，程序注释遵循以下原则。

(1)一个程序至少有一条注释语句，对整个程序的功能进行说明。

(2)对主要变量加注释说明其作用。

(3)对重要语句块加注释说明其功能。

例如：

```
int main( )
/* 求三角形面积 */
{
    float a, b, c;        /*   三角形三边   */
    ...
    return 0;
}
```

其中，"/* 求三角形面积 */"为功能性注释，"/* 三角形三边 */ "为说明性注释。

3.4　数据的输入和输出

3.4.1 输入和输出的基本概念

数据的输入和输出是指计算机主机和外设之间的数据流通。输入是指通过输入设备(键盘、扫描仪、磁盘)将数据输入到计算机内部；输出是指将计算机内部的数据送到输出设备(显示器、打印机、磁盘)上。通过输入，计算机获得了待处理的数据；通过输出，计算机将处理结果显示在屏幕上。

编写程序时，变量可以通过初始化得到确定的数据，对于不确定的数据，通常使用输入函数获得数据。程序中至少有一个输出语句，用来输出计算结果。

3.4.2 输入和输出的实现

C 语言自身没有提供专门的输入和输出语句，输入和输出操作是由 C 标准库函数中的函数实现的。C 语言的输入和输出标准函数见表 3-1。

表 3-1　C 语言标准输入和输出函数

函 数 名	功　　能
getchar	输入单个字符
putchar	输出单个字符
scanf	格式输入：字符、字符串、数值
printf	格式输出：字符、字符串、数值
gets	接收一个字符串
puts	输出一个字符串

标准函数以库的形式存放在 C 系统中，函数名不是 C 语言的关键字。

在使用标准库函数时，要用预编译命令"#include"将有关的"头文件"包括到用户文件中，在头文件中包含了调用函数时所需的有关信息。例如，在使用标准输入和输出库函数时，要用到"stdio.h"文件中提供的信息。预编译命令都是放在程序开头，文件名后缀中的"h"是"head"的缩写，因此这类文件也称为头文件。在调用标准输入和输出库函数时，文件开头应该有以下预编译命令：

```
#include "stdio.h"
```

或

```
#include <stdio.h>
```

stdio 指标准输入和输出设备，是 standard input & output 的缩写，包含了与标准输入和输出有关的变量定义和宏定义，以及函数的声明。

3.5　字符数据输入和输出函数

C 语言中专门用于字符数据输入和输出的函数是：getchar( )和 putchar( )。

3.5.1　字符输入函数 getchar( )

getchar( )函数能够使用户从键盘输入一个字符。getchar( )函数没有参数。其一般形式为：

```
getchar( )
```

功能：从键盘输入一个字符。

程序运行后执行到 getchar( )函数，程序将暂停，光标在控制台程序窗口闪动，等待从键盘输入数据，输入数据并回车后，程序继续执行。

说明：

(1)getchar( )函数的值是键盘输入内容的第一个字符，类型为字符型。

(2)getchar( )函数的调用形式：

把 getchar( )函数的值保存到字符变量中。如：

```
ch = getchar( );/* ch 为字符变量，把 getchar( )函数返回值赋给 ch */
```

3.5.2 字符输出函数 putchar( )

putchar( )函数的一般形式为：

putchar(参数)

参数可以是数值、字符常量、字符变量及算术或字符表达式。

putchar( )函数的功能：计算参数表达式的值并取整，然后将这个值以字符形式输出到屏幕上。

putchar( )函数的值：所输出的字符。

例如：

```
char ch = 'm';
putchar(ch);              /* 输出字符变量 ch 的值：m */
putchar('D');             /* 输出大写字母 D */
putchar('\102');          /* 输出转义字符'\102'的值字符 B */
putchar('\n');            /* 输出一个换行符，换行 */
putchar(67);              /* 输出 ASCII 值为 67 的字符，即大写字母 C */
```

【例 3-1】 使用 getchar( )函数从键盘输入任一字符并输出。

```
/* exp3-1 */
#include "stdio.h"
int main( )
{
    char ch;
    printf("Please input a character:\n");
    ch = getchar( );
    putchar(ch);
    putchar('\n');
    return 0;
}
```

从键盘输入字母 a，程序运行结果：

```
Please input a character:
a
a
Press any key to continue
```

程序分析：程序运行结果第 2 行的 a 是用户在 getchar( )函数执行时从键盘输入的，第 3 行的 a 是由 putchar( )函数输出的结果。

程序中 ch = getchar( );与 putchar(ch);两行可用下面任意一行代替：

```
putchar(getchar( ));
printf("%c", getchar( ));
```

3.6　格式输入和输出函数

3.5 节介绍的两个函数只能实现单个字符的输入和输出，C 语言中有丰富的数据类型，需要通过格式输入和输出函数实现。

3.6.1 格式输入函数 scanf( )

scanf( )函数称为格式输入函数，即按用户指定的格式从键盘把数据输入到指定的变量。

程序设计中，如果变量的值是一个确定数据，可以通过变量初始化或赋值语句为变量提供数据。如果变量的值不确定，就可以通过 scanf( )函数为变量赋值。例如：

```c
#include "stdio.h"
int main( )
{
    int a, b, c, d;
    printf("Please input a,b:\n");
    scanf("%d", &a);              /* 输入整数并赋值给变量 a */
    scanf("%d", &b);              /* 输入整数并赋值给变量 b */
    printf("a+b=%d\n", a + b);    /* 计算 a+b 的值 */
    printf("Please input c,d:\n");
    scanf("%d %d", &c, &d);       /* 输入两个整数并分别赋值给 c、d */
    printf("c*d=%d\n", c * d);    /* 计算 c*d 的值 */
    return 0;
}
```

运行过程：

```
Please input a,b: ↙
12↙
60↙
a+b=72
Please input c,d: ↙
10 23↙
c*d=230
```

注：↙表示按下回车键。

从键盘输入 12，按下回车键，scanf( )将输入数据赋值给变量 a，本次输入结束，执行下一条语句，给变量 b 赋值。

scanf("%d %d", &a, &b);中，同时输入两个整数并分别赋值给 c、d。注意"%d %d"之间是有空格的，所以输入数据时也要有空格。即输入数据的格式要和控制字符串的格式一致。

下面详细介绍 scanf( )的具体用法。

1．scanf( )函数的一般形式

> scanf(格式控制字符串，地址表列);

例如：scanf("%d,%d", &a, &b);

2．参数说明

(1)格式控制字符串：用于指定输入格式，是用双引号括起来的字符串。它包括以下两种信息。

① 格式说明：由 "%" 和格式字符组成，其作用是将数据按指定的格式输入。

② 普通字符：即需要原样输入的字符。

(2)地址表列

地址表列是给出各变量的地址。地址是由地址运算符&后跟变量名组成的，&称为取地址符。例如：scanf("%d,%d", &a, &b);中的&a、&b 分别表示变量 a 和变量 b 的地址。

这个地址就是编译系统在内存中给 a,b 变量分配的地址。在 C 语言中，使用了地址这个概念，这是与其他语言不同的。应该把变量的值和变量的地址这两个不同的概念区别开来。

变量的地址和变量值的关系如下，例如：

```
                a = 567;
```

其中 a 是变量名，567 是变量的值，&a 是变量 a 的地址。

(3)格式说明的一般形式

　　%[附加符][输入宽度][长度]格式字符

方括号及其中的内容可选。

① 格式字符：格式字符也称格式符、类型字符，表示输入、输出数据的类型。scanf( )函数的常用格式字符见表 3-2。

表 3-2　scanf( )函数常用类型字符表

类型字符	对应变量的说明类型	接收输入数据
d	int	有符号十进制
o	int	无符号八进制
x、X	int	无符号十六进制
u	unsigned、int、int	无符号十进制
c	char	单个字符
f	float	实型数：小数或指数
E、e、g、G	float	实型数：小数或指数

从表 3-2 中可以看出，在格式输入函数中，整型与字符型不再通用，也即整型变量只能以整型格式输入，不能以字符格式输入。

② 附加符：在格式说明中，%和格式字符之间可以插入表 3-3 中的附加符。

表 3-3　常用输入附加符及其功能

附加说明	功　　能
m	指定输入数据所占宽度
L 或 l	用于输入长整型数据，加在 d、o、x、u 之前
*	读入的数据，不赋给对应的输入项，用于跳过一些数据

例如，%ld 表示长整型，%lf 表示双精度，%3d 表示要接收 3 位数字。

"*"符：用以表示该输入项读入后不赋予相应的变量，即跳过该输入值。如 scanf("%d %*d %d",&a,&b);当输入为：1　2　3 时，把 1 赋予 a，2 被跳过，3 赋予 b。

【例 3-2】 输入三个整数并输出。

```
/* exp3-2 */
#include "stdio.h"
int main( )
{
    int a,b,c;
    printf("Please input a,b,c\n");
    scanf("%d%d%d",&a, &b, &c);
    printf("a=%d,b=%d,c=%d",a,b,c);
    return 0;
}
```

程序分析：在本例中，由于 scanf( )函数本身不能显示提示串，故先用 printf 语句在屏幕上输出提示，请用户输入 a、b、c 的值。执行 scanf 语句，等待用户输入。用户输入 7　8　9 后按下回车键。在 scanf 语句的格式串中由于没有非格式字符在"%d%d%d"之间作输入时的分隔符，因此，在输入时要用一个以上的空格或回车键作为数据之间的分隔。

3. 使用 scanf( )函数应注意的几个问题

(1)scanf( )的格式说明中可以插入普通字符等非格式字符，但使用原则是尽量少用。

例如，scanf("%d,%d", &a, &b);使用逗号、空格等作为数据的间隔。

(2)格式符可以没有间隔。

例如，scanf("%d%d", &a, &b);%d%d，输入数值数据时，任选空格键、Tab 键、回车键间隔数据即可。

(3)使用%c 输入一个字符时，空格字符和"转义字符"都必须作为有效字符输入。例如，scanf("%c%c", &a, &b); 输入 a b√，则变量 a、b 得到的值是字符 a 和空格，空格也作为一个字符输入，b 被忽略。输入 ab√，则变量 a、b 得到的是字符 a 和字符 b。

注意：变量 a 的值是对字符 a 的理解，其意义是把字符'a'赋给变量 a。

(4)scanf( )函数输入时，格式说明符中尽量不要指定宽度。

用%f 格式输入实型数据时,不必指定宽度;用%c 输入一字符型数据时宽度不起作用,用%d 输入一个整型数据时，尽量不要指定宽度。

例如：scanf("%5d", &a); 输入 12345678 只把 12345 赋予变量 a，其余部分被截去。

又如：scanf("%3d%3d", &a, &b); 输入 123456√ 则 a 实际获得 123，b 实际获得 456。输入 12 45 6√ 则 a 实际获得 12，b 实际获得 45，6 被忽略。

注意：非格式字符的使用原则是尽量少用。

(5)如果输入的数据类型与输出的数据类型不一致，编译能够通过，但结果不正确。

(6)scanf( )中要求给出变量地址，给出变量名编译能够通过，但在程序运行中会出错。例如，scanf("%d", a);是错误的，应改为 scanf("%d", &a);才是正确的语句。

【例 3-3】 scanf( )函数正确的输入方法举例。

```
/* exp3-3 */
#include "stdio.h"
int main( )
{
    int a, b, c;
    scanf("%d%d", &a, &b);
    printf("a+b=%d\n", a+b);
    scanf("%d,%d,%d", &a, &b, &c);
    printf("a+b+c=%d\n", a+b+c);
    scanf("a=%d,b=%d", &a, &b);
    printf("a-b=%d\n", a-b);
    return 0;
}
```

程序运行结果：

```
10 20
a+b=30
10,20,30
a+b+c=60
a=10,b=20
a-b=-10
Press any key to continue
```

程序分析：

（1）第 1 个 scanf()的控制字符串为"%d%d"，输入数值数据时，任选空格键、Tab 键、回车键间隔数据即可。

（2）第 2 个 scanf()的控制字符串为"%d, %d, %d"，中间以逗号分隔，所以输入的整数也要以逗号分隔。

（3）第 3 个 scanf()的控制字符串为"a=%d,b=%d"，要求输入的数据要和字符串里的内容严格一致，如输入 a=10,b=20。

每次用户按下回车键，程序就会认为用户输入结束，scanf()开始读取用户输入的内容。从本质上讲，用户输入的内容都是字符串，scanf()完成的是从字符串中提取有效数据的过程。

3.6.2　格式输出函数 printf()

在前面的章节中，已经使用了很多次 printf()函数，其功能是按用户指定的格式，把数据显示到屏幕上。由于 printf()函数可以设置输出格式，因此称为格式输出函数。

1．printf 函数的一般形式

```
printf(格式控制字符串 [,输出表列]);
```

例如，printf("%d,%f",i, x);。

2．格式说明

（1）格式控制字符串：作用与 scanf()函数相似，用于指定输出格式，它包括以下两种信息。

① 格式说明：由"%"和格式字符组成，其作用是将数据按指定的格式输出。

② 普通字符：即需要原样输出的字符。

（2）输出表列

输出表列是需要输出的数据，可以是任意形式的表达式。

下面是合法的 printf()函数调用语句：

```
printf("******") ;              /* 省略输出表列, 输出******   */
printf("%d%d", x, x + y);       /* "%d%d"为格式说明, x, x + y 为输出表列 */
```

（3）格式说明的一般形式

```
%[附加符][输出最小宽度][.精度][长度]格式字符
```

方括号及其中的内容可选。

在格式说明形式上与 scanf()函数基本相同。

① 格式字符：也称格式符、类型字符，表示输出数据的类型。printf()函数的格式字符及其含义见表 3-4。

表 3-4 中，d、o、x、u 为整型格式符，c 为字符型格式符，s 为字符串格式，f、e、E、g、G 为实型格式符。

从表 3-4 中可以看出，整型与字符型在输出时，可以分别相互转换，赋值语句也有这个特点，这种特性称为整型和字符型的互通性。

表 3-4　printf( )函数中的格式字符

格 式 字 符	对应输出项	输 出 结 果
d	int、char	带符号的十进制整数(正数不输出+号)
o	int、char	无符号的八进制整数(不输出前缀 0)
x, X	int、char	无符号的十六进制整数(不输出前缀 0x)
u	int、char	无符号的十进制整数
c	int、char	单个字符
s	字符串常量 字符型数组	字符串
f	单、双精度	小数形式的单、双精度实数
e, E	单、双精度	指数形式的单、双精度实数
g, G	单、双精度	单、双精度实数(取%f 或%e 中较短的宽度)

② 附加符:在格式说明中,%和格式字符之间,可以插入表 3-5 中的附加符,修饰输出结果。与 scanf( )函数相比,多了精度等内容,宽度的作用也有所不同。

表 3-5　printf( )函数中的附加符

标　志	意　义
−	结果左对齐,右边填空格
+	输出符号(正号或负号)
L 或 l	长整型:%ld,双精度:%lf
m	输出最小宽度,如%10f
n	限定数值数据输出的小数位数,或字符串自左至右输出的字符个数

关于附加符的说明:

输出最小宽度用一个十进制整数 m 表示,决定输出项的值在输出时所占的最小宽度。如果实际位数多于定义的宽度,则按实际位数输出,如果实际位数少于定义的宽度则在输出的左侧填充空格。

精度格式符以小数点开头,后跟十进制整数。其意义是:如果输出的是数字,则表示小数的位数;如果输出的是字符串,则表示输出字符的个数。

长度附加符为 l,有长整型%ld 和双精度%lf 两种。

例如,根据变量定义,分析 printf( )函数调用语句的输出结果。

```
int a = 65;
long b = 100;
char ch = 'c';
float f = 3.1415926;
printf("a=%4d,ch=%4c", a, ch);
printf("%d,%ld", a, b);
printf("%-4.2s", "china");
```

语句分析:

第一个语句的格式说明中,a=和 ch=为普通字符,原样输出。格式字符%4d、%4c 对应于输出项 a 和 ch,类型一致,符合规定。原本 a 和 ch 的值的宽度分别只有 2 和 1,但格式字符指定了最小宽度 4,因此,每个数据都占 4 个字符位,默认右对齐,输出结果为:

```
a=  65,ch=   c        /* 65 前面有两个空格,c 前面有三个空格 */
```

第 2 个 printf 语句的格式说明中，%ld 表示长整型，字母 l 是附加符，表示将 b 以长整型格式输出。

第 3 个 printf 语句的格式说明中，%-4.2s 表示字符串格式，长度为 2，只能输出"china"的前两个字符，占 4 个字符位，-表示左对齐。输出结果为" ch "。

【例 3-4】 有符号十进制数的输出形式。

```c
/* exp3-4 */
#include "stdio.h"
int main( )
{
    int a = 98;
    printf("a=%d,%o,%x,%u,%c\n", a, a, a, a, a);
    return 0;
}
```

程序运行结果：

```
a=98,142,62,98,b
Press any key to continue
```

程序分析：printf 语句中使用 d、o、x、u、c 将十进制整型变量 a 分别转化为十进制整型（原型）、八进制无符号型、十六进制无符号型、十进制无符号型和字符型输出。

【例 3-5】 有符号数输出为无符号数。

```c
/* exp3-5 */
#include "stdio.h"
int main( )
{
    int a = -1;
    printf("a=%d,%o,%x,%u\n", a, a, a, a);
    return 0;
}
```

程序运行结果：

```
a=-1,37777777777,ffffffff,4294967295
Press any key to continue
```

程序分析：负数在内存中是以补码存放的，把负数转换成无符号数输出，即把符号也当成数值输出了，输出的无符号数与原数值不等。

【例 3-6】 分别用 getchar( )函数和 scanf( )函数读入 2 个字符给变量 c1、c2，然后分别用 putchar( )函数和 printf( )函数输出这两个字符。

```c
/* exp3-6 */
#include "stdio.h"
int main( )
{
    char c1,c2;
    printf(" 请输入两个字符 c1,c2：");
    c1=getchar();
    c2=getchar();
    printf("用 putchar 语句输出结果为:");
    putchar(c1);
    putchar(c2);
```

```
        printf("\n 用 printf 语句输出结果为:");
        printf("%c %c\n",c1,c2);
        return 0;
    }
```

程序运行结果：

```
请输入两个字符 c1,c2: Aa
用 putchar 语句输出结果为:Aa
用 printf 语句输出结果为:A a
Press any key to continue
```

程序分析：

(1)本程序中定义 c1，c2 为字符型，在赋值语句中用 getchar( )函数得到用户输入的两个字符。输出时使用两种语句输出。

(2)可以看出，使用 printf( )函数比较灵活地控制了输出格式。

【例 3-7】 设整型变量 a、b 的值分别是 3、4，字符变量 c 的值是'A'。编写程序，按下面的输出形式设计输出结果的格式。

```
a= 3 b= 4
The lower letter of the letter A is:a
Press any key to continue
```

算法分析：

(1)变量如何定义：题目所给变量 a、b、c 的值为 3、4、'A'，变量 a、b 定义成整型，变量 c 定义成字符型，对变量初始化：int a = 3, b = 4;char c = 'A'。

(2)输出格式设计：这是一个数值数据的输出，必须使用 printf 语句，根据 a = 3 和 b = 4 的格式要求可知，a=和 b=应作为普通字符输出，两个式子中间加一空格，3 和 4 前面有一个空格，可以把数据的宽度设置为 2，故有输出格式设计：printf(" a=%2d b=%2d", a, b)。

(3)字母 A 是变量 c 的字符形式值，A+32 是字母 a 的 ASCII 码值，也就是分别以字符格式%c 的格式输出变量 c 和 c+32，而"The lower letter of the letter "和"is:"是普通插入符，这样格式控制串就是：The lower letter of the letter %c is:%c。按照题目要求编写程序如下：

```
/* exp3-7 */
#include "stdio.h"
int main( )
{
    int a = 3, b = 4;
    char c = 'A';
    printf("a=%2d b=%2d\n", a, b);
    printf("The lower letter of the letter %d is:%d\n", c, c+32);
    return 0;
}
```

注意：\n 用于换行，可使结果更清楚。

【例 3-8】 用 C 语言输出一个 4×4 的整数矩阵，为了增强阅读性，数字要对齐。

算法分析：由于这些数字的长度已确定，而且长短不一，可以添加空格对齐，但是不推荐使用，程序如下所示。

```
/* exp3-8-1 */
#include "stdio.h"
int main( )
```

```
    {
        int a1 = 20, a2 = 345, a3 = 700, a4 = 22;
        int b1 = 56720, b2 = 9999, b3 = 20098, b4 = 2;
        int c1 = 233, c2 = 205, c3 = 1, c4 = 6666;
        int d1 = 34, d2 = 0, d3 = 23, d4 = 23006783;
        printf("%d      %d      %d       %d\n", a1, a2, a3, a4);
        printf("%d      %d      %d       %d\n", b1, b2, b3, b4);
        printf("%d      %d      %d       %d\n", c1, c2, c3, c4);
        printf("%d      %d      %d       %d\n", d1, d2, d3, d4);
        return 0;
    }
```

程序运行结果:

```
20           345         700          22
56720        9999        20098        2
233          205         1            6666
34           0           23           23006783
Press any key to continue
```

程序分析：这种方法需要输入许多空格，还要严格控制空格数，不断地人为推算显示结果否则输出就会错位。

类似的需求随处可见，整齐的格式会更加美观，让人觉得生动有趣。printf( )可以更好地控制输出格式，程序如下所示。

```
/* exp3-8-2 */
#include "stdio.h"
int main( )
{
    int a1 = 20, a2 = 345, a3 = 700, a4 = 22;
    int b1 = 56720, b2 = 9999, b3 = 20098, b4 = 2;
    int c1 = 233, c2 = 205, c3 = 1, c4 = 6666;
    int d1 = 34, d2 = 0, d3 = 23, d4 = 23006783;
    printf("%-9d %-9d %-9d %-9d\n", a1, a2, a3, a4);
    printf("%-9d %-9d %-9d %-9d\n", b1, b2, b3, b4);
    printf("%-9d %-9d %-9d %-9d\n", c1, c2, c3, c4);
    printf("%-9d %-9d %-9d %-9d\n", d1, d2, d3, d4);
    return 0;
}
```

程序运行结果:

```
20           345         700          22
56720        9999        20098        2
233          205         1            6666
34           0           23           23006783
Press any key to continue
```

程序分析：这样编写更加方便，即使改变某个数字，也无须修改 printf 语句。本例的 "%-9d" 中，d 表示以十进制输出，9 表示最少占 9 个字符的宽度，宽度不足，以空格补齐，-表示左对齐。综合起来，%-9d 表示以十进制输出，左对齐，宽度最小为 9 个字符。

3.7   顺序结构程序设计举例

程序设计的一般步骤如下。

(1)变量说明：即本程序已知哪些数据，需要定义哪些变量，类型应该是什么。

(2)采集源数据：获取变量值的方法是通过键盘录入还是计算得到。

(3)加工数据：确定对数据的加工过程，即先计算什么，后计算什么，是否有固定的算法等。

(4)输出结果：确定是输出计算结果还是显示信息，然后输出。

【例3-9】 使用 printf( )函数实现下面的图形。

```
/* exp3-9 */
#include "stdio.h"
int main( )
{
    printf("    *\n");
    printf("   ***\n");
    printf("  *****\n");
    printf(" *******\n");
    return 0;
}
```

程序运行结果：

注意：*号前的空格是为了满足排列整齐的需要，空格也是很有用的字符。

【例3-10】 从键盘输入一个字符，输出其前后相邻的两个字符。

算法分析：输入字符的前面一个字符，其 ASCII 码比此字符小 1。同样，后一个字符的 ASCII 码比此字符大 1，对字符型变量进行算术运算时，使用的正是它们的 ASCII 码，所以直接将输入的字符加 1 或减 1，就可以得到它前后的相邻字符。输出时，使用格式控制符%c 可输出字符本身，使用%d 则可输出字符对应的 ASCII 码。

```
/* exp3-10 */
#include "stdio.h"
int main( )
{
    char c,cf,cb;
    printf("please input a character: ");
    c = getchar( );
    cf = c - 1;
    cb = c + 1;
    printf("%3c%3c%3c\n", cf, c, cb);
    printf("%d%d%d\n", cf, c, cb);
    return 0;
}
```

程序运行结果：

【例 3-11】 编写程序，任意输入一个 3 位整数，输出其个位、十位和百位数字。

算法分析：

(1)变量说明：根据题意，需要定义 4 个整型变量，分别设为 num、a、b 和 c，num 存放 3 位数，a、b 和 c 分别存放百位、十位、个位数字，类型符为 int。

(2)数据采集：确定需要赋初值的变量及赋值方式，变量 num 未知，需用 scanf( )函数。

(3)加工数据：计算百位、十位和个位数字，依次存放在变量 a、b 和 c 中。

```
c = num % 10            b = num / 10 % 10;            a = num / 100;
```

(4)输出计算结果：为使输出结果更加清晰，在输出结果之前将原始数据 num 输出，因均是整型数值数据，所以选用 printf( )函数输出，格式符均为%d。

```c
/* exp3-11 */
#include "stdio.h"
int main( )
{
    int num, a, b, c;                                      /* 定义变量 */
    printf("please input a integer number: ");             /* 提示输入数据 */
    scanf("%d", &num);                                     /* 输入数据 */
    c = num % 10;
    b = num / 10 % 10;
    a = num / 100;                                         /* 计算 */
    printf("%d Hundred, ten, an, ", num);                  /* 输出结果 */
    printf("all digital respectively: %d,%d,%d\n", a, b, c);
    return 0;
}
```

输入 365，程序运行结果：

```
please input a integer number: 365
365 Hundred, ten, an, all digital respectively: 3,6,5
Press any key to continue
```

注意：这个程序只能处理 3 位数，可使用选择语句和循环语句循环处理多位数。

【例 3-12】 已知圆的半径，求圆的周长和面积。

算法分析：

(1)变量说明：定义变量 pi、radi、peri 和 area 存放圆周率 π、半径、圆周长和圆面积，均为实数，类型符为 float。注意 π 不是合法的标识符，不能作为变量名。

(2)采集源数据：变量 pi 已知，使用初始化方式赋值，变量 radi 的值未知，需用 scanf( )函数从键盘输入。

(3)加工数据：根据圆周长和面积计算公式计算，圆的周长为 $2\pi r$，圆的面积为 πr^2。

(4)输出计算结果：输出结果是数值数据，选用 printf( )函数输出，并使用普通字符 "area=" 和 "peri=" 使显示更加清晰。输出格式字符均使用 "%10.2f"，".2" 使计算结果保留两位小数，宽度 10 可以支持计算结果有 7 位整数，能够满足实型数据的输出需求。

```c
/* exp3-12 */
/* 已知半径求周长和面积 */
#include "stdio.h"
int main( )
{
    float pi = 3.14159;
```

```
    float radi, peri, area;                      /* 定义变量 */
    printf("\nPlease input the radius:\n");
    scanf("%f", &radi);                          /* 输入数据 */
    peri = 2 * pi * radi;
    area = pi * radi * radi;
    printf("peri=%10.5f\n", peri);
    printf("area=%10.5f\n", area);
    return 0;
}
```

输入半径 10，程序运行结果：

```
radi=?
Please input the radius:
10
peri=  62.83180
area= 314.15900
Press any key to continue
```

【例 3-13】 编写程序，用 1 分、2 分、5 分的硬币凑成 300 元以下的钱数，要求硬币的数目最少。

算法分析：

(1)要想使所用硬币最少，就需要尽量多地使用 5 分面值的硬币，因此首先考虑将用户输入的钱数整除 5，不足 5 的部分再整除 2，然后整除 1，即可得到数目最少的硬币数。

(2)需用 scanf( )函数从键盘输入一个小数，代表几元几角几分，然后乘以 100 转化为分。

```
/* exp3-13 */
#include "stdio.h"
int main( )
{
    int m,num1,num2,num5;
    double x;
    printf("请输入钱的数目(元)：" );
    scanf("%lf", &x);
    m = x*100;
    num5 = m / 5;   m = m % 5;
    num2 = m / 2;   m = m % 2;
    num1 = m;
    printf("\n 最少的硬币数为：");
    printf("\n 需要 1 分硬币%d 个，2 分硬币%d 个，5 分硬币%d 个",num1,num2,num5);
    return 0;
}
```

输入钱数 12.58，程序运行结果：

```
请输入钱的数目（元）：12.58
最少的硬币数为：
需要1分硬币1个，2分硬币1个，5分硬币251个
Press any key to continue
```

程序分析：

(1)x 设置为 double 类型，scanf 语句中使用%lf 格式，因为计算机表示小数并不是非常精确，参与计算会产生误差，因此为了避免误差，提高精度采用了 double 类型。如果 x 改为 float 类型，scanf 语句中使用%f 格式，输入钱数 12.58，程序运行结果：

```
请输入钱的数目 (元)：12.58
最少的硬币数为：
需要1分硬币0个，2分硬币1个，5分硬币251个
Press any key to continue_
```

这个显然是不正确的。

(2) m / 5 首先得到 5 分的个数，然后 m % 5 是不足 5 分的钱数，然后以此方法计算 2 分、1 分的个数。

(3) 输出可以使用中文显示，但是注意全角、半角的区别。

小　结

本章介绍了 C 语言中数据的输入和输出，重点讲解了输入和输出函数：字符数据输入/输出函数 getchar( ) 和 putchar( )，格式输入/输出函数 scanf( ) 和 printf( )。对于各个输入/输出函数，C 语言都有相应的规定，使用时只需遵循这些规定，就可以正确使用。

习　题　3

一、选择题

1. int a, b;，要通过 scanf("%d:%d", &a, &b);使 a 得到 5，b 得到 6，则正确的输入形式为_____。

   A) 5 6　　　　　　B) 5,6　　　　　　C) 5:6　　　　　　D) 5;6

2. 在 printf("a=%c,b=%c", a, b);中，变量 a, b 的类型应该是_____。

   A) 整型或字符型　　　　　　　　　　　B) 实型或字符型

   C) 实型或字符串型　　　　　　　　　　D) 整型或实型

3. 设有变量定义 float a = 12.34567, b = 22.3456;，则 printf("a = %8.3f, %-8.2f ", a, b);的输出结果为_____。

   A) 12.34567,22.34567　　　　　　　　B) 12.346,22.35

   C) 12.346,22.35　　　　　　　　　　　D) 12.345,22.34

4. putchar(97);的输出结果是_____。

   A) b　　　　　　　B) a　　　　　　　C) 97.0　　　　　　D) 97

5. 设 x 是 int 型变量，y 是 float 型变量，用下面的语句给这两个变量输入值：scanf("i=%d,f=%f", &x, &y);
   为了将 10 和 76.25 分别赋给 x 和 y，则正确的输入是_____(<CR>为回车)。

   A) 10　76.25<CR>　　　　　　　　　　B) i=10,f=76.25<CR>

   C) 10<CR>76.25<CR>　　　　　　　　D) x=10,y=76.25<CR>

6. 有定义 "int c = 65;"，则 printf("%d,%u,%c", a, a, a);的输出结果为_____。

   A) 65,65,A　　　　B) 65,65,65　　　　C) 65,-65,A　　　　D) 65 65 A

7. 对于 scanf("%d %*d %d", &a, &b);，输入 1 2 3，则变量 b 的值是_____。

   A) 1　　　　　　　B) 2　　　　　　　C) 3　　　　　　　D) *

8. 对于 scanf("%3d%2d", &a, &b);，从键盘输入 1234567，变量 a 的值是_____。

   A) 1234567　　　　B) 123　　　　　　C) 1234　　　　　　D) 12345

9. 下面程序段的输出结果是_____。

```
int a = 010, b = 0x10, c = 10;
printf("%d,%d,%d\n", a, b, c);
```

A) 10,10,10   B) 8,16,10   C) 8,10,10   D) 8,8,10

10. 如果从键盘输入 D 并回车，则下面程序的输出结果是_____。

```
#include "stdio.h"
int main( )
{
    char c1,c2;
    c1 = getchar( );
    c2 = c1 + 3;
    printf("%c,%d\n", c2, c2);
    return 0;
}
```

注意：字母 A 的 ASCII 码值为 65。

A) G,71   B) G,68   C) D,71   D) 连接出错

二、填空题

1. 从键盘输入十进制数 65，输出结果是 41，请填写程序。

```
#include "stdio.h"
int main( )
{
    int d;
    printf("input a number:");
    scanf("___(1)___", &d);
    printf("%x", d);
    return 0;
}
```

2. 请根据 scanf 输入语句，填写变量 c 的说明。

```
#include "stdio.h"
int main( )
{
    ___(1)___;
    printf("\ninput a real numbers:\n");
    scanf("%c", &c);
    printf("%d", c);
    return 0;
}
```

3. 字符型变量 a 的值未知，程序的功能是从键盘为 a 提供一个字符，输出其后续字符，请选择合适的输入函数填空。

```
#include "stdio.h"
int main( )
{
    char a;
    a = ___(1)___;
    puthar(a + 1);
    return 0;
}
```

4. 下面程序的功能是从键盘任意输入一个华氏温度 F，要求输出对应的摄氏温度 C，转换公式为 $C=5/9(F-32)$，请填写程序。

```c
#include "stdio.h"
int main( )
{
    float f, c;
    printf("Please input F:\n");
    scanf("%f", &f);
    c = ___(1)___ ;
    printf("f=%f,c=%f", f, c);
    return 0;
}
```

提示：5/9 要写成 5.0/9，或 5/9.0，否则结果为 0，请思考。

5. 下面程序的功能是求任意两个整数的和，如从键盘输入 3,5，则程序的输出结果是 3+5=8，请在空白处填写合适的内容。

```c
#include "stdio.h"
int main( )
{
    int a, b, c;
    printf("\ninput two integer umbers:\n");
    scanf("%d,%d", &a, &b);
    c = a + b;
    printf(" ___(1)___ ", a, b, c);
    return 0;
}
```

三、程序设计题

1. 已知梯形的上底、下底和高，计算梯形的面积。

2. 计算并输出表达式 $y = 2/3(x + 5)$ 的值。注意输出要有文字说明，取 2 位小数。

3. 已知一个学生的 3 门功课的成绩，计算平均成绩。

4. 设 a、b、c 分别表示三角形的三边，从键盘输入 a、b、c 的值，根据数学公式 $area=\sqrt{s(s-a)(s-b)(s-c)}$，其中，$s = (a+b+c)/2$，计算三角形的面积(要求输入的三边长度能构成三角形)。

5. 求一元二次方程的两个实数根。

第4章 选择结构程序设计

选择结构的作用是根据所给定的条件是否成立，决定从给定的两组操作中选择一个执行。它是三种基本结构之一，在大多数程序中都会用到选择结构，本章将介绍如何用 C 语言实现选择结构。

4.1 关系运算符和关系表达式

在程序中经常需要比较两个数据的大小，决定程序下一步的工作。比较两个数据大小的表达式称为关系表达式。

4.1.1 关系运算符及其优先级和结合性

1. 关系运算符

C 语言提供了 6 种关系运算符，都是双目运算符，如表 4-1 所示。

表 4-1　关系运算符

关系运算符	<	≤	>	≥	==	!=
名　　称	小于	小于等于	大于	大于等于	等于	不等于

2. 关系运算符的优先级

关系运算符的优先级不同，>、≥、<、≤的优先级相同；==、!=的优先级相同，前者均高于后者。

3. 关系运算符的结合性

关系运算符的结合方向为自左至右，即同级关系运算符同时参与运算时，左边的先运算。

4.1.2 关系表达式

用关系运算符将两个表达式(可以是算术、字符、关系、逻辑、赋值、字符等表达式形式)连接起来的式子，称为关系表达式。

1. 一般形式

表达式1 关系运算符 表达式2

例如，$3 > 5$、$a > b$、$(a + 3) < (b + 5)$、'A' > 'a'、'A' > 'a' + 3、$x \% 3 == 0$ 都是关系表达式。

2. 关系表达式的值

关系表达式的值是一个逻辑值，只有"真"和"假"两个取值，分别用"1"和"0"表示。关系成立，取值为真，关系不成立，取值为假。关系运算实例见表 4-2。

表 4-2　关系运算

实　　例	结　　果
a > b	如果 a 大于 b，结果为真；否则，结果为假
a >= b	如果 a 大于等于 b，结果为真；否则，结果为假
a < b	如果 a 小于 b，结果为真；否则，结果为假
a <= b	如果 a 小于等于 b，结果为真；否则，结果为假
a == b	如果 a 等于 b，结果为真；否则，结果为假
a != b	如果 a 不等于 b，结果为真；否则，结果为假

3. 逻辑值的数值特性

(1) C 语言规定任何非 0 数据（包括字符）为真，0 为假。

例如，5 和'A'都是真值，因为 5!=0 为真值。

(2) C 语言规定真值为 1，假值为 0。换句话说，C 语言的逻辑值按数值处理。

(3) 算术表达式的结果都是一个数值，根据"非 0 为真、0 为假"，算术表达式可以作为选择结构的条件表达式。

例如，$3 + (5 < 6) = 3 + 1 = 4$，因为 4 是非 0 数据，所以为真值。

由此得出，关系表达式具有数值特性，可以参与算术运算，算术表达式具有逻辑特性，可以作为选择结构的条件表达式。

4.1.3　使用关系运算符应注意的问题

(1) 关系运算符的优先级低于算术运算符、高于赋值运算符。

例如，计算 m % 2 == 0，应先进行%运算，再进行==运算。如果结果为真，表示 m 为偶数，为假，表示 m 为奇数。

(2) 区分"="与"=="。

例如，$(a = 3) + 4 = 3 + 4 = 7$ 是个定值；$(a == 3) + 4$ 中，a == 3 表示 a 和 3 是否相等，a 如果为 3，则结果为 5，a 如果不为 3，则结果为 4。

(3) 判断实型变量 a 的值是否为 0，应写成 a < 1e-6。

(4) 关系运算符的两端又可以是一个关系表达式，这就形成了嵌套，如果是同级运算，可以根据自左至右的特性，优先执行左边的操作。

根据关系运算的优先级和左结合特性，分析下列表达式如何运算。

① c > a > d：">"为同级，根据关系运算的左结合特性，原式等价于 (c > a) > d。

② a > b != c：">"的优先级高于"!="，原式等价于 (a > b) != c。

③ a == b < c："<"的优先级高于"=="，原式等价于 a == (b < c)。

【例 4-1】　输出关系表达式的值。

```
/* exp4-1 */
#include "stdio.h"
int main( )
{
    char c = 'a';
    int i = 3,j = 4,k = 5;
    float x = 3.14,y = 0.07;
    printf("%d,%d\n",100 < c,2*i <= j);
```

```
    printf("%d,%d\n",j < 5,2*x-1 >= x+y);
    printf("%d,%d\n",i+j+k == 10,k == j == i+5);
    return 0;
}
```

程序运行结果：

```
0,0
1,1
0,0
Press any key to continue
```

程序分析：在本例中求出了各种关系运算符的值。字符变量是以它对应的 ASCII 码参与运算的。对于含多个关系运算符的表达式，如 k==j==i+5，根据运算符的左结合性，先计算 k==j，该式不成立，其值为 0，再计算 0==i+5，也不成立，故表达式值为 0。

4.2　逻辑运算符和逻辑表达式

4.2.1　逻辑运算符及其优先级和结合性

1. 逻辑运算符

我们以前学过逻辑运算，例如 p 为真命题，q 为假命题，那么"p 且 q"为假，"p 或 q"为真，"非 q"为真。在 C 语言中，也有类似的逻辑运算。C 语言提供了 3 个逻辑运算符，如表 4-3 所示。

表 4-3　逻辑运算符

逻辑运算符	名称	运算对象的数目	举　　例
!	逻辑非	单目	!a、!(2<5)
&&	逻辑与	双目	1&&0、(9>3)&&(b>a)
||	逻辑或	双目	1||0、(9>3)||(b>a)

2. 逻辑运算法则

设 a、b 为两个逻辑表达式，它们的逻辑值有 0 和非 0 两种情况，运算法则参见表 4-4。

表 4-4　逻辑运算法则

a	b	!a	a && b	a || b
真	真	假(0)	真(1)	真(1)
真	假	假(0)	假(0)	真(1)
假	真	真(1)	假(0)	真(1)
假	假	真(1)	假(0)	假(0)

根据表中的运算结果可得到下面的逻辑运算法则口诀。

逻辑非(!)运算：非真即假，非假即真。

逻辑与(&&)运算：真真为真，其余为假(即只有两边的值为真，结果才为真)。

逻辑或(\|\|)运算：假假为假，其余为真(即只有两边的值为假，结果才为假)。

3. 逻辑运算符的优先级

逻辑运算符从高到低的优先次序为：!（非）→ &&（与）→ \|\|（或），即 ! 为三者中最高的。

4. 逻辑运算符的结合性

！（非）运算符的结合方向是自右至左，&&（与）运算符和‖（或）运算符的结合方向是自左至右。

4.2.2 逻辑表达式

用逻辑运算符将算术、关系、逻辑表达式连接起来的式子，称为逻辑表达式。

逻辑表达式的形式一般分为三种。

(1)逻辑非运算表达式：!表达式。

(2)逻辑与运算表达式：表达式 && 表达式。

(3)逻辑或运算表达式：表达式 ‖ 表达式。

其中，表达式的形式可以是常量、变量、函数、算术、赋值、逗号、关系、逻辑等。

例如，根据数值和字符的逻辑特性、逻辑运算法则，计算!3、5 && 8、'a' ‖ 'b'的值。

① !3 的值：3 为非 0 数，非 0 为真，非真即假，故!3 的值应为假，即 0。

② 5 && 8 的值：5 和 8 非 0 为真，逻辑与运算，真真为真，所以，表达式的结果为真。

③ 'a' ‖ 'b'的值：'x'和'y'值为 97、98，非 0，逻辑或运算，只要有一个为真，运算结果为真，所以，表达式的结果为真。

计算 5 >= 2 && 3 ‖ 8 < 7-!0。

解：

$$5 \geqslant 2 \,\&\&\, 3 \,\|\, 8 < 7 - !0$$
$$= ((5 \geqslant 2) \,\&\&\, 3) \,\|\, (8 < (7 - !0))$$
$$= 1 \,\&\&\, 3 \,\|\, 8 < 6$$
$$= 1 \,\&\&\, 3 \,\|\, 0$$
$$= 1 \,\|\, 0$$
$$= 1$$

4.2.3 使用逻辑运算符应注意的问题

1. 逻辑运算的短路特性

C 语言规定，在计算逻辑表达式时，只要能够确定表达式的值，即停止运算，这种特性称为逻辑运算的短路特性。即在逻辑表达式的求解中，并不是所有的运算都要执行。

下面是两个特例，其中的 a、b、c 可以是含有运算符的表达式。

(1)a && b && c：只有 a 为真时，才需要判断 b 的值，只有 a 和 b 都为真时，才需要判断 c 的值，自左至右，只要遇到一个假值，运算即停止。

(2)a ‖ b ‖ c：自左至右，只要遇一个真值，运算即停止。逻辑运算符的短路特性如图 4-1 所示。

例如，若有定义 int a = 3, b = 4, c = 0;分析 c && ++b && a−−表达式的值和 a、b、c 的值。

c && ++b && a−−可以写为 c && (++b) && (a−−)，由于 c 值为 0，能够确定表达式的值为 0，右边的所有运算停止，所以++b、a−−都不再执行，a、b、c 的值都不变。

2. 逻辑表达式使用特例

(1)数学表达式 a > b > c，在 C 语言中必须写成逻辑表达式形式，即 a > b && b > c。

(2)使用逻辑表达式表示问题的条件。

例如，设整型变量 year 表示年份，判断闰年的条件为：

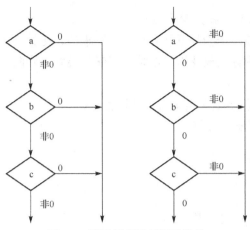

图 4-1 逻辑运算符的短路特性

① 能被 4 整除，但不能被 100 整除；

② 能被 100 整除，又能被 400 整除。

用 C 语言逻辑表达式表示为：

```
(year % 4 == 0 && year % 100 != 0) || year % 400 == 0
```

【例 4-2】 输出下面程序的结果。

```c
/* exp4-2 */
#include "stdio.h"
int main( )
{
    char ch = 'x';
    int a = 4, b = 5, c = 6;
    float x = 3.14, y = 0.85;
    printf("%d,%d\n", !x, (x-3.14) && y);
    printf("%d,%d\n", x || a && b - 5, a < b && x < y);
    printf("%d,%d\n",a == 6 && ch && (c = 10),x - y || a + b - c);
    return 0;
}
```

程序运行结果：

```
0,0
1,0
0,1
Press any key to continue
```

程序分析：由于 x 为非 0，所以 !x 为 0。对表达式 x‖a && b−5，x 的值非 0，根据逻辑运算的短路特性，值为 1。对于表达式 a < b && x < y，由于 a < b 的值为 1，而 x < y 为 0，故表达式的值为 1，0 && 1，结果为 0。a 的值为 0，a == 6 为假，根据逻辑运算的短路特性，表达式 a == 6 && c && (c = 10) 的值为 0，x−y 的值为非 0，表达式 x−y‖a+b−c 的值为 1。

4.3 if 语句

4.3.1 选择结构引例

第 3 章中我们看到的程序都是顺序执行的，也就是先执行第 1 条语句，然后是第 2 条、第

3 条……一直到最后一条语句，称为顺序结构。

但是对于很多情况，顺序结构是不能满足实际需求的，比如一个程序限制了只能成年人使用，儿童因为年龄不够，没有权限使用。这时程序就需要做出判断，看用户是否是成年人，并给出提示。

在 C 语言中，使用 if 和 else 关键字对条件进行判断。

【例 4-3】 输出下面程序的结果。

```
/* exp4-3 */
#include "stdio.h"
int main( )
{
    int age;
    printf("请输入你的年龄：");
    scanf("%d", &age);
    if(age >= 18)
    {
        printf("恭喜，你已经成年，可以使用该软件！\n");
    }
    else
    {
        printf("抱歉，你还未成年，不宜使用该软件！\n");
    }
    return 0;
}
```

一种运行结果：

```
请输入你的年龄：23
恭喜，你已经成年，可以使用该软件！
Press any key to continue
```

另一种运行结果：

```
请输入你的年龄：16
抱歉，你还未成年，不宜使用该软件！
Press any key to continue
```

如果 age >= 18，条件成立，那么执行 if 后面的语句；如果条件不成立，那么执行 else 后面的语句。

if 和 else 是两个新的关键字，if 意为"如果"，else 意为"否则"，用来对条件进行判断，并根据判断结果执行不同的语句。

C 语言的 if 语句有三种基本形式。分别是 if-else 双分支结构、if 单分支结构和 if 语句嵌套形成多分支结构。

4.3.2　if-else 双分支结构

(1)if-else 双分支结构的一般形式：

```
if(表达式)
{
    语句序列 1
}
else
{
```

语句序列 2

　　}

其语义是：如果表达式的值为真，则执行语句 1，否则执行语句 2。

例如，用于输出 x 绝对值的 if 语句如下：

```
if(x >= 0)
    printf("%d", x);
else
    printf("%d", -x);
```

(2)if-else 双分支结构的功能及过程。

如果表达式的值为真，则执行语句序列 1，然后执行 if 语句的后续语句；否则执行语句序列 2，然后执行 if 语句的后续语句。执行过程见图 4-2。

这种结构需要根据条件的成立与否进行选择，因此又称为双分支结构语句。

(3)表达式的形式。

① 表达式必须加圆括号，圆括号的后面不加分号，否则可能会出现逻辑错误。

例如：

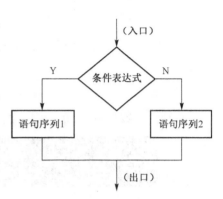

图 4-2　双分支 if 语句功能流程图

```
if(a > b);
{
    printf(" max=%d", a);
}
else
{
    printf("max=%d", b);
}
```

编译时会出现 else 配对错误的信息。

② 表达式的一般形式是关系表达式或逻辑表达式，数值、字符、简单变量、算术表达式可以作为条件表达式，形式合法，但多数情况下没有实际意义。

如条件 x = 8，由于表达式的结果为 8，非 0，语法上可以理解为真。

请理解下面的分析：

● (6)：表达式 6 为真。

● (x = 3;)：语句不能作为条件表达式。

● ('b')：'b'的 ASCII 码值为 98，非 0 为真。

● (x = 8, x−3)：逗号表达式 x = 8，x−3 的值为 5，表达式的值非 0 为真。

● (5 ∥ 8)：5 和 8 均非 0，逻辑表达式的值非 0 为真。

● (a > 3 && b < 5)：表达式合法，可以作为条件表达式，但值不确定。

③ 语句序列的书写形式。语句序列由一个或多个语句组成，用一对花括号括起来，但}之后不得加分号，语句序列书写时应右缩进。

【例 4-4】 设计程序，输入一个学生的成绩，输出"及格"或"不及格"的信息。

算法分析：设整型变量 score 存放成绩，按照常规，当成绩小于 60 时属于不及格，即当 score < 60 时应输出一个不及格的信息，否则输出及格的信息，符合双分支结构。

```
/* exp4-4 */
#include "stdio.h"
int main( )
{
    int score;
    printf("Please input the score: ");
    scanf("%d", &score);
    if(score >= 60)
    {
        printf("及格\n");
    }
    else
    {
        printf("不及格\n");
    }
    return 0;
}
```

分别输入数据 80、50，程序运行结果：

程序分析：运行程序后，输入数据 80，即 score = 80，score > 60 为真，执行 printf("及格\n");，输出及格的信息。输入数据 50，即 score = 50，score > 60 为假，执行 printf("不及格\n");输出不及格的信息。

请思考，如果把表达式修改为 score <=60，程序的其他部分应做怎样的修改，才能实现题目要求的功能。

【例 4-5】 从键盘输入 0，判断下面程序的运行结果。

```
/* exp4-5 */
#include "stdio.h"
int main( )
{
    int m;
    printf("Please input a number: ");
    scanf("%d", &m);
    if(m = 0)
    {
        printf("zero!\n");
    }
    else
    {
        printf("nonzero\n");
    }
    return 0;
}
```

不论从键盘输入何值，程序运行结果均为：

程序分析：这是因为不论从键盘输入何值，表达式 m = 0 的值始终为 0(假)，所以本程序的运行结果始终为：nonzero。

这个程序的主要目的是弄清"="与"=="的区别。关系运算符中的等于是两个等号，一个等号的意义是赋值，如"x == y"是判断 x 和 y 的值是否相等，"x = y"是将 y 的值赋给 x。

请思考，如果把 if 后的 m = 0 改为 m = 1，程序运行结果如何？如何改为正确的程序？

【例 4-6】 定义两个变量 a、b，从键盘上任意输入两个实数，赋给 a、b，编写程序按升序输出这两个数。

算法分析：a、b 的值不变，按升序输出时，需比较 a 和 b 的大小，若 a < b，则输出 a、b，否则输出 b、a，于是得到下面的程序：

```c
/* exp4-6 */
#include "stdio.h"
int main( )
{
    float a, b;
    printf("Please input two numbers: ");
    scanf("%f,%f", &a, &b);
    printf("\na=%.2f,b=%.2f\n", a, b);
    if(a < b)
    {
        printf("%8.2f, %8.2f\n", a, b);
    }
    else
    {
        printf("%8.2f,%8.2f\n", b, a);
    }
    return 0;
}
```

程序运行结果：

```
Please input two numbers: 4.8,3.6

a=4.80,b=3.60
    3.60,    4.80
Press any key to continue
```

(4) 当语句序列只有一个语句时，if-else 双分支结构可以简单写成下面的格式：

```c
if(条件) 语句1;
else    语句2;
```

【例 4-4】的程序也可以写成下面的形式：

```c
#include "stdio.h"
int main( )
{
    int score;
    printf("Please input the score: ");
    scanf("%d", &score);
    if(score < 60)  printf("不及格\n");
    else  printf("及格\n");
    return 0;
}
```

这种形式适用于语句序列只有一个语句的情况，但层次结构不够清晰，为统一起见，本书主要采用第一种形式。

(5)当表达式为逻辑表达式时，注意短路特性。

例如：

```
int a = 3,b = 5,c = 8;
if(a++ < 3 && c-- != 0) b = b + 1;
```

在 if 中，a++ 的值为 3，3<3 为假，c--!=0、b=b+1 都不执行，c 仍为 8，b 仍为 5。

在前面的程序中，有的代码虽然不同，但功能相同。在设计程序时，只要肯动脑筋，就一定可以编写出更好的程序，这是程序设计的魅力所在。

4.3.3 if 单分支结构

if 单分支结构是 if-else 双分支结构省略 else 及语句序列 2 的 if 语句。

有些情况需要在满足某种条件时进行一些操作，而不满足条件时就不进行任何操作，这时，可以只使用 if 语句。

if 单分支结构的一般形式为：

```
if(表达式)
{
    语句序列
}
```

意思是，如果判断条件成立就执行语句序列，否则直接跳过。其执行过程如图 4-3 所示。

例如：

```
if(x > 0)
    printf("%d", x);
```

当条件不成立时，什么也不做，这种 if 语句就是单分支 if 语句。

【例 4-7】 编写程序，从三个数中找出最大数。

算法分析 1：将最大值存入 a 中。

先将 a、b 的值进行比较，将二者之中的大数放入变量 a 中，这时 a 存放 a、b 中的最大数，再将变量 a 与变量 c 的值进行比较，将 a、c 中的大数放到 a 中，则变量 a 中存放的一定是三个数中的最大数。

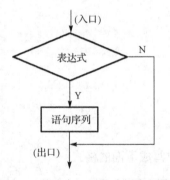

图 4-3 单分支 if 语句功能流程图

```
/* exp4-7-1 */
#include "stdio.h"
int main( )
{
    int a,b,c;
    scanf("%d,%d,%d", &a, &b, &c);
    printf("%d,%d,%d\n", a, b, c);
    if(a < b)  a = b;          /*a 中存放 a,b 的大值 */
    if(a < c)  a = c;          /* 将 a,b 的大值 a 与 c 比较，大者再放入 a 中，
                                 最终 a 存放 a,b,c 的最大值 */
    printf("%d\n", a);
```

```
        return 0;
    }
```

算法分析 2：将最大值存入变量 max 中。

把第一个数存入 max 中，将 max 与第二个数比较，使 max 中存放 a、b 中的大值，然后再与第三个数比较，每次都把大数放入 max 中，最后 max 一定存放三个数的最大值。

```
/* exp4-7-2 */
#include "stdio.h"
int main( )
{
    int a,b,c;
    scanf("%d,%d,%d", &a, &b, &c);
    printf("%d,%d,%d\n", a, b, c);
    max = a;
    if(max < b)  max = b;           /* max 中存放 a,b 的大值 */
    if(max < c)  max = c;           /* max 中存放 a,b,c 的最大值*/
    printf("%d\n", max);
    return 0;
}
```

【例 4-8】 求解 $y = \begin{cases} 3x-5 & x \geqslant 0 \\ 1 & x < 0 \end{cases}$

算法分析：题目虽然给了两个条件，但当 x < 0 时，y 的值是一个定值，可以把这个确定的值 1 当成 y 的初值，当 x >= 0 才执行 y = 3 * x - 5，改变 y 的值。程序如下：

```
/* exp4-8 */
#include "stdio.h"
int main( )
{
    int x, y = 1;
    printf("\n Please input a inteager:\n");
    scanf("%d", &x);
    if(x >= 0)
    {
        y = 3 * x - 5;           /*  *号不可省  */
    }
    printf("x = %d,y = %d\n", x, y);
    return 0;
}
```

输入数据 6，程序运行结果：

```
Please input a inteager:
6
x = 6,y = 13
Press any key to continue
```

程序分析：输入数据 6，即 x 的值为 6，条件 6 >= 0 为真，于是执行 y = 3 * x - 5，y 的值为 13，最后执行输出语句，输出 x、y 的值 6、13。普通字符"x = "、"y = "原样输出。

【例 4-9】 使用单分支结构编写程序，按升序输出两个数。

算法分析：求解两个数的大数的程序设计方法有多种，以下是其中一种方法：若a＞b，则交换a、b的值，让小值存入a，大值存入b，按a、b顺序输出。程序代码如下：

```
/* exp4-9 */
#include "stdio.h"
int main( )
{
    float a, b, t;
    printf("Please input two numbers: ");
    scanf("%f,%f", &a, &b);
    printf("\na=%.1f,b=%.1f\n", a, b);
    if( a > b)
    {
        t = a;
        a = b;
        b = t;
    }
    printf("%8.2f,%8.2f\n", a, b);
    return 0;
}
```

从键盘任意输入两个实数6，2.8，程序运行结果：

```
Please input two numbers: 9,3.4

a=9.0,b=3.4
    3.40,    9.00
Press any key to continue
```

注意，变量a、b内容交换，不能简单地用a＝b; b＝a;实现，那样会丢失数据，复合语句{t＝a; a＝b; b＝t;}，使a、b变量的值通过变量t交换，这种方法在编程中常常用到，需注意理解。

4.3.4 if 语句嵌套形成多分支结构

if 语句的基本形式用于对一个条件进行判断。当有多个条件需要选择时，可采用多个平行 if 语句实现，如【例 4-7】的程序结构，每个 if 语句都要执行一次，增加了程序执行的时间，程序结构也不紧凑。C 语言允许语句序列中包含 if 语句，称为 if 语句的嵌套，这种结构更严谨，执行效率也会增强。

(1)if 语句嵌套可以形成多分支结构，if-else if 结构就是 if 语句嵌套的一种常用形式。if 语句的嵌套形式很多，下面列举 4 种。

① if 中的表达式为真，执行一个双分支语句或一个简单语句。

② if 中的表达式为真，执行一个简单语句，为假，执行一个单分支语句。

③ if 中的表达式为真，执行一个简单语句序列，为假，执行一个双分支语句。

④ if 中的表达式为真，执行一个单分支语句或一个简单语句，为假，执行一个双分支语句。

例如：

```
if(x > y)
{
    m = 9;
}
else
```

```
    if(z > x)
    {
        m = 16;
    }
    else
    {
        m = 18;
    }
```

该程序段的语义是：如果 x > y 为真，则 m = 9，否则，再看 z > x，如果为真，则 m = 16，为假，则 m = 18。符合上述形式④。

【例 4-10】 比较两个数的大小关系。

```
/* exp4-10-1 */
#include "stdio.h"
int main( )
{
    int a, b;
    printf("please input A, B:    ");
    scanf("%d %d", &a, &b);
    if(a != b)
    if(a > b)    printf("A > B \n");
    else         printf("A < B\n");
    else         printf("A = B\n");
    return 0;
}
```

本例中用了 if 语句的嵌套结构。采用嵌套结构实质上是为了进行多分支选择，实际上有三种选择，即 A > B、A < B 或 A = B。需要使用两层 if 语句的嵌套结构。也可以使用下面的嵌套方式，使程序更加清晰。

```
/* exp4-10-2 */
#include "stdio.h"
int main( )
{
    int a, b;
    printf("please input A, B:      ");
    scanf("%d%d", &a, &b);
    if(a == b)  printf("A = B\n");
    else if(a > b)  printf("A > B\n");
    else  printf("A < B\n");
    return 0;
}
```

(2) if-else 配对原则。

编写程序使用向右缩进方法时，容易看出程序的结构，但当不使用右缩进或经过粘贴导致程序语句混乱时，则不容易看出。C 语言规定了 if-else 的配对原则，在嵌套内出现多个 if 和 else 时，按照配对原则配对。

if 与 else 配对原则：从最内层开始，else 总是与它上面的、最近的、尚未配对的 if 配对。

【例 4-11】 阅读程序，写出程序的运行结果。

程序 1：

```
/* exp4-11-1 */
#include "stdio.h"
int main( )
{
    int x = 10, y = 20, z = 30;
    int a = 100, b = 0;
    if(y < z)
    if(z != 15)
    if(!a )
    {
        x = 1;
    }
    else
    {
        if(b)
        x = 10;
    }
        x = -1;
    printf("%d\n", x);
    return 0;
}
```

程序运行结果：

```
-1
Press any key to continue
```

程序分析：分析程序结构后，会看到语句 x = -1; 不属于任何 if 语句，故肯定执行，且位置在程序的最后，故最后输出的 x 只有一个值，即-1。

程序 2：

```
/* exp4-11-2 */
#include "stdio.h"
int main( )
{
    int a = -5, b = 7, c = 4;
    int x = 0, y = 0, z = 0;
    if(c > 0)  x = a + b;
    if(a <= 0)
    {
        if(b > 0)
        if(c <= 0) y = a - b;
    }
    else if(c > 0) y = a - b;
    else z = c;
    printf("%d,%d,%d\n", x, y, z);
    return 0;
}
```

程序运行结果：

```
2,0,0
Press any key to continue
```

程序分析：按照配对原则，程序的第一个 else 与第二个 if 配对，所以第一个 if 是一个独立的单分支语句。因表达式 c > 0 成立，故执行 x = a + b 的值为 2。后两个 else 具有明显的多分支 if 语句特征，a <= 0 成立，根据语句序列执行的唯一特性，y = a – b; z = c;不执行。语句序列：

```
if (b > 0)
if (c < = 0) y = a - b;
```

是一个单分支嵌套单分支的结构，而 c <= 0 不成立，故 y = a – b;不执行，所以 y、z 的值都未改变，仍为 0，故程序运行结果为 2,0,0。

(3) if 语句嵌套的简写形式。

前述 if 语句嵌套形式③是一种最常见的嵌套形式，在这种形式中，如果继续嵌套下去，可用下面的格式 1 表示，也可以简化成下面的格式 2。

格式 1：

```
if(表达式 1)
{
    语句序列 1
}
else if(表达式 2)
{
    语句序列 2
}
...
else if(表达式 n)
{
    语句序列 n
}
else
{
    语句序列 n+1
}
```

格式 2：

```
if(表达式 1) 语句序列 1
else if(表达式 2) 语句序列 2
...
else if(表达式 n) 语句序列 n
else 语句序列 n+1
```

格式 2 是 C 语言提供的一种表达式为假时，嵌套双分支的简化书写格式。

例如：

```
if(x > 0) y = 1;
else if(x == 0) y = 0;
else y = -1;
```

这是一种常见的用法，它的执行过程为：依次判断表达式的值，当出现某个值为真时，执行其对应的语句，然后跳出 if 语句，继续执行 if 语句的后续语句。如果所有的表达式均为假，则执行语句 n+1，正常结束 if 语句执行，执行过程如图 4-4 所示。

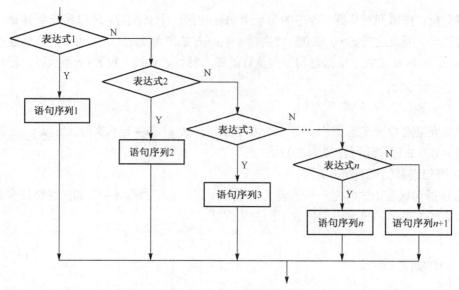

图 4-4　多分支结构流程图

说明：

① 多分支 if 语句的结构特点：当前一个条件不成立时，才继续往下判断。

② n+1 个语句序列只有一个被执行。

【例 4-12】 从键盘输入一个字符，判断并输出是大写字母、小写字母、数字字符、控制字符或是其他字符。

算法分析：本例要求从键盘输入一个字符，并判断它的类别，可以根据输入字符的 ASCII 码来判断。由 ASCII 码表可知，ASCII 值在 A 和 Z 间的为大写字母，在 a 和 z 间的为小写字母，在 0 和 9 间的为数字字符，小于 32 的为控制字符，其余则为其他字符。这是一个多分支选择的问题，用 if-else-if 语句编写，判断输入字符 ASCII 码值所在的范围，分别给出不同的输出。例如，输入"a"，输出小写字符。设输入的字符存入字符变量 c 中，则应由 c = getchar( )判断是否为大写字母、小写字母、数字字符、控制字符或其他字符，事实上是以下 4 个条件。

① 大写字母：c >= 'A' && c <= 'Z'，等价条件为 c >= 65 && c <= 90。

② 小写字母：c >= 'a' && c <= 'z'，等价条件为 c >= 97 && c <= 122。

③ 数字字符：c >= '0 '&& c <= '9'，等价条件为 c >= 48 && c <= 57。

④ 控制字符：c 的 ASCII 值<32，即 c<32。

方法 1：使用多分支的 if 语句。程序如下：

```c
/* exp4-12-1 */
#include "stdio.h"
int main( )
{
    char c;
    printf("Please input a character: ");
    c = getchar( );
    if(c >= 'A' && c <= 'Z')
    {
        printf("This is a capital letter\n");
    }
    else if(c >= 'a' && c <= 'z')
```

```
    {
        printf("This is a small letter\n");
    }
    else if(c >= '0' && c <= '9')
    {
        printf("This is a digit\n");
    }
    else if(c < 32)
    {
        printf("This is a control character\n");
    }
    else
    {
        printf("This is an other character\n");
    }
    return 0;
}
```

方法 2：使用 ASCII 码值判断大写字母、小写字母、数字字符、控制字符或其他字符。程序如下：

```
/* exp4-12-2 */
#include "stdio.h"
int main( )
{
    char c;
    printf("Please input a character: ");
    c = getchar( );
    if(c >= 65 && c <= 90)              /* 与 c >= 'A' && c <= 'Z'等价 */
    {
        printf("This is a capital letter\n ");
    }
    else if(c >= 97 && c<= 122)         /* 与 c >= 'a' && c <= 'z'等价 */
    {
        printf("This is a small letter\n ");
    }
    else if(c >= 48 && c <= 57)         /* 与 c >= '0' && c <= '9'等价 */
    {
        printf("This is a digit\n");
    }
    else if(c < 32)
    {
    printf("This is a control character\n ");
    }
    else
    {
        printf("This is an other character\n");
    }
    return 0;
}
```

从键盘输入 9、f，程序运行结果：

【例4-13】 求解 $y = \begin{cases} 0 & x=0 \\ 2x+1 & 0 < x \leqslant 10 \\ 3x^2 & 10 < x \leqslant 20 \\ \sqrt{x} & x > 20 \end{cases}$

算法分析：这里 $x=0$、$0 < x \leqslant 10$ 和 $10 < x \leqslant 20$ 是三个条件，y 的取值分别为 $y=0$、$y=2x+1$ 和 $y=3x^2$，每个条件对应唯一的表达式。当所有条件都不成立时，也就是 $x>20$ 时，$y=\sqrt{x}$，符合多分支 if 语句的结构特点，因此可以使用多分支 if 语句结构。

```c
/* exp4-13 */
#include "math.h"
#include "stdio.h"
int main( )
{
    int x;
    float y;
    printf("Please enter x: ");
    scanf("%d", &x);
    if(x == 0) y = 0;
    else if (x > 0 && x <= 10) y =2 * x + 1;
    else if (x > 10 && x <= 20) y = 3 * x * x;
    else y = sqrt(x);
    printf("x=%d,y=%f\n", x, y);
    return 0;
}
```

程序运行结果：

```
Please enter x:25
x=25,y=5.000000
Press any key to continue
```

类似本例中的含有 if 嵌套的程序，结构看起来复杂，但只要依照给出的既定条件，对应于 if 的各种嵌套结构剖析程序，常见问题就很容易解决了。

4.4 条件运算符和条件表达式

4.4.1 条件运算符

在条件语句中，如果只执行单个的赋值语句，常用条件表达式实现，它不但使程序简洁，也提高了运行效率。条件运算符为?和:，其是 C 语言中唯一的三目运算符，即有三个参与运算的量。结合方向是自右向左。

4.4.2 条件表达式和求值规则

(1)一般形式：

表达式 1 ? 表达式 2 ：表达式 3

例如，(x >= 0) ? x : −x 是一个条件表达式。三个表达式可以为任意合法的 C 语言表达式。条件表达式通常用在赋值语句中。

例如，max = (a > b) ? a : b

(2) 求值规则：若表达式 1 的值非零，则整个表达式的值取表达式 2 的值，否则整个表达式取表达式 3 的值，求值规则见图 4-5。

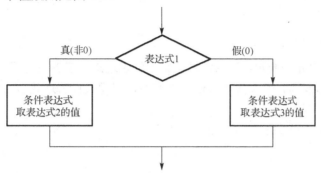

图 4-5　条件表达式的求值规则

例如，执行 max = (a > b) ? a : b;该表达式的功能是：如 a > b 为真，则把 a 的值赋予 max，否则把 b 的值赋予 max。

下面的条件表达式具有特殊功能。

① 求绝对值：(x >= 0) ? x : −x

② 判断并输出奇偶数：(x % 2 == 1) ? printf("%d 是奇数", x) : printf("%d 是偶数, x)

③ 大写字母转换为小写字母：(c >= 'A' && c <= 'Z') ? c + 32 : c

【例 4-14】从键盘输入一个字符，如果是大写字母，则转化为小写字母，如果不是大写字母，则原样输出。

```c
/* exp4-14 */
#include "stdio.h"
int main()
{
    char ch;
    printf("input a num: ");
    scanf("%c", &ch);
    ch=(ch >= 'A' && ch <= 'Z' ) ? ch + 32 : ch;
    printf("output the num: %c \n", ch);
    return 0;
}
```

从键盘输入大写的 M，程序运行结果：

```
input a num: M
output the num: m
Press any key to continue
```

如果从键盘输入小写的 m，则程序运行结果：

```
input a num: m
output the num: m
Press any key to continue
```

(3)使用条件表达式应注意的问题。

① 条件运算符?和:是一对运算符，不能分开单独使用。

② 条件表达式的值的类型为表达式中级别最高的数据类型。

例如，当 x = 5，y = 3 时，x > y ? 1 : 1.5 的结果为 1.0。

③ 条件表达式运算的优先级：低于关系、算术运算，高于赋值运算。例如，

```
max = (a > b) ? a : b
```

可写为

```
max = a > b ? a : b
```

④ 条件表达式中允许嵌套。当条件表达式中的表达式 2 或者表达式 3 也是条件表达式时，就形成条件表达式的嵌套。条件表达式形成嵌套时，根据条件表达式自右向左结合的特性，计算条件表达式的值。例如，

```
a > b ? a : c > d ? c : d
```

应理解为

```
a > b ? a : (c > d ? c : d)
```

条件表达式语句处理条件问题非常有限，只用于特殊的双分支情况。

4.5 switch 语句

switch 语句是 C 语言提供的另一种多分支选择结构语句，又称为开关语句。

4.5.1 switch 语句的一般形式

(1) switch 语句形式：

```
switch(表达式)
{
    case 常量1:语句序列1; break;
    case 常量2:语句序列2; break;
    …
    case 常量n:语句序列n; break;
    default:语句序列n+1;
}
```

(2) break 语句形式：
```
break;
```

(3) 说明：各语句序列最后的 break 语句，用于跳出 switch 语句，终止 switch 的流程。

4.5.2 switch 语句的功能

(1) 先计算表达式的值，并取整。

(2) 表达式的值与常量 i 进行等量判断，若表达式的值与常量 i 的值相等，则执行语句序列 i，并跳出 switch 结构。

(3) 若表达式的值与所有常量的值均不相等，则执行语句序列 n+1，正常结束 switch 结构。

（4）default 是可选的。若表达式的值与所有常量的值均不相等，且无"default: 语句序列 *n*+1"，则整个 switch 语句不再执行任何操作。

switch 语句的功能流程如图 4-6 所示。

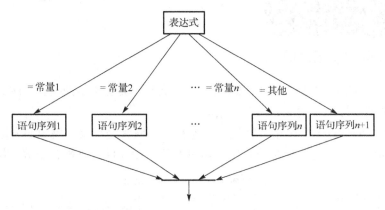

图 4-6　switch 语句功能流程

下面是一个 switch 语句：

```
switch (a)
{
    case 1:printf("Monday\n"); break;
    case 2:printf("Tuesday\n"); break;
    case 3:printf("Wednesday\n"); break;
    case 4:printf("Thursday\n"); break;
    case 5:printf("Friday\n"); break;
    case 6:printf("Saturday\n"); break;
    case 7:printf("Sunday\n"); break;
    default:printf("error\n");
}
```

表达式的值就像一个开关，取什么样的值，就会打开什么样的开关。

如果去掉语句中的所有 break 语句，则语句 *i* 执行后，继续执行语句序列 *i*+1，直至语句序列 *n*+1，全部执行一遍。表达式的值，更像一个入口。此时语句功能流程如图 4-7 所示。

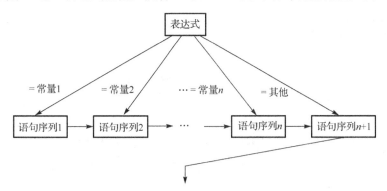

图 4-7　不含 break 语句的 switch 语句功能流程

在上例中，去掉 switch 各语句序列中的 break 语句后，为 a 赋值为 1，则程序段的执行结果如下：

```
Monday
Tuesday
Wednesday
Thursday
Friday
Saturday
Sunday
error
Press any key to continue_
```

4.5.3　switch 语句使用说明

(1)关键字 switch 后面括号内的"表达式"，应能够计算出确定的值，表达式的类型可以是 C 语言的任何类型。计算表达式时，对结果取整。

(2)case 后，至少有一个空格，常量必须为整数，或者是结果为整数的表达式，但不能包含任何变量。常量后为冒号，起标号作用，常量的值不得相同，不能带小数。例如：

```
case 1:  printf("...");  break;        /* 正确 */
case 2+3: printf("...");  break;        /* 正确 */
case 'a': printf("...");  break;        /* 正确，字符和整数可以相互转换 */
case 'a'+19: printf("...");  break;     /* 正确 */
case 3.14: printf("...");  break;       /* 错误，不能为小数 */
case a:  printf("...");  break;         /* 错误，不能包含变量 */
case a+10: printf("...");  break;       /* 错误，不能包含变量 */
```

(3)语句序列可以不加{ }。

(4)各 case 和 default 子句的先后顺序可变动，不影响程序执行结果。default 子句可省略。

(5)多个 case 可共用一组执行语句。例如：

```
case 1:
case 2:printf("%d", x);
```

当表达式的值为 1 和 2 时，都执行 printf("%d", x);语句。

(6)switch 语句允许嵌套。

【例 4-15】　写出以下程序的运行结果。

```
/* exp4-15 */
#include "stdio.h"
int main( )
{
    int a = 2,b = 7,c = 5;
    switch(a > 0)
        {
            case 1: switch (b < 0)
                    { case 1: printf("@"); break;
                      case 2: printf("!"); break;
                     }
            case 0: switch(c == 5)
                    { case 0: printf("*"); break;
                      case 1: printf("#"); break;
                      case 2: printf("$"); break;
                     }
            default : printf("&");
        }
    printf("\n");
return 0;
}
```

程序运行结果：

```
#&
Press any key to continue_
```

程序分析：这是一个嵌套的 switch 语句，外层 switch 语句的 case 1、case 2 执行的都是一个完整的 switch 语句，形成了 switch 语句嵌套。由于 a > 0 的结果为"真"，也就是表达式 a > 0 的值为 1，因此执行 case 1 后的 switch 语句；而关系表达式 b < 0 的值为 0，没有对应的编号，因此不执行任何语句；顺序执行 case 0 后的 switch 语句。而关系表达式 c == 5 的值为 1，因此执行 case 1 后的 printf("#"); break;语句，输出一个#，并结束本层的 switch 语句，然后执行上层的 default : printf("&");语句，输出&。因此，最终的输出结果为#&。

【例 4-16】 使用 switch 语句，设计程序，输入一个月份，打印出该月有几天。

算法分析：一年中 4、6、9、11 月为小月，各有 30 天；如不考虑是否为闰年，定 2 月有 29 天；其他大月为 31 天。设变量 month 存放月份，从键盘输入月份后，程序分情况判断，根据 month 的值输出天数。变量 month 和 day 应为整型。

```
/* exp4-16 */
#include "stdio.h"
int main( )
{
    int month, day;
    printf("Please input a month:");
    scanf("%d", &month);
    switch(month)
    {
        case 2:day = 29; break;
        case 4:
        case 6:
        case 9:
        case 11:day = 30; break;
        default:day = 31;
    }
    printf("month = %d,day = %d\n", month, day);
    return 0;
}
```

运行程序，从键盘输入 10，程序的运行结果为：

```
Please input a month:10
month = 10,day = 31
Press any key to continue
```

注意：对于这种有实际意义的程序，应进行各种数据的测试，运行时输入各种情况允许出现的数值，如大月、小月、2 月等，这样才能全面检验程序。

4.6　选择结构程序设计举例

【例 4-17】 输入某年、某月、某日，判断这一天是这一年的第几天？
算法分析：

(1) 以 3 月 5 日为例，应该先把前两个月的天数加起来，然后再加上 5 天即本年的第几天。可用 switch 语句实现。

(2) 当年是闰年且输入月份大于 3 时需考虑多加一天。

```
/* exp4-17 */
#include "stdio.h"
int main( )
{
int day, month, year, sum, leap;
printf("\n please input year, month, day \n");
scanf("%d, %d, %d",&year, &month, &day);
switch(month)          /*先计算某月以前月份的总天数*/
{
    case 1: sum = 0; break;
    case 2: sum = 31; break;
    case 3: sum = 31 + 28; break;
    case 4: sum = 31 + 28 + 31; break;
    case 5: sum = 2 * 31 + 28 + 30; break;
    case 6: sum = 3 * 31 + 28 + 30; break;
    case 7: sum = 3 * 31 + 28 + 2 * 30; break;
    case 8: sum = 4 * 31 + 28 + 2 * 30; break;
    case 9: sum = 5 * 31 + 28 + 2 * 30; break;
    case 10: sum = 5 * 31 + 28 + 3 * 30; break;
    case 11: sum = 6 * 31 + 28 + 3 * 30; break;
    case 12: sum = 6 * 31 + 28 + 4 * 30; break;
    default: printf("data error");
}
sum = sum + day;       /*再加上某天的天数*/
if(year % 400 == 0 || (year % 4 == 0 && year % 100 != 0))/ *判断是不是闰年*/
        leap = 1;
else
        leap = 0;
if(leap == 1 && month > 2)    /*如果是闰年且月份大于2,总天数应该加一天*/
        sum ++ ;
printf("It is the %d th day.",sum);
return 0;
}
```

运行程序，从键盘输入 2017,10,5，程序的运行结果：

```
please input year, month, day:
2017,10,5
It is the 278 th day.
Press any key to continue_
```

【例 4-18】 设计计算器程序。输入运算数和四则运算符，输出计算结果。

```
/* exp4-18 */
#include "stdio.h"
int main( )
{
    float a, b;
    char c;
    printf("input expression: a+(-,*,/)b\n");
    scanf("%f%c%f", &a, &c, &b);
    switch(c)
```

```
{
    case '+': printf("=%f\n",a + b); break;
    case '-': printf("=%f\n",a - b); break;
    case '*': printf("=%f\n",a * b); break;
    case '/': printf("=%f\n",a / b); break;
    default: printf("input error\n");
    return 0;
    }
}
```

本例可用于四则运算求值。switch 语句用于判断运算符，然后输出运算结果。当输入运算符不是+、-、*、/时，给出错误提示。运行程序，分别从键盘输入 6+8、6-8、6*8、6/8，程序运行结果如下：

```
input expression: a+(-,*,/)b
6+8
=14.000000
Press any key to continue
```

```
input expression: a+(-,*,/)b
6-8
=-2.000000
Press any key to continue
```

```
input expression: a+(-,*,/)b
6*8
=48.000000
Press any key to continue
```

```
input expression: a+(-,*,/)b
6/8
=0.750000
Press any key to continue
```

【例4-19】 使用 if 语句和 switch 语句编写程序，评价学生的成绩，根据学生的成绩(score)给出等级。90≤score：A；80≤score<90：B；70≤score<80：C；60≤score<70：D；score<60：E。

(1)用 if 语句实现

```
/* exp4-19-1 */
#include "stdio.h"
int main( )
{
    int score;
    printf("Please input score: ");
    scanf("%d",&score);
    if(score >= 90)      printf("A\n");
    else if(score >= 80) printf("B\n");
    else if(score >= 70) printf("C\n");
    else if(score >= 60) printf("D\n");
    else printf("E\n");
    return 0;
}
```

(2)用 switch 语句实现

```
/* exp4-19-2 */
#include "stdio.h"
int main()
{
    int score;
    printf("Please input score:");
    scanf("%d", &score);
    switch(score / 10)
    {
        case 10:
        case 9 : printf("A\n"); break;
```

```
case 8 : printf("B\n"); break;
case 7 : printf("C\n"); break;
case 6 : printf("D\n"); break;
default: printf("E\n");
    }
}
```

从键盘输入 86，程序运行结果：

```
Please input score:86
B
Press any key to continue
```

运行程序，再分别输入 95、75、65、55，验证程序的正确性。

【例 4-20】 给出一个不多于 3 位的正整数 num，要求：(1)判断是几位数；(2)分别打印出每一位数字(数字之间加一个空格)；(3)按逆序打印出各位数字(数字之间加一个空格)。

算法分析：

(1)定义变量(考虑需要几个变量)，并输入一个 3 位以下的正整数 n。

(2)将 n 拆分成三个 1 位数：

   个位：n % 10。

   十位：n / 10 % 10

   百位：n / 100 。

(3)用一个嵌套的选择结构，根据 n 的位数，按相反的顺序输出每一位。

方法 1：用 if 语句实现

```
/* exp4-20-1 */
#include "stdio.h"
int main( )
{
    int num, p, a, b, c;
    printf("input a number:");
    scanf("%d", &num);
    if(num >= 99) p = 3;
    else if (num > 9) p = 2;
        else p = 1;
    c = num % 10;
    b = num / 10 % 10;
    a = num / 100;
    if(p == 3)
    {
        printf("The %d number is 3, 100, ten, a number respectively:
                %d,%d,%d\n", num,a,b,c);
        printf("%d reverse: %d %d %d\n", num, c, b, a);
    }
    else
    {
        if(p == 2)
        {
            printf("The %d number is 2,  ten, a number
                    respectively: %d,%d\n",num, b, c);
            printf("%d reverse: %d %d\n",num,c, b);
```

```
            }
            else
            {
                printf("%d is a 1 digit\n",num);
            }
        }
    }
```

方法 2：用 switch 语句实现

```
/* exp4-20-2 */
#include "stdio.h"
int main( )
{
    int num, p, a, b, c;
    printf("input a number:");
    scanf("%d", &num);
    if(num >= 99) p = 3;
    else if (num > 9) p = 2;
        else p = 1;
    c = num % 10;
    b = num / 10 % 10;
    a = num / 100;
    switch (p)
    {
    case 3:
        {
            printf("%d number is 3,100,ten,a number
                    respectively:%d,%d,%d\n",num,a,b,c);
            printf("%d reverse: %d,%d,%d\n", num, c, b, a);
            break;
        }
    case 2:
        {
            printf("The %d number is 2,  ten, a number
                    respectively: %d,%d\n",num, b, c);
            printf("%d reverse: %d,%d\n",num,c, b);
            break;
        }
    case 1: printf("%d is a 1 digit\n",num);
    default: printf("errer\n");
    }
    return 0;
}
```

输入 365，程序运行结果：

```
input a number:365
365 number is 3,100,ten,a number respectively:3,6,5
365 reverse: 5,6,3
Press any key to continue
```

【例 4-21】 当键盘输入字符 "k" 或 "K" 时，输出 KOREA WORLD CUP.；当键盘输入字符 "j" 或 "J" 时，输出 JAPAN WORLD CUP；当键盘输入字符 "c" 或 "C" 时，输出 BEIJIN OLYMPIC GAMES.；若输入其他字符则原样输出。

```
/* exp4-21 */
#include "stdio.h"
int main( )
{
    char c;
    c = getchar( );
    if (c == 'k' || c == 'K') printf("KOREA WORLD CUP.\n");
    else if (c == 'j' || c == 'J') printf("JAPAN WORLD CUP.\n");
    else if (c == 'c' || c == 'C') printf("BEIJIN OLYMPIC GAMES.\n");
    else printf("%c\n",c);
    return 0;
}
```

运行程序，如果输入 c，程序运行结果：

```
c
BEIJIN OLYMPIC GAMES.
Press any key to continue
```

读者也可以使用 switch 语句进行改写。

4.7　switch 语句与多分支 if 语句的比较

从前面的例子可以看出，switch 语句与多分支 if 语句的共同特点就是解决多条件问题，两个语句的使用原则如下。

(1)多分支 if 语句的条件表达式比较直接，switch 语句的表达式需要构造。

(2)switch 的效率一般比 if-else 高。

　switch 的表达式只计算一次，if-else 的每个条件都要计算一遍。

(3)分支比较少时，if 效率比 switch 高；分支比较多且取值有规律时，适合采用 switch。

小　　结

本章介绍了关系表达式、逻辑表达式，这些表达式可作为实现选择结构的 if 语句和 switch 语句的条件。同时本章详细讲解了实现选择结构程序的 if 语句和 switch 语句，以及在什么样的情况下灵活使用它们。

习　题　4

一、选择题

1. 为表达关系 $x > y > z$，应使用的 C 语言表达式是_____。

　　A) $(x > y) \&\& (y > z)$　　　　　　　　　　　　B) $(x > y)\,AND\,(y < z)$

　　C) $x > y > z$　　　　　　　　　　　　　　　　D) $(x > y)\,\&\,(y > z)$

2. 若有 int a=1，b=2，c=3，d=4；则表达式 $a < b\,?\,(c > d)\,?\,c:d:b$ 的值是_____。

　　A) 1　　　　　　　　B) 2　　　　　　　　C) 3　　　　　　　　D) 4

3. 若 $x \geqslant 0$ 时，$y = 1$，$x < 0$ 时，$y = -1$，下面错误的程序段是_____。

```
A)if (x >= 0) y = 1;              B)y = 1;
    if (x < 0) y = -1;               if (x < 0) y = -1;
C)if (x >= 0) y = 1;              D)if (x >= 0) y = 1;
    y=-1;                            else y=-1;
```

4. 能正确表示 x 的取值范围在[0, 100]和[-10, -5]内的表达式是_____。

   A) (x <= -10)||(x >= -5)&&(x <= 0)||(x >= 100)

   B) (x >= -10)&&(x <= -5)||(x >= 0)&&(x <= 100)

   C) (x >= -10)&&(x <= -5)&&(x >= 0)&&(x <= 100)

   D) (x <= -10)||(x >= -5)&&(x <= 0)||(x >= 100)

5. 下面程序的执行结果是_____。

```
int main( )
{   int x,y = 1;
    if(y != 0) x = 5;
    printf("%d\t",x);
    if(y == 0) x = 3;
    else x = 5;
    printf("%d\t\n", x);
    return 0;
}
```

   A)1 3   B)1 5   C)5 3   D)5 5

6. 下面程序的执行结果是_____。

```
int main( )
{   int x = 1,y = 1,z = 0;
    if(z < 0)
    if(y > 0) x = 3;
    else x = 5;
    printf("%d\t", x);
    if(z = y < 0)    x = 3;
    else if(y == 0)    x = 5;
    else x = 7;
    printf("%d\t", x);
    printf("%d\t", z);
    return 0;
}
```

   A)1 7 0   B)3 7 0   C)5 5 0   D)1 5 1

7. 有以下程序

```
int main( )
{   int a, b, s;
    scanf("%d%d", &a, &b);
    s = a;
    if(a < b)    s = b;
    s *= s;
    printf("%d\n", s);
    return 0;
}
```

若执行程序时从键盘输入 3 和 4，则输出的结果是_____。

A) 12   B) 16   C) 9   D) 8

8. 以下程序的输出结果是_____。

```c
#include "stdio.h"
int main( )
{
    int a, b, d = 241;
    a = d / 100 % 6;
    b = 1 && (-1);
    printf("%d,%d\n", a, b);
    return 0;
}
```

A) 6,1   B) 2,1   C) 6,0   D) 2,0

9. 以下不正确的 if 语句形式是_____。

A) if (x > y && x != y);

B) if (x = = y) x + = y;

C) if (x != y) scanf ("%d", &x) else scanf ("%d", &y);

D) if (x < y) { x++; y++;}

10. 若所有变量均已正确定义，下面的程序段运行后 x 的值是_____。

```c
a = b = c = 0; x = 35;
if (!a) x--;
else if (b);
if (c) x = 3;
else x = 4;
```

A) 34   B) 4   C) 35   D) 3

11. 如果 c 为字符型变量，下面_____可以判断 c 是否为空格。

A) if(c == 32)   B) if(c = '')

C) if(c == '32')   D) if(c = ' ')

二、程序填空题

1. 设有程序片段如下：

```c
switch(class)
{   case 'A':printf("GREAT!\n");
    case 'B':printf("GOOD!\n");
    case 'C':printf("OK! \n");
    case 'D':printf("NO!\n");
    default: printf("ERROR!\n");
}
```

若 class 的值为'C'，则输出结果是_____。

2. 输入 3 个实数 a, b, c，要求按从大到小的顺序输出 3 个数。

```c
int main( )
{   float a, b, c, t;
    scanf("%f,%f,%f", &a, &b, &c);
    if (a < b)
    {t = a;    (1)    ; b = t;}
    if(    (2)    )
    {t = a; a = c; c = t;}
```

```
    if(b < c)
    {___(3)___; b = c; c = t;}
    printf("%f,%f,%f", a, b, c);
    return 0;
}
```

3. 从键盘输入两个数，按降序输出这两个数。请在两个注释行(/***********************/)之间填写适当的语句。

```
#include "stdio.h"
int main( )
{
    int m, n;
    /***********************/



    /***********************/
    printf("m = %d,n = %d\n", m, n);
    return 0;
}
```

4. 下面程序的功能是从键盘输入一个阳历月份，使用 if 语句，输出该月的天数(不考虑闰年)。请在两个注释行(/***********************/)之间填写适当的语句。

```
#include "stdio.h"
int main( )
{
    int month, day;
    scanf("%d",&month);
    /***********************/



    /***********************/
    return 0;
}
```

三、程序设计题

1. 给一个不多于 4 位的正整数，要求：

   (1)求出是几位数；

   (2)按千、百、十、个位顺序打印出每一位数字；

   (3)按逆序打印出各位数字。

   例如，假设这个数为 1234，则输出"它是 4 位数，千位、百位、十位、个位分别是 1，2，3，4，逆序为 4 3 2 1"。

2. 给一个整数，判定该数能否同时被 5、8 和 13 整除。

3. 编写程序，给出一个年份，判断是否为闰年。闰年的条件是：

   (1)能被 4 整除，但不能被 100 整除；

   (2)能被 400 整除。

4. 有分段函数 $y = \begin{cases} \lg x & 10 \leqslant x < 20 \\ 2x-1 & 20 \leqslant x < 50 \\ 3x-11 & x \geqslant 50 \end{cases}$

使用 if 语句、switch 两种分支语句，编写程序，输入 x，输出 y 值。

5. 使用 switch 语句，按运输距离、折扣率计算运费。运费 = 重量×距离×(1−折扣率)×价格。

距离 s	折扣率
s<250	0
250≤s<500	2%
500≤s<1000	5%
1000≤s<2000	8%
2000≤s<3000	10%
3000≤s	15%

第5章 循环结构程序设计

循环结构是程序设计中的一种很重要的结构，它的作用是解决程序设计中很多需要重复处理的问题。C语言提供了多种实现循环的语句，可以组成各种不同的循环结构。

5.1 循环结构的引入

在程序设计中经常会遇到这样的情况，即有些语句只执行一遍解决不了问题，需要重复执行若干次才能完成任务。这种重复执行结构又称循环结构，循环结构可以通过写很少的语句来完成大量重复的任务。

例如，求 s=1+2+3+…+100，算法可以这样描述。

(1) 定义两个变量 i 和 s，i 用来计数，s 用来放每次的累加和，并将 i 和 s 的初始值都赋为 0。

(2) 开始执行：i+1→i；　　每累加一个数，计数器就加 1；
　　　　　　　　s+i→s；　　每执行一次就累加到 s 一个 i 的值。

(3) 判断如果 i≤100，返回到(2)继续执行；在 i≤100 的条件控制下，重复执行(2)，直到 i 的值大于 100，此时结束执行(2)，结束后 s 变量的值就是级数的和。

在实际问题中，还有大量的这类问题，需要重复进行操作。

可以这样说，循环是指根据实际的需要，把某个特定功能的程序段重复执行若干次，去完成特定的任务。从例子可以看出，为使循环能够正常进行，必须解决以下几个问题：

(1) 哪些语句需要重复执行，在循环中被重复执行的部分称为循环体，它可由若干语句构成；

(2) 采用什么手段控制循环的次数，即循环需要重复执行多少次，必须给出明确的条件，任何循环都不能是无限的死循环，循环必须能够终止。

在 C 语言中，提供了三种语句用来实现循环结构：while 语句、do-while 语句和 for 语句。

while 和 do-while 语句常用于条件循环，即根据条件来决定是否继续循环；for 语句常用于计数循环，即根据设定的执行次数来执行循环。

5.2 三种实现循环结构的语句

5.2.1 while 语句

1. While 语句的一般形式

while 语句构成的循环又称当型循环，其一般形式为：

```
while(表达式)
{
    循环体语句;
}
```

2. 功能

先计算表达式的值，再进行判断，当表达式的值为真(非 0)时，则执行循环体中的语句，然后重复进行计算、判断、执行的过程；当表达式的值为假(0)时，结束循环，继续执行 while 循环结构后面的语句。其执行的流程如图 5-1 所示。

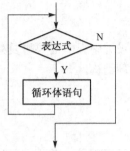

图 5-1　while 循环流程图

3. 说明

(1)表达式是循环的控制条件，它决定着是否继续循环，可以是关系或逻辑表达式。

(2)while 循环先判断循环的条件，再决定是否进行循环，如果一开始条件不满足，则循环结束，循环次数为 0。

(3)循环体语句是循环中反复执行的部分，只能是一个语句，它可以是一个简单的语句，一个空语句，也可以是一个由多个语句构成的复合语句(用花括号括起的若干语句)。

(4)循环体的语句中必须有循环控制变量，这个变量必须在不断地变化。如果"控制条件"始终成立，则不停地执行循环体语句，这样就构成死循环；如果"控制条件"一直不成立，则不执行循环体语句。因此在循环体语句中必须有对"控制条件"的修正操作，循环变量增值或减值，使得循环开始时条件为真，然后逐渐条件趋向假，直到条件为假，正常结束循环。

【例 5-1】　分析下列程序，输出循环控制变量 i 的值。

```c
/* exp5-1 */
#include "stdio.h"
int main( )
{
    int i;                      /* 定义整型循环变量 */
    i = 1;                      /* 初始化循环变量 */
    while(i <= 10)              /* 循环控制条件 */
    {
        printf("i=%d, ", i);    /* 输出循环控制变量的值 */
        i++;                    /* 循环控制变量增值 */
    }
    return 0;
}
```

程序运行结果：

```
i=1, i=2, i=3, i=4, i=5, i=6, i=7, i=8, i=9, i=10, Press any key to continue
```

在该程序中，用的是一个单层循环，循环控制变量为 i，它的初始值为 1，执行到 while 语句时，判断循环控制条件 i 是否小于等于 10，当条件成立时，输出循环控制变量 i 的值，i 的值递增 1，然后继续判断，直到 i 大于 10 时，循环控制条件为假，结束循环。从运行结果可以看出循环变量 i 从 1 开始，每次递增 1，变化到 10 的过程。

【例 5-2】　求 s=1+2+3+…+100 的值(用 while 语句实现)。

用 while 语句实现，算法的流程图如图 5-2 所示。

```c
/* exp5-2 */
#include "stdio.h"
int main( )
{
```

```
    int i                   /* 定义整型循环控制变量 */
    float s;                /* 定义累加和的变量 */
    i = 1;                  /* 初始化循环控制变量 */
    s = 0.0;                /* 初始化累加和 */
    while(i <= 100)         /* 循环控制条件 */
    {
        s = s + i;          /* 循环进行累加 */
        i++;                /* 循环控制变量增值 */
    }
    printf("i=%d, ", i);    /* 输出循环控制变量 */
    printf("s=%f\n", s);    /* 输出累加和的值 */
    return 0;
}
```

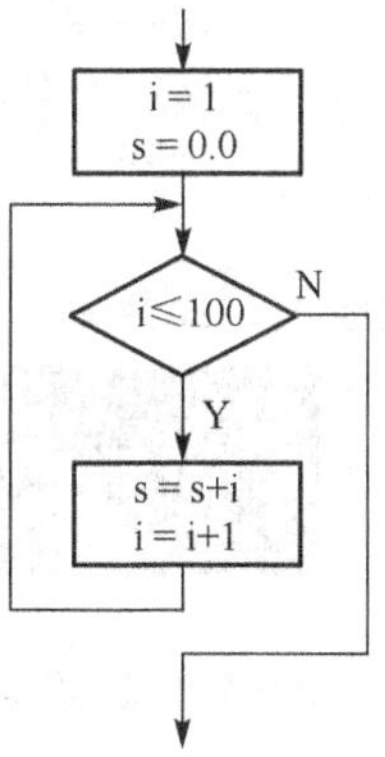

图 5-2   【例 5-2】算法流程图

程序运行结果：

```
i=101, s=5050.000000
Press any key to continue
```

程序分析：首先赋初值，循环控制变量 i=1，累加和 s=0.0；执行到 while 语句时，判断循环控制变量 i 的值是否超过 100，如果没有超过 100，循环对 s 进行累加，将 s+i 的结果再放到 s 里，每进行一次累加，则将循环控制变量 i 加 1；然后继续判断，直到 i 的值超过 100，结束循环，输出循环控制变量 i 与累加和 s 的值。循环结束后，循环控制变量 i 的值一定会超过 100。

当然，i 的初值也可以赋 0，这样就多循环一次。

i=0，s=0.0；

i=1，s=1.0；

i=2，s=3.0；

i=3，s=6.0；

…

i=101，s=5050.0；

注意：循环控制变量 i 和变量 s 的初值都可以从 0 开始，即 i=0，s=0。

【例 5-3】 从键盘输入若干正整数，求这些数的总和及平均值。

这类程序要先设置一个控制循环的条件，可以选一个与程序中数据无关的数据作为控制循环的条件，在此用一个负数(如-1)，用 x!=-1 作为控制循环的条件，每次输入一个整数，求累加和，当若干正整数输入结束，最后输入-1 时，条件不成立，结束循环。

```
/* exp5-3 */
#include "stdio.h"
int main( )
{
    int x, i = 0;                  /* 定义整型变量 */
    float aver, sum = 0;           /* 定义求和变量、平均值变量 */
    printf("Please input number: ");
    scanf("%d", &x);               /* 先输入一个整型数 */
    while(x != -1)                 /* 循环控制条件 */
    {
        sum = sum + x;             /* 循环进行累加 */
        i++;                       /* 计数器 */
        scanf("%d", &x);           /* 继续输入一个整型数 */
    }
```

```
        aver = sum / i;                              /* 求平均值 */
        printf("sum=%f,aver=%.2f\n", sum, aver);
        return 0;
    }
```

程序运行结果：

```
Please input number: 88 89 93 92 75 85 90 69 78 92 87 -1
sum=938.000000,aver=85.27
Press any key to continue
```

5.2.2 do-while 语句

1. do-while 语句的一般形式

do-while 语句构成的循环称为直到型循环。其一般形式为：

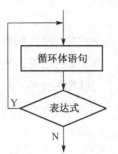

```
        do
        {
            循环体语句;
        } while(表达式);
```

2．功能

先执行一次循环体内的语句，再计算表达式的值，并进行判断，若表达式的值为真(非 0)，则返回并重复执行循环体内的语句，继续再判断，直到表达式的值为假(0)时结束循环，执行循环结构后面的语句。其执行流程如图 5-3 所示。

图 5-3　do-while 循环流程图

3．说明

(1)若循环体语句为多个语句，则要用{ }括起来构成一个复合语句。

(2)do-while 语句的 while(表达式)后面必须加分号。

(3)若表达式的值第一次判断就为假(0)，则退出循环，但循环体语句已被执行了 1 次，因此 do-while 循环结构的循环体语句至少被执行 1 次。

(4)它是一种先执行、后判断的循环结构，因此其循环次数至少为 1 次，但 while 结构有可能为 0 次。

(5)除了第一次表达式的条件为假的情况，do-while 循环和 while 循环完全等价。

【例 5-4】　求 s=1+2+3+…+100 的值(用 do-while 语句实现)。

用 do-while 语句实现，算法的流程图如图 5-4 所示。

```
/* exp5-4 */
#include "stdio.h"
int main( )
{
    int i;                    /* 定义整型循环控制变量 */
    float s;                  /* 定义累加和的变量 */
    i = 1;                    /* 初始化循环控制变量 */
    s = 0.0;                  /* 初始化累加和 */
    do
    {
        s = s + i;            /* 循环进行累加 */
        i++;                  /* 循环控制变量增值 */
    } while(i <= 100);        /* 循环控制条件 */
```

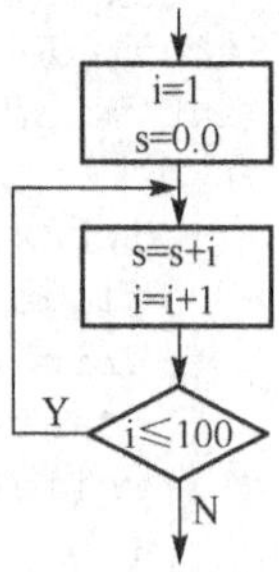

图 5-4　【例 5-4】算法流程图

```
        printf("i=%d, ", i);  /* 输出循环控制变量 */
        printf("s=%f\n", s);  /* 输出累加和的值 */
        return 0;
    }
```

程序分析：首先赋初值，循环控制变量 i=1，累加和 s=0；执行到 do-while 语句时，先执行一次循环体，对 s 求累加和，把 s+i 的结果放到 s 中，循环控制变量 i 加 1；然后再判断循环控制变量 i 的值是否超过 100，如果没有超过 100，则继续执行循环体，把 s+i 的结果继续放到 s 中，循环控制变量 i 再加 1；直到 i 的值超过 100，结束循环，输出循环控制变量 i 的值和累加和 s 的值。

【例 5-5】 while 和 do-while 语句循环的比较(第一次循环时，表达式的条件就为假)。

程序 1：

```
    #include "stdio.h"
    int main( )
    {
        int i;                /* 定义整型循环变量 */
        i = 6;                /* 初始化循环变量 */
        while(i <= 5)         /* 循环控制条件 */
        {
            i = i + 2;        /* 循环控制变量增值 */
        }
        printf("i=%d, ", i);  /* 输出循环控制变量 */
        return 0;
    }
```

执行到 while 语句时，判断出 i>5 条件不成立，结束循环，循环体未被执行，直接执行输出语句，程序运行结果：i=6。

程序 2：

```
    #include "stdio.h"
    int main( )
    {
        int i;                /* 定义整型循环变量 */
        i = 6;                /* 初始化循环变量 */
        do
        {
            i = i + 2;        /* 循环控制变量增值 */
        } while(i <= 5);
        printf("i=%d, ", i);  /* 输出循环控制变量 */
        return 0;
    }
```

执行到 do 语句时，先执行一次循环体，即 i=i+2，再判断 i<=5，这时条件不成立，i 的值已大于 5，就结束循环，接着执行输出语句，程序运行结果：i=8。

若第一次 i 被赋予的值就小于等于 5，则两个程序的运行结果是一样的。

两个语句的主要区别是：while 语句是先判断控制循环的条件，后去执行循环体，而 do-while 语句是先执行一次循环体，后判断控制循环的条件。

5.2.3 for 语句

在循环控制结构中，for 语句是最常用、最方便灵活的一种循环控制语句，它常用于循环次数已经确定的情况，又称为计数循环，也可以用于只给出循环结束的条件而循环次数不确定的情况。因此，for 语句完全可以替代 while 语句和 do-while 语句。

1．for 语句的一般形式

```
for(表达式 1；表达式 2；表达式 3)
{
    循环体语句；
}
```

说明：

(1)表达式 1 为赋初值表达式，一般为赋值表达式或逗号表达式，用来对循环控制变量赋初值；

(2)表达式 2 为循环条件表达式，一般为关系表达式或逻辑表达式，是循环控制的条件；

(3)表达式 3 为增值表达式，一般为赋值表达式或逗号表达式，用来修改循环控制变量的值(增量或减量)；

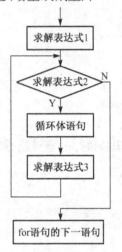

(4)循环体语句可以是一个语句或复合语句，也可以是空语句。

2．for 语句的执行过程

for 循环结构的流程图如图 5-5 所示，执行过程如下。

(1)求解表达式 1 的值，即赋初值。

(2)求解表达式 2 的值，若值为真(非 0)，即条件成立，则执行循环体内的语句，然后执行下面的第(3)步；若表达式 2 的值为假(0)，即条件不成立，则结束循环转到第(5)步。

(3)求解表达式 3 的值，修正循环控制变量的值。

(4)转回第(2)步继续执行。

(5)循环结束，执行 for 语句下面的语句。

for 语句最容易理解的一般形式如下：

```
for(循环变量赋初值；循环控制的条件；循环变量增值)
```

图 5-5　for 循环流程图

【例 5-6】　求 s=1+2+3+…+100 的值(用 for 循环实现)。

用 for 循环实现，算法的流程图如图 5-6 所示。

```
/* exp5-6 */
#include "stdio.h"
int main( )
{
    int i;                      /* 定义整型循环变量 */
    float s;                    /* 定义累加和的变量 */
    s = 0.0;                    /* 初始化累加和 */
    for(i = 1; i <= 100; i++)   /* 循环控制变量赋初值、循环控制条件、增量 */
    {
        s = s + i;              /* 循环进行累加 */
    }
    printf("i=%d, ", i);        /* 输出循环变量 */
    printf("s=%f\n", s);        /* 输出累加和 */
    return 0;
}
```

注意：循环体应尽量加花括号，以避免错误。

程序分析：当程序执行到 for 语句时，先给 i 赋初值 1，然后判断 i 是否小于等于 100，若成立，则执行循环体语句 s=s+i，之后 i 的值增加 1。再重新判断，直到 i>100 时，结束循环，继续执行下面的输出语句。

for 语句的执行相当于

```
i = 1;
while(i <= 100)
{
    s = s + i;
    i++;
}
```

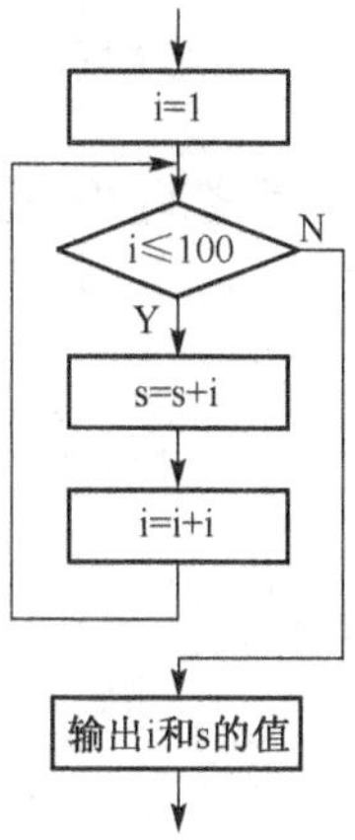

图 5-6　【例 5-6】算法流程图

在 while 结构中的循环控制变量的初值、循环条件、增值分别处于不同的位置，而 for 结构中的循环控制变量的初值、循环条件、增值都集中在 for 语句的括号中，因此便于阅读。for 结构的流程与 while 结构的流程相似，即先赋初值，再判断条件，以决定是否进行循环，直到表达式 2 的值为假 (0) 时结束循环。

在整个 for 语句的循环过程中，表达式 1 仅求解一次，表达式 2 和表达式 3 则可能求解多次，循环体可能多次执行，也可能一次都不执行。

3. 语句内省略的说明

(1) for 循环语句的 3 个表达式均可以省略，但在省略表达式时，表达式之间的分号不能省略。

(2) 若省略"表达式 1"，表示在 for 语句里不对循环控制变量赋初值，但一定要在 for 语句前面给循环变量赋初值。例如：

```
s = 0.0;
i = 1;
for( ; i <= 100; i++)
        s += i;
```

(3) 若省略"表达式 2"，则不做其他处理时就构成死循环，此时一定要在循环语句中设定退出循环的条件。例如：

```
for(i = 1; ; i++)
    s = s + i;                    /* 死循环，无法结束循环 */
```

可改为

```
s = 0.0;
for(i = 1; ; i++)
{
    if(i > 100)
        break;                    /* break 语句为强制退出循环语句 */
    s = s + i;
}
```

(4) 若省略"表达式 3"，则循环控制变量的值不能改变，这时一定要在循环体语句中加入改变循环变量的值的语句。例如：

```
for(i = 1; i <= 100;   )
{
```

```
        s = s + i;
        i++;
    }
```

(5)若省略"表达式 1"和"表达式 3",例如:

```
    for(  ;i <= 100;  )
    {
        s = s + i;
        i++;
    }
```

则其相当于

```
    while (i <= 100)
    {
        s = s + i;
        i++;
    }
```

(6)三个表达式都省略,但分号间隔符不能省略。例如:

```
    for(   ;   ;   )
```

相当于

```
    while(1)
```

这仅是一个形式,但一定要能使循环进行和结束。因此,可改写为:

```
    s = 0.0;
    i = 1;
    for(   ;   ;   )
    {
        if(i > 100)
            break;
        s = s + i;
        i++;
    }
```

(7) for 语句中的逗号表达式。

逗号表达式常用在 for 循环语句内的表达式 1 和表达式 3 中。表达式 1 中的逗号表达式用于初始化多个变量,表达式 3 中的逗号表达式用于多个变量的累加(或其他)运算。例如,【例 5-6】的程序可改为:

```
    #include "stdio.h"
    int main( )
    {
        int i;
        float s;
        for(i = 1, s = 0.0; i <= 100; i++)
        {
            s = s + i;
        }
        printf("s=%f\n", s);
        return 0;
    }
```

也可以改为:

```
#include "stdio.h"
int main( )
{
    int i;
    float s;
    for(i = 1, s = 0.0; i <= 100; s += i, i++)
        ;                                    /* 循环体语句为空语句 */
    printf("s=%f\n", s);
    return 0;
}
```

(8) 表达式 2 一般是关系表达式或逻辑表达式，也可以是数值表达式或字符表达式，只要其值非零，就执行循环体。例如：

```
for(  ;(c = getchar( )) != '\n';  )
    printf("%c", c);
```

运行情况：china✓　　　（从键盘输入）

　　　　　china　　　　（在显示屏上输出）

执行表达式 2 时，向计算机输入一串字符，按 Enter 键后，将一批字符数据一起送到内存的缓冲区中，然后，每次循环从内存的缓冲区中读一个字符，将一个字符给 c，判断此赋值表达式是否等于'\n'(换行符)，如果不等，就继续执行循环体，直到等于'\n'时，循环结束。

建议：尽管 C 语言允许有各种省略的情况，但读者尽量不要采用，因为这样做不利于提高程序的可读性和可维护性。

4．常见的空循环举例

以下两个程序都形成了空循环，在循环体内，只有空语句，循环的次数为 100 次，但每次循环都不进行任何操作，在控制系统中常用于等待某种信号。

程序 1：

```
#include "stdio.h"
int main( )
{
    int i;
    for(i = 1; i <= 100; i++)
    {
        ;                                    /* 循环体内空语句 */
    }
    printf("i=%d\n", i);
    return 0;
}
```

程序 2：

```
#include "stdio.h"
int main( )
{
    int i;
    for(i = 1; i <= 100; i++);           /* for 语句后一个分号 */
    printf("i=%d\n", i);
    return 0;
}
```

5. 常见的死循环举例

以下两个程序都形成了死循环，第一个程序的循环控制变量 i 未进行增值，因此循环控制变量 i 始终为 1，永远小于 100；第二个程序没有条件的判断，因此循环条件永远满足。

程序 1：

```c
#include "stdio.h"
int main( )
{
    int i;
    for(i = 1; i <= 100;    )/* 省略表达式 3 */
    {
        ;
    }
    printf("i=%d\n", i);
    return 0;
}
```

程序 2：

```c
#include "stdio.h"
int main( )
{
    int i;
    for(i = 1;    ;i++)/* 省略表达式 2 */
    {
        ;
    }
    printf("i=%d\n", i);
    return 0;
}
```

在编程时，选择三种循环语句的一般原则是：如果循环次数已知，则采用计数控制的循环，用 for 语句；如果循环次数未知，则采用条件控制的循环，用 while 或 do-while 语句；如果循环体至少要执行一次，则用 do-while 语句。

【例 5-7】 输入任意的 10 个整数，求 10 个数中所有偶数的和。

算法分析：

(1)用变量 s 来存放所有偶数的和，初值赋为 0。

(2)用循环结构，循环 10 次，每次输入一个整数到变量 a 中。

(3)让变量 a 的值对 2 求余数，判断余数是否为 0，若为 0，则 a 变量的值为偶数，就对变量 s 求累加和，s=s+a。

(4)若判断余数不为 0，则变量 a 的值为奇数，进行下一次循环，继续输入下一个数。

```c
/* exp5-7 */
#include "stdio.h"
int main( )
{
    int a, i;
    long int s = 0;
    printf("\n请输入 10 个整数：");
    for(i = 1; i <= 10; i++)
    {
        scanf("%d", &a);
```

```
        if(a % 2 == 0)
            s = s + a;/* 循环对偶数求累加和 */
    }
    printf("s=%ld\n", s);/* 输出偶数的累加和 */
    return 0;
}
```

程序运行结果：

```
请输入10个整数：22 52 26 32 27 48 98 53 56 68
s=402
Press any key to continue
```

注意：在这个程序中，循环控制变量 i 只起到控制循环次数的作用，如果将其改为 i=11～20，结果相同。

请思考：如果求若干个数中所有奇数的和，或分别统计奇数和偶数的个数，程序该如何修改？

【例 5-8】 由键盘任意输入一串字符，分别统计其中大写字母、小写字母、数字字符、其他字符的个数。

算法分析：

(1)定义均初始化为 0 的 4 个整型变量，分别统计 4 种字符的个数。

(2)定义一个字符变量，用以接收键盘输入的字符。

(3)输入一串字符，这串字符就一起送到内存的缓冲区中，然后，每次从内存的缓冲区中读一个字符，将这个字符赋给 c，判断此赋值表达式是否等于'\n'(换行符)，如果不等，就执行循环体，等于'\n'时，循环结束。

(4)在循环体中，利用 if-else if 结构对字符进行判断和分类统计。

```
/* exp5-8 */
#include "stdio.h"
int main( )
{
    char c;
    int d, e, s, h;                      /* 定义整型变量 */
    d = 0; e = 0; s = 0; h = 0;          /* 为变量赋初值 */
    printf("输入的字符 = ");
    while((c = getchar( )) != '\n')      /* 循环输入字符赋给 c */
    {
        if(c >= '0' && c <= '9')
            d++;                         /* 统计数字字符个数 */
        else if(c >= 'A' && c <= 'Z')
            e++;                         /* 统计大写字母个数 */
        else if(c >= 'a' && c <= 'z')
            s++;                         /* 统计小写字母个数 */
        else
            h++;                         /* 统计其他字符个数 */
    }
    printf("数字字符有%d 个\n", d);      /* 输出各类字符个数 */
    printf("大写字母有%d 个\n", e);
    printf("小写字母有%d 个\n", s);
    printf("其他字符有%d 个\n", h);
    return 0;
}
```

程序运行结果：

```
输入的字符 = ABCDEFghijklm1234567%^&*(()>#@
数字字符有7个
大写字母有6个
小写字母有7个
其它字符有10个
Press any key to continue
```

在该程序中除可使用 while((c = getchar( )) != '\n') 语句外，也可以使用 for(;(c = getchar( )) != '\n';) 语句，结果是一样的。

5.3　break 语句和 continue 语句

在 C 语言的三种循环结构中，循环的执行必须能够结束，而使循环结束的方式有三种。

第一种是正常结束循环：一般是以某个逻辑或关系表达式的结果值作为判断条件，当其值为假(0 值)时，条件不成立，则结束循环。

第二种是非正常结束循环：需要在循环体中强制跳出循环，即使用 break 提前结束循环。

第三种也是非正常结束循环：在满足某种条件的情况下，使用 continue 语句结束本次循环，回去继续开始新的一轮循环。

5.3.1　break 语句

1. break 语句的一般形式

break 语句又称中断语句，其一般形式为：

```
break;
```

2. 功能

强制终止当前的循环结构，从循环体中无条件跳转到循环语句的下一语句去执行，直接结束循环。

3. 说明

break 语句只能用在三种循环语句的循环体中或 switch 语句中，在循环体中，可以使用 break 语句立即终止循环的执行，直接跳出循环语句，转去执行循环语句的下一语句。

通常 break 语句总是与 if 语句一起使用的，满足条件时跳出循环。

【例 5-9】　分析程序的运行结果(break 语句的使用)。

程序算法的流程图如图 5-7 所示。

```
/* exp5-9 */
#include "stdio.h"
int main( )
{
    int i;
    for(i = 1;i <= 20; i++)
    {
        if (i % 3 == 0)
            break; /*遇到第一个能被3整除的数就结束循环 */
```

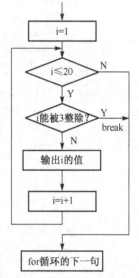

图 5-7　【例 5-9】算法流程图

```
        printf("i=%d\n", i);
    }
    return 0;
}
```

程序运行结果：

```
i=1
i=2
Press any key to continue_
```

从结果中可以看出，在循环体内使用了 break 语句，程序遇到第一个能被 3 整除的数，则跳出循环，并结束整个循环，因此只打印 1、2。

5.3.2 continue 语句

1. continue 语句的一般形式

```
continue;
```

2. 功能

结束本次循环，即不再执行循环体中 continue 语句之后的语句，继续下一次循环条件的判断和执行。

3. 说明

continue 语句只能用在 for、while、do-while 的循环体中，常与 if 条件语句一起使用，用来加速循环。

【例 5-10】 输出 1～7 之间所有不能被 3 整除的整数。

程序算法的流程图如图 5-8 所示。

```
/* exp5-10 */
#include "stdio.h"
int main( )
{
    int n;
    for(n = 1;n <= 7; n++)
    {
        if (n % 3 == 0)
        continue;   /* 遇到能被 3 整除的数仅结束本次循环 */
        printf("%5d", n);
    }
    printf("\n");
    return 0;
}
```

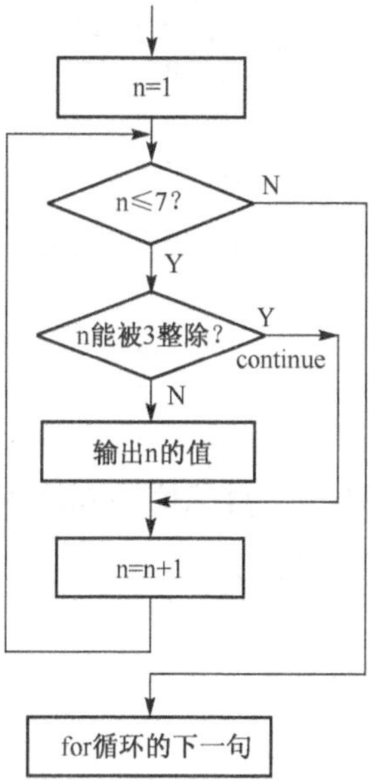

程序运行结果：

```
    1     2     4     5     7
Press any key to continue_
```

图 5-8 【例 5-10】算法流程图

从执行结果中可以看出，在循环体内使用了 continue 语句，程序遇到能被 3 整除的数，则跳出本次循环，不执行其后的语句(不打印能被 3 整除的数)，但继续下一次循环，直到循环结束，因此打印 1、2、4、5、7。

5.4 循 环 嵌 套

5.4.1 循环嵌套的概念

如果一个循环体中又包含了另一个完整的循环结构，则称为多重循环或循环的嵌套。处于外部的循环称为外循环，在循环体内部嵌套的循环称为内循环。如果在内循环体中又包含一个循环，则称为多层循环。

如果在一个循环完全结束后，又开始另一个循环，那么这两个循环称为并列循环。

在 C 语言中，while 语句、do-while 语句和 for 语句都可以互相嵌套。

5.4.2 循环嵌套常见的形式

```
(1)while( )              (2)do                  (3)for( ; ; )
   { …                      { …                    { …
      while( )                 do                     for( ; ; )
      { …                      { …                    { …
      }                        }while( );             }
   }                        }while( )              }
```

```
(4)while( )              (5)for( ; ; )          (6)do
   { …                      { …                    { …
      do                       while( )               for( ; ; )
      { …                      {                      { …
      }while( );               …                      …
   …}                          }                   }while( );
                            }
```

```
(7)while( )              (8)for( ; ; )          (9)do
   { …                      { …                    { …
      for( ; ; )               do                     while( )
      { …                      {                      { …
      }                        …                      }
   …                           }while( );             …
   }                        }                      }while( );
```

5.4.3 循环嵌套的执行过程

外层循环执行一次，内层循环执行一个完整的全过程。例如：

```
for(i = 1; i <= 10; i++)     /* 外层循环 */
{
    for(j = 1; j <= 10; j++) /* 内层循环 */
    {
        …
    }
}
```

该结构是循环的嵌套，是双层循环，外循环变量为 i，内循环变量为 j，外循环每执行 1 次，内循环要完整地执行 10 次，即 i=1，j=1～10；i=2，j=1～10；…；i=10，j=1～10。外循环要执行 10 次，而内外循环一共要执行 10×10 即 100 次。

5.4.4 使用注意事项

(1)循环体之间只能包含(内层循环完整地被包含在外层循环之内)，不能交叉。

(2)内层循环可以转向外层循环，但外层循环不能转入内层循环。

(3)并列循环可以用同一个变量名作为循环变量，而循环嵌套的内外层循环不能用同一个变量名作为循环变量。

(4)嵌套循环的总次数是各个循环次数的积。

(5)循环嵌套的层数不受 C 语言语法的限制，但不宜太多。

【例5-11】 分析下列程序的运行结果及循环的执行过程。

程序的流程图如图 5-9 所示。

```c
/* exp5-11 */
#include "stdio.h"
int main( )
{
    int i, j;
    for(i = 1; i <= 4; i++)
                    /* 外循环控制输出图形的行数 */
    {
        for(j = 1; j <= i; j++)
                        /* 内循环控制每行输出的数量 */
        printf("*");
                        /* 输出 i 个*的符号 */
        printf("\n");
                        /* 输出一个换行符 */
    }
    return 0;
}
```

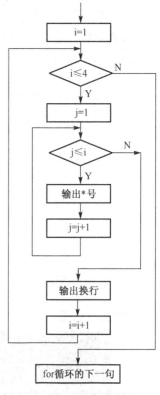

图 5-9　【例 5-11】程序流程图

程序运行结果：

```
*
**
***
****
Press any key to continue
```

该程序是双层的循环嵌套语句，输出一个由"*"组成的直角三角形图形，外循环 i 的变化规律为 1、2、3、4，控制输出图形的行数，内循环 j 的变化规律为 1～i，控制每行输出"*"的数量，i=1，j=1；i=2，j=1～2；i=3，j=1～3；i=4，j=1～4；每行输出完后，加一个换行语句 printf("\n");。

可见，外循环每执行一次，内循环就执行对应的 i 次，共执行 10 次。

【例5-12】 打印九九乘法表。

1×1=1

2×1=2　2×2=4

3×1=3　3×2=6　　3×3=9

…

9×1=9　9×2=18　9×3=27　……　9×9=81

算法分析：

(1)乘法口诀共有 9 行，用外层循环变量 i 来控制行的变化，i=1~9。

(2)乘法口诀的第 1 行有 1 个算式，第二行有 2 个算式……第 i 行有 i 个算式。用内循环的 j 来控制算式在列上的变化，j=1~i。

(3)这样，第 i 行、第 j 列的算式结果为：j*i=i*j 的值，例如第 4 行、第 3 列的算式为：4*3=12。

(4)输出完一行后，输出一个换行符，继续下一行的输出。

注意：在输出行列结构时，外循环一般控制行，而内循环控制行中的每一列。

```c
/* exp5-12 */
#include "stdio.h"
int main( )
{
    int i, j;
    for(i = 1; i <= 9; i++)                  /* 外循环 9 次 */
    {
        for(j = 1; j <= i; j++)              /* 内循环次数为外循环变量的当前值 */
        {
            printf("%d*%d=%2d ", i, j, i*j); /* 输出算式 */
        }
        printf("\n");                        /* 一行输出完进行换行 */
    }
    return 0;
}
```

程序运行结果：

```
1*1= 1
2*1= 2  2*2= 4
3*1= 3  3*2= 6  3*3= 9
4*1= 4  4*2= 8  4*3=12  4*4=16
5*1= 5  5*2=10  5*3=15  5*4=20  5*5=25
6*1= 6  6*2=12  6*3=18  6*4=24  6*5=30  6*6=36
7*1= 7  7*2=14  7*3=21  7*4=28  7*5=35  7*6=42  7*7=49
8*1= 8  8*2=16  8*3=24  8*4=32  8*5=40  8*6=48  8*7=56  8*8=64
9*1= 9  9*2=18  9*3=27  9*4=36  9*5=45  9*6=54  9*7=63  9*8=72  9*9=81
Press any key to continue_
```

5.5 综合程序设计

5.5.1 穷举法

穷举法也称"枚举法"，是一种人们常用的求解问题的方法，它求解问题的过程是：根据题目中的部分条件确定答案的范围，在此范围内对所有可能的情况一一列举，逐一进行验证，直到把可能的情况全部验证完，最终找出问题的全部答案。

穷举法的基本控制流程是循环的处理过程，它的实现包括通过设置变量来模拟问题中可能出现的各种状态，而后用循环语句实现穷举的过程。下面是穷举法的几个应用实例。

【例 5-13】 输入一个整数 m，判断 m 是否为素数。

素数是指只能被 1 和本身整除且大于等于 2 的自然数。

判断素数：如果一个数 m 不能被 $2\sim\sqrt{m}$ 的所有整数整除，那么 m 就是素数，如果能被其中的任何一个整数整除，那么 m 就不是素数。

判断一个数是否为素数是穷举法的典型实例，它通过 m 不能整除 $2\sim\sqrt{m}$ 的所有整数，逐一列举出在 $2\sim\sqrt{m}$ 范围内对每个整数的验证。

算法分析：

(1) 输入一个整数放入变量 m 中。

(2) 计算 $\sqrt{m}$ 的值，然后，使循环控制变量 i 从 2 变化到 $\sqrt{m}$，在循环体内依次用 m 对 i 的求余运算($m\%i$)来判断是否能整除，如果能被其中的任何一个整除，则说明其不是素数，强制结束循环；如果全部除完，都不能整除，说明 m 为素数，循环正常结束。

(3) 循环结束后，通过变量 i 的值进行判断，若循环正常退出，即 i 一定大于(int) $\sqrt{m}$，说明 m 没有被其中的任意一个数整除，因此 m 是素数；若非正常退出，即 i 的值一定小于等于(int) $\sqrt{m}$，则循环被强制退出，说明 m 被其中的某个数整除，因此 m 不是素数。程序的流程图如图 5-10 所示。

```
/* exp5-13 */
#include "stdio.h"
#include "math.h"
int main( )
{
    int m, n, i;
    printf("\n 请输入一个整数: ");
    scanf("%d", &m);
    n = (int)sqrt(m);
    /*sqrt:求一个数的平方根,包含在 math.h 库中 */
    for(i = 2; i <= n; i++)
    {
    if (m % i == 0)
    break;
    }
    if (i > n) /* 判断素数 */
    printf("%d 是素数\n" ,m);
    else
    printf("%d 不是素数\n", m);
    return 0;
}
```

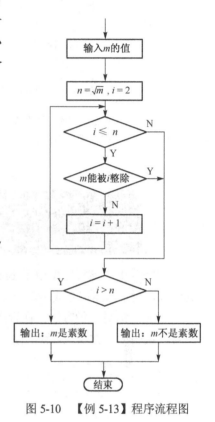

图 5-10　【例 5-13】程序流程图

程序运行结果：

```
请输入一个整数: 57
57 不是素数
Press any key to continue_
```

【例 5-14】 求 100~200 之间的素数并统计素数的个数。

算法分析：判断 100~200 之间的素数，需要用到双层循环。外层循环控制数 $m=100\sim200$，内层循环控制对其中的每一个数，用上述方法进行判断，由于 2 以上的所有偶数均不是素数，为提高效率，可设数的增量为 2。

```
/* exp5-14-1 */
#include "stdio.h"
#include "math.h"
```

```
int main( )
{
    int m, n, i, k = 0;                      /* 定义整型变量 */
    for(m = 101; m <= 200; m = m + 2)        /* 外循环依次生成奇数 */
    {
        n = sqrt((double) m);
        for(i = 2; i <= n ;i++)              /* 内循环判断条件 */
        {
            if (m % i == 0)
            break;                           /* 一旦有除尽的数立即退出内循环 */
        }
        if(i > n)                            /* 退出内循环后满足此条件则是素数 */
        {
            printf("%4d", m);                /* 输出素数 */
            k++;                             /* 统计素数的个数 */
        }
        if(k % 10 == 0) printf("\n");        /* 每输出 10 个数就换行 */
    }
    printf("\n 素数有%d 个\n ", k);           /* 整个循环结束输出素数个数 */
    return 0;
}
```

程序运行结果：

```
101 103 107 109 113 127 131 137 139 149
151 157 163 167 173 179 181 191 193 197
199
素数有21个
Press any key to continue_
```

程序分析：该程序使用了 break 语句进行循环的非正常结束，在内循环中，满足 m%i==0 的条件，说明 m 对 i 有除尽的数，则强制结束循环，导致内循环非正常结束。

下面介绍另一种方法：在程序中，设置一个标志变量，不使用 break 语句，将内循环的非正常结束改为正常结束，然后根据标志变量的值来判断是否为素数，程序的运行结果是一样的。

```
/* exp5-14-2 */
#include "stdio.h"
#include "math.h"
int main( )
{
    int m, n, i, k = 0;                      /* 定义整型变量 */
    int flag;                                /* 定义标志变量 */
    for (m = 101; m <= 200; m += 2)          /* 外循环依次生成奇数 */
    {
        n = sqrt((double)m);
        flag = 0;                            /* 初始化标志变量 */
        i = 2;
        while(i <= n && !flag)               /* 内循环判断条件 */
        {
            if(m % i == 0) flag = 1;         /* 一旦有除尽的数就改变标志变量 */
            i++;
        }
        if(flag == 0)                        /* 退出内循环后满足此条件则是素数 */
        {
            printf("%4d", m);                /* 输出素数 */
```

```
        k++;                              /* 统计素数的个数 */
        }
        if(k % 10 == 0) printf("\n"); /* 控制一行输出 10 个数，换行 */
    }
    printf("\n 素数有%d 个\n ", k);       /* 整个循环结束输出素数个数 */
    return 0;
}
```

程序分析：在程序中，一是内循环用了 while 语句，二是增加了一个标志变量即整型变量 flag，用此变量的值代表一种状态，即 flag 为 0，是素数，flag 为 1，不是素数。flag 的初始值设为 0，在内循环中，一旦有除尽的数就将标志变量 flag 改变为 1，说明此数不是素数了，再判断!flag 条件不成立，结束内循环。如果内循环结束后，flag 仍为 0，则表示始终没有除尽的数，状态没有改变，此数一定是素数。

【例 5-15】 百钱买百鸡问题，这是古代数学家张丘提出的一个著名的数学问题。假设某人有钱百枚，希望买一百只鸡，不同的鸡有不同的价格。鸡翁一，值钱五；鸡母一，值钱三；鸡雏三，值钱一。百钱买百鸡，问鸡翁、母、雏各几何？

算法分析：设变量 cocks 存放鸡翁数量，变量 hens 存放鸡母数量，变量 chicks 存放鸡雏数量。可以列出两个方程：

$$\begin{cases} cocks + hens + chicks = 100 \\ 5 * cocks + 3 * hens + chicks / 3 = 100 \end{cases}$$

这是一个不定方程，用穷举法解这个方程，找出满足条件的取值范围，逐一进行验证。若用全部的钱来买鸡翁，只能买 20 只，故 cocks 的值只能在 0～20 之间；若用全部的钱来买鸡母，只能买 33 只，故 hens 的值只能在 0～33 之间；若用全部的钱来买鸡雏，则能买 300 只，故 chicks 的值只能在 0～300 之间。将不同的鸡的数量枚举一遍，找出符合要求的全部答案。

可以采用双层循环来编程，用变量 cocks 的变化范围作为外循环，用变量 hens 的变化范围作为内循环，逐一找出满足百钱买百鸡的条件的各类鸡的数量。程序的源代码如下：

```
/* exp5-15 */
#include "stdio.h"
int main( )
{
    int cocks, hens, chicks;              /* 定义三个变量代表三种鸡 */
    for(cocks = 0; cocks <= 20; cocks++)  /* 鸡翁的只数范围 */
    {
        for(hens = 0; hens <= 33; hens++)  /* 鸡母的只数范围 */
        {
            chicks = 100 - cocks - hens;   /* 鸡雏的只数 */
            k = cocks + hens + chicks;
            if(chicks / 3 + hens * 3 + cocks * 5 == 100 && k == 100)
            {
                printf("cocks=%d, hens=%d, chicks=%d\n",cocks,hens,chicks);
            }
        }                                  /* 输出满足条件的各种鸡的只数 */
    }
    return 0;
}
```

程序运行结果：

```
cocks= 0, hens= 25, chicks= 75
cocks= 3, hens= 20, chicks= 77
cocks= 4, hens= 18, chicks= 78
cocks= 7, hens= 13, chicks= 80
cocks= 8, hens= 11, chicks= 81
cocks= 11, hens= 6, chicks= 83
cocks= 12, hens= 4, chicks= 84
Press any key to continue
```

在上述程序中，条件判断是利用逻辑表达式 (chicks/3+hens*3+cocks*5==100 && cocks+hens+chicks==100)来描述的，由于 chicks/3 是整除，有可能不能准确地反映实际的花费，因此可以将整个公式的两边同时扩大 3 倍，消除分数的存在，即改为 (chicks+hens*9+ cocks*15==300 && cocks+hens+chicks==100)，解决计算结果不准确的问题。

5.5.2 递推法

递推法是计算机数值计算中的一种重要方法，它是在已知第一项(或几项)的情况下，要求能得出后面项的值。这种方法的关键是找出递推公式和边界条件。

从已知条件出发，逐步推算出要解决的问题的方法称为正推。从问题的结果出发，逐步推算出题目的已知条件，这种递推方法称为逆推。

【例 5-16】 求 Fibonacci 数列的前 40 项数。

Fibonacci 是 13 世纪意大利的一位很有才华的数学家，他在 1202 年出版的《算盘全集》一书中，借助兔子繁殖问题引出了一个著名的递推数列，即 Fabonacci 数列。

对兔子繁殖问题的描述：如果第一个月有一对小兔子，而每一对小兔子都在出生两个月后，每个月都繁殖一对小兔子，假设所有兔子都不死，问第 n 个月时有多少对兔子？

Fabonacci 数列的各项值为 1，1，2，3，5，8，…。这个数列的特点是，第 1 项和第 2 项值都是 1，从第 3 项开始，以后每一个项值都是它的相邻前 2 项的项值之和。以此类推，得出这个数列的第 n 项的项值关系如下：

$$\begin{cases} F(1)=1 & (n=1) \\ F(2)=1 & (n=2) \\ F(n)=F(n-1)+F(n-2) & (n \geqslant 3) \end{cases}$$

这是一个按照数据数列的顺序不断向后推的递推算法，是正推的过程，可以采用循环结构来实现。

算法分析：设变量 f1、f2 和 f3，并为 f1 和 f2 赋初值 1，即前两项的值。使 f3=f1+f2 得到第 3 项；将 f2→新 f1，f3→新 f2，再求 f3=f1+f2 得到第 4 项；以此类推，求第 5 项、第 6 项……第 n 项。给出一种通用的递推算式：f1=f1+f2；f2=f2+f1。

```c
/* exp 5-16-1  方法1*/
#include "stdio.h"
int main( )
{
    long int f1, f2;                        /* 注意 f1 和 f2 要使用长整型 */
    int i;
    f1 = 1; f2 = 1;/* 变量 f1 和 f2 存放最近算出的两个项值，第 1、2 项值都为 1 */
    for(i = 1;i <= 20; i++)
    {
```

```
        printf("%-12ld %-12ld", f1, f2);    /* 每次输出 2 个项值，数据左对齐 */
        if (i % 2 == 0) printf("\n");        /* 实现换行，保证每行输出 4 个数据 */
        f1 = f1 + f2;                        /* 计算下一个项值 */
        f2 = f2 + f1;                        /* 计算再下一个项值 */
    }
    return 0;
}
```

程序运行结果：

```
/* exp5-16-2  方法 2 */
#include "stdio.h"
int main( )
{
    long f1, f2, t;                          /* 定义变量 t 作为临时单元 */
    int i;
    f1 = 1; f2 = 1;
    printf("\n%12ld%12ld", f1, f2);          /* 循环之前先输出前 2 项 */
    for(i = 2; i < 40; i++)
    {
        if (i % 4 == 0) printf("\n");
        t = f1;                              /* 用临时单元存放 f1 的值 */
        f1 = f2;                             /* 项值移动，以后代前 */
        f2 = f1 + t;                         /* 计算下一个项值 */
        printf("%12ld", f2);                 /* 循环中每次输出一个项值 */
    }
    printf("\n");
    return 0;
}
```

【例 5-17】 猴子吃桃问题：猴子第 1 天摘下若干桃子，当即吃了一半，还不过瘾，又多吃了一个，第 2 天早上将剩下的桃子吃掉一半，又多吃了一个。以后每天早上都吃前一天剩下的一半零一个。到第 10 天早上想再吃时，只剩下一个桃子。求第 1 天共摘了多少个桃子？

算法分析：这个问题也是一个递推问题，它采用逆向思维的方法，即逆推法，从最后一天向前推，从第 9 天，依次向前，一直推到第 1 天。假定第 n+1 天桃子的个数为 x，第 n 天桃子的个数为 y，则 y−(y/2+1)=x，即 y=2*x+2。

```
/* exp5-17 */
#include "stdio.h"
int main( )
{
    int day, x, y;                  /* 定义变量 day 为天数 */
    day = 9; x = 1;
    while(day > 0)
    {
```

```
        y = 2 * x + 2;              /* 第 n 天桃子的个数 */
        x = y;
        day--;/* day 天数递减 */
    }
    printf("\n 共有 %d 个桃子\n", y);
    return 0;
}
```

程序运行结果：

```
共有 1534 个桃子
Press any key to continue
```

5.5.3 迭代法

迭代法也是计算机数值计算中的一种重要方法，这种方法是在程序中用同一个变量来存放每一次推出来的值，每次循环都执行同一条语句，给同一变量循环用新的值代替旧的值。

利用迭代算法时要解决的问题：第一，确定迭代初值，即从什么初值开始；第二，确定迭代过程，即如何迭代，解决迭代的公式；第三，确定迭代次数或条件，即到什么时候为止，分析出用来结束迭代过程的条件。

下面是利用迭代方法求解级数和的问题。

【例 5-18】 求累乘积的和 $\sum_{i=1}^{n} i!$（s=1!+2!+3!+…+n!）。

算法分析 1：确定迭代的初值 i=1，迭代公式为 t=t*i 和 s=s+t，即求出累乘积的同时求累加和。在第 i 次循环时，计算 i!放到 t 中，并将此值累加到累加和 s 中，下一次循环时，在 i!的基础上乘(i+1)就可得到(i+1)!，也就是在前一次循环得到的累乘积的基础上，计算后一次的值，采用单层循环，这样可使程序简单，效率也高。

```
/* exp5-18-1 */
#include "stdio.h"
int main( )
{
    int i;                          /* 定义整型循环变量 */
    float t = 1.0;                  /* 定义并初始化累乘积 */
    float s = 0.0;                  /* 定义并初始化累加和 */
    int n;
    printf("n=? ");
    scanf("%d", &n);                /* n 值不宜输入太大，否则容易溢出 */
    for(i = 1; i <= n; i++)         /* 循环控制条件 */
    {
        t = t * i;                  /* 求累乘积 */
        s = s + t;                  /* 累加累乘积 */
    }
    printf("s=%f\n ", s);           /* 输出累加和 */
    return 0;
}
```

程序运行结果：

```
n=? 20
s=2561327455189073900.000000
 Press any key to continue
```

算法分析 2：也可以使用双层循环，在外循环层计算累加和，而内循环层计算累乘积。外循环每循环一次，内循环就从 1～i，计算 i 的累乘积，内循环结束一次求一次累加和。这种方法也可以解决问题，但循环的次数多，程序的效率较低。

```c
/* exp5-18-2 */
#include "stdio.h"
int main( )
{
    int i, j ;                      /* 定义整型循环变量 */
    float t;                        /* 定义累乘积变量 */
    float s = 0.0;                  /* 定义并初始化累加和 */
    int n;
    printf("Please input n: ");
    scanf("%d", &n);                /* n 值不宜输入太大，否则容易溢出 */
    for(i = 1; i <= n; i++)         /* 外循环求累加和 */
    {
        t = 1.0;
        for(j = 1;j <= i; j++)      /* 内循环求累乘积 */
        {
            t = t * j;              /* 不断求累乘积 */
        }
        s += t;                     /* 不断累加累乘积 */
    }
    printf("s=%f\n ", s);           /* 输出累加和 */
    return 0;
}
```

【例 5-19】 求级数的和：$\dfrac{\pi}{4}=1-\dfrac{1}{3}+\dfrac{1}{5}-\dfrac{1}{7}+\cdots$。

先看几个类似的求级数和问题，然后再去解决这个问题。

(1)求级数的和：$1+\dfrac{1}{2}+\dfrac{1}{3}+\dfrac{1}{4}+\cdots+\dfrac{1}{n}$。

算法分析：用一个单层循环即可解决问题。设置一个累加和变量 sum，并将其初始值设为 0；设置一个循环变量 i，其值的变化过程就是级数的各个项的分母值 1,2,…,n，循环的次数就是级数的项数，每循环一次，将 1/i 累加到 sum 中，迭代公式为 sum=sum+1.0/i，循环结束后 sum 中存放的就是级数的和。

注意数据类型问题，即 1/i 为整型，因此结果为整型 0，必须将其中的一个改为实型。如果将 int i;改为 float i;，则不利于循环，而将 1/i 改为 1.0/i 则可解决问题。

```c
/* exp5-19-1 */
#include "stdio.h"
int main( )
{
    int i;                          /* 定义整型循环变量 */
    float sum = 0.0;                /* 定义并初始化累加和 */
    int n;
    printf("n=? ");
    scanf("%d", &n);                /* 输入项数 */
    for(i = 1; i <= n; i++)         /* 循环条件 */
    {
        sum = sum + 1.0 / i;        /* 不断累加 */
```

```
        printf("sum=%f\n ", sum);          /* 输出累加和 */
        return 0;
    }
```

程序运行结果：

```
n=? 30
sum=3.994987
 Press any key to continue
```

(2)求级数的和：$1-\dfrac{1}{3}+\dfrac{1}{5}-\dfrac{1}{7}+\cdots-\dfrac{1}{n}$。

算法分析：迭代公式仍是 sum=sum+1.0/i，但是正负相间，利用负负得正的特性，设一个变量 t=-t，每一次都在前一次的基础上乘一个(-1)，且循环的增量设为 2，即可解决问题。

这样，【例 5-19】求 π 的值就可以用 π≈4*(1-1/3+1/5-1/7+⋯-1/n) 来求解。

```
    /* exp5-19-2 求π的值 */
    #include "stdio.h"
    int main( )
    {
        int i;                            /* 定义整型循环变量 */
        float sum = 0.0;                  /* 定义并初始化累加和 */
        float t = -1;
        int n;
        printf("n=? ");
        scanf("%d", &n);                  /* 输入项数 */
        for(i = 1; i <= n; i += 2)        /* 循环控制条件、i的增量为2 */
        {
            t = - t;                      /* 正负相间 */
            sum = sum + t * (1.0 / i);    /* 不断累加 */
        }
        sum = sum * 4;                    /* 计算π的值 */
        printf("sum =%f\n ", sum);        /* 输出π的值 */
        return 0;
    }
```

程序 5-19-2 运行三次的结果如下：

```
n=? 99
sum =3.121594
 Press any key to continue
```
```
n=? 999
sum =3.139593
 Press any key to continue_
```
```
n=? 9999
sum =3.141397
 Press any key to continue_
```

从三次运行结果可以看出，输入的项数越多，循环的次数越多，结果的精度就越高。

求 π 的值也可以用精度来决定循环的次数。给定一个精度，可用 do-while 循环，没达到这个精度，就继续循环计算，程序如下。从运行结果可以看出循环进行了 50 万次，才能达到给定的精度。

```
    /* exp5-19-3 求π的值 */
    #include "stdio.h"
    #include "math.h"
    int main( )
    {
        int i;                            /* 定义整型循环变量 */
        float sum = 0.0;                  /* 定义并初始化累加和 */
```

```
    float t = -1;
    float eps;
    printf("eps=?");
    scanf("%f", &eps);                  /* 输入精度 */
    i = 1;
    do
    {
        t = - t;                        /* 正负相间 */
        sum = sum + t * (1.0 / i);      /* 不断累加 */
        i = i + 2;                      /* 增量长为 2 */
    } while(fabs(1.0 / i) >= eps);      /* 循环控制条件 */
    sum = sum * 4;                      /* 计算 π 的值 */
    printf("sum=%f\n ", sum);           /* 输出 π 的值 */
    printf("循环的次数是: %d\n ", i / 2);
    return 0;
}
```

程序运行结果：

```
eps=?1e-6
sum=3.141594
 循环的次数是: 500000
 Press any key to continue
```

还有很多实际问题都可以归纳成用迭代法来求解，例如人口增长的求解问题：已知人口基数 x，人口平均增长率为 r，求几年以后人口的总量达到 z。

【例 5-20】人口增长的求解问题。已知今年人口 14 亿，设人口的增长率为万分之二，问 10 年后人口为多少？

算法分析：

(1)把已知的人口基数为 x 作为迭代初值：x=14。

(2)根据增长率找到迭代公式：x=x+x*0.0002。

(3)10 年是迭代的次数：10 次。

```
/* exp5-20 */
#include "stdio.h"
int main( )
{
    int i; float x, r;
    x = 14;
    printf("r=: ");
    scanf( "%f", &r );
    for(i = 1; i <= 10; i++)
        x = x * (1 + r);                /* 增长率的迭代公式 */
    printf("r =%f, x=%f\n ", r , x);
    return 0;
}
```

程序运行结果：

```
r=: 0.000200
r =0.000200, x=14.028026
 Press any key to continue
```

小　结

本章介绍了 C 语言实现循环结构控制的 for、while、do-while 三种语句，循环的嵌套，break 语句，continue 语句，以及循环结构程序设计的思路和方法。

在 C 语言的循环结构程序设计时，如果循环次数是已知的，则常用 for 语句来控制循环；如果循环次数是未知的，常用 while 或 do-while 语句，用条件来控制循环。这三种循环结构可以互相转化，即 while 循环可以用 for 循环实现，for 循环也可以用 while 循环实现，while 循环和 do-while 循环只有在一开始条件就不成立时有区别，否则两者完全相同。在循环嵌套的程序设计时，一般外层循环控制整体，而内层循环控制局部。对于循环结构的控制，只有在编写程序的过程中，反复地使用它们，才能感受到它们的魅力。

习　题　5

一、选择题

1. while(!x)中的!x 与下面的_____等价。

   A)x == 0　　　　　　　B)x != 0　　　　　　　C)x == 1　　　　　　　D)x != 1

2. 若 i 为整型变量，则以下循环语句的循环次数是_____。

   ```
   for(i = 2; i == 0; )
   printf("%d", i--);
   ```

   A)无限次　　　　　　　B)0 次　　　　　　　　C)1 次　　　　　　　　D)2 次

3. 下面程序段的运行结果是_____。

   ```
   int n = 0;
   while(n++ <= 2);
   printf("%d", n);
   ```

   A)2　　　　　　　　　　B)3　　　　　　　　　　C)4　　　　　　　　　　D)有语法错误

4. 下列_____循环不是死循环。

   A)for(y = 0; x = 1; ++y);　　　　　　　B)for(; ;x = 0);

   C)while(x = 1){x = 1;}　　　　　　　　D)for(y = 0, x= 1; x > y; x += i);

5. 有如下程序段：

   ```
   int k = 10;
   while(k = 0) k = k - 1;
   ```

   以下描述正确的是_____。

   A)while 循环 10 次　　　　　　　　　　B)while 循环是无限循环

   C)while 循环执行 1 次　　　　　　　　　D)while 循环一次也不执行

6. 以下描述正确的是_____。

   A)continue 语句的作用是结束整个循环

   B)break 语句只能使用在循环体内和 switch 结构内

   C)在循环体内使用 continue 语句和 break 语句的作用相同

D) 从嵌套的多层循环中退出，只能使用 goto 语句

7. 下面程序的输出结果是_____。

```c
#include "stdio.h"
int main( )
{
    int i;
    for(i = 1; i < 6; i++)
    {
        if(i % 2)
        {
            printf("#");
            continue;
        }
        printf("*");
    }
    printf("\n");
    return 0;
}
```

A) #*#*#　　　　B) #####　　　　C) *****　　　　D) *#*#*

8. 下面程序段的运行结果是_____。

```c
for(x = 10; x > 3; x--)
{
    if(x % 3)
        x--;
    --x; --x;
    printf("%d ", x);
}
```

A) 6 3　　　　B) 7 4　　　　C) 6 2　　　　D) 7 3

9. 以下程序段的执行结果是_____。

```c
int i, j, m = 0;
for(i = 1; i <= 15; i += 4)
{
    for(j = 3; j <= 19; j += 4)
    {
        m++;
    }
}
printf("%d\n", m);
```

A) 12　　　　B) 15　　　　C) 20　　　　D) 25

10. 函数 pi 的功能是根据以下近似公式求 π 值：

$$(\pi * \pi)/6 = 1 + 1/(2*2) + 1/(3*3) + \cdots + 1/(n*n)$$

请填空，完成求 π 的功能。

```c
#include "stdio.h"
#include "math.h"
int main( )
{
    double s = 0.0;
    int i, n;
```

```
        printf("Please input n:");
        scanf("%d", &n);
        for(i = 1; i <= n; i++)
            s = s +_____ ;
        s = (sqrt(6 * s));
        printf("s=%e", s);
        return 0;
    }
```

    A) 1 / i * i   B) 1.0 / i * I   C) 1.0 / (i * i)   D) 1.0 / (n * n)

二、填空题

1. 在三种循环结构中，先执行循环操作内容(即循环体)，后判断控制循环条件的循环结构是_____循环结构。

2. 三种循环语句都能解决循环次数已经确定的循环，其中_____循环语句最适合。

3. 以下程序的功能是，从键盘输入若干学生的成绩，统计并输出最高成绩和最低成绩，当输入负数时结束输入，请填空。

```
#include "stdio.h"
int main( )
{
    float x, amax, amin;
    scanf("%f", &x);
    amax = x;
    amin = x;
    while(_____)
    {
        if(x > amax) amax = x;
        if(_____) amin = x;
        scanf("%f", &x);
    }
    printf("\namax=%f\namin=%f\n", amax, amin);
    return 0;
}
```

4. 计算正整数 num 的各位上的数字之积。例如，若输入 234，则输出应该是 24。若输入 808，则输出应该是 0，请填空。

```
#include "stdio.h"
int main( )
{
    long int num, k;
        ;
    printf("\Please enter a number:");
    scanf("%ld", &num);
    do
    {
        k *= num % 10;
        _____;
    } while(num) ;
    printf("\n%ld\n", k);
    return 0;
}
```

5. 求两个正整数 x 和 y 的最小公倍数，请填空。

```c
#include "stdio.h"
int main( )
{
    int x = 24, y = 31, t, min, i;
    if(x > y)
    {t = x; x = y; y = t;}
    for (_____; i >= y; i--)
    {
        if(_____)
            min = i;
    }
    printf("min is : %d", min);
    return 0;
}
```

三、程序设计题

1. 任意输入 n 个整数，分别统计奇数的和、奇数的个数、偶数的和、偶数的个数。

2. 求出 10～100 之内能同时被 2、3、7 整除的数。

3. 用辗转相除法(即欧几里得算法)求两个正整数的最大公约数及最小公倍数。

4. 计算 $e = 1 + \dfrac{1}{2!} + \dfrac{1}{3!} + \dfrac{1}{4!} + \cdots + \dfrac{1}{n!}$，$n=20$ 的值。

5. 求 $s = a + aa + aaa + \cdots + \underset{n个a}{aa\cdots a}$ 的值，其中 a 是一个数字，n 从键盘输入。例如，3+33+333+3333+33333 $(n = 5)$。

6. 求 e^x 的级数展开式的前 $n+1$ 项之和：$e^x = 1 + x + \dfrac{x^2}{2!} + \dfrac{x^3}{3!} + \cdots + \dfrac{x^n}{n!}$。

7. 求 200～300 之间全部素数的和。

8. 找出 100～999 之间的所有水仙花数。水仙花数是其个位的 3 次方加十位的 3 次方加百位的 3 次方等于其自身的数，如 $153 = 1^3 + 5^3 + 3^3$。

9. 一个数如果恰好等于它的因子之和，这个数被称为"完数"。例如，6 的因子为 1、2 和 3，而 6=1+2+3，因此 6 是"完数"。编程序找出 1000 之内的所有完数，并按下面的格式输出其因子：6 its factors are 1,2,3。

10. 一个球从 100 米高度自由落下，每次落地后反跳回原高度的一半，再落下，再反弹。求它在第 10 次落地时，共经过多少米？第 10 次反弹多高？

11. 用 100 元人民币兑换 10 元、5 元、1 元的纸币(每一种都要有)共 30 张，请用穷举法编程计算共有几种兑换方案？ 每种方案各兑换多少张纸币？

12. 分别输出以下图案。

```
        *                    y y y y y y y
       ***                    y y y y y
      *****                    y y y
     *******                    y
    *********
```

13. 设某县 2000 年工业产值为 200 亿元，如果该县预计平均每年工业总产值增长率为 4.5%，那么多少年后该县工业总产值将超过 500 亿元？

第6章 数 组

在实际应用中，经常需要处理批量的数据，而这些数据又具有相同的类型。把这些类型和名称都相同的数据有序地组织在一起，就是数组，数组属于构造数据类型。

6.1 数组的引入

数组按组织的形式又分为一维数组和多维数组，按数组内数据的类型又分为数值数组、字符数组、指针数组、结构体数组。本章介绍数值数组和字符数组的应用。

6.1.1 问题的提出

【例6-1】求30个学生某门课程考试成绩的平均分，并输出所有高于平均分的学生成绩(考试成绩由键盘输入)。

算法分析：学习了循环程序设计后，此问题很容易解决。

(1)用一个30次的单层循环，在每次循环中输入成绩，累加成绩，循环结束后，求出平均分。

(2)再次用一个30次的单层循环，在每次循环中再次输入成绩，与平均分进行比较，查找出高于平均分的学生成绩，进行输出。

```c
/* exp6-1 */
#include "stdio.h"
int main()
{
    int i;
    float x, s, ave;                    /* ave 放平均成绩 */
    s = 0.0;                            /* 累加成绩初值为 0 */
    for(i = 0; i < 30; i++)             /* 循环 30 次 */
    {
        scanf("%f", &x);               /* 输入成绩 */
        s = s + x;                     /* 累加成绩 */
    }
    ave = s / 30;                      /* 求平均分 */
    printf("ave=%f\n", ave);
    for(i = 0; i < 30; i++)            /* 再次循环 30 次 */
    {
        scanf("%f", &x);              /* 再次输入成绩 */
        if(x >= ave)
            printf("%f\n", x);        /* 输出大于平均分的成绩 */
    }
    return 0;
}
```

程序分析：在程序中，变量i用于控制循环的次数，变量ave用于存放平均分，s存放成绩的累加和，s的初始值为0，变量x用于存放某位学生的成绩，每循环一次，输入一个学生的成绩存放在变量x中，并进行累加，再一次循环又输入下一个学生的成绩，仍然存放在变量x中，这就意味着当变量x存放了第2个学生的成绩时，第1个学生的成绩就被覆盖掉，即消失，以此类推，当循环结束后，变量 x 仅保留了第 30 个学生的成绩，前 29 个学生的成绩都被覆盖，不可能再对输入的成绩进行其他处理。如果只求平均分，倒没有影响，但要找出比平均分高的学生成绩进行输出，还需要 30 个学生的成绩与平均分进行 30 次比较，这样，就需要再用一个循环，重新给变量 x 输入 30 次的成绩。

如果有很多学生的成绩，或者还需要对每个学生的成绩进行分析和处理，如对学生成绩进行排序、查找指定的学生信息等问题时，就会导致每个学生成绩的数据没有保存下来而无法进行后续问题的解决。当然，可以设 N 个变量去存放 N 个学生的成绩，设想如果有成千上万的数据，不仅数据量大，而且循环中也无法体现这些不同的变量名。

解决类似这样的问题，C 语言提供了一种数据类型——数组，它可以解决批量数据的存储和处理。

6.1.2 数组的基本概念

数组是具有相同属性的一组数据组成的数据序列的集合，在每个数组中可以独立存放多个数据。使用数组这样一种新的数据类型，特别适合于批量数据的数据处理。

设有 n 元一次方程组：

$$\begin{cases} a_{11}x_1 + a_{12}x_2 + \cdots + a_{1n}x_n = b_1 \\ a_{21}x_1 + a_{22}x_2 + \cdots + a_{2n}x_n = b_2 \\ \qquad\qquad \cdots \\ a_{n1}x_1 + a_{n2}x_2 + \cdots + a_{nn}x_n = b_n \end{cases}$$

它的系数阵为

$$\begin{bmatrix} b_1 & b_2 & b_3 & \cdots & b_n \end{bmatrix}$$

$$\begin{bmatrix} a_{11} & a_{12} & a_{13} & \cdots & a_{1n} \\ a_{21} & a_{22} & a_{23} & \cdots & a_{2n} \\ & & \cdots & & \\ a_{n1} & a_{n2} & a_{n3} & \cdots & a_{nn} \end{bmatrix}$$

系数阵 b 排成了一个一维的阵，阵中的数据呈线性形式，在 C 语言中，就作为一维数组，数组的名字是 b，而每一个数，就是数组中的一个元素，用其在数组中的位置（下标）来代表它们，如 1,2,3,…,n，即 b[1],b[2],b[3],…,b[n]。

系数阵 a 排成了一个二维的阵，横方向称为行，竖方向称为列，这些数据作为二维数组，数组的名字是 a，用其在两个方向的下标来代表它们，即

```
a[1][1],a[1][2],…,a[1][n]
a[2][1],a[2][2],…,a[2][n]
            …
a[n][1],a[n][2],…,a[n][n]
```

数组是一个整体概念，数组中的元素既有共同的特性，又有不同的特性，数组中的每一个数据称为一个数组元素。数组中的所有元素有着共同的名称——数组名，数组中的所有元素在数组中有着不同的位置——下标，为表明数组中的元素，必须说明它的数组名，还必须说明它的下标，即数组名[行下标][列下标]。

6.1.3 数组的分类

数组有许多不同的类型。按照数组中元素的数据类型可将数组分为数值数组、字符数组、指针数组、结构体数组等；按照数组中下标的个数可将数组分为一维数组、多维数组。本章主要介绍一维数组、二维数组和字符数组。

6.2 一 维 数 组

6.2.1 一维数组的定义

一维数组是数组中的元素只有一个下标的数组。

1. 一维数组定义的一般形式

> 类型说明符　数组名[常量表达式]；

2. 功能

为指定的数组分配相应字节的存储单元。

3. 说明

(1)类型说明符：决定数组的类型。

(2)数组名的命名：与普通变量相同，必须符合 C 语言标识符的命名规则。

(3)常量表达式：常量表达式的值决定数组的大小，也是数组元素的个数，只能用方括号括起。C 语言中数组的下标是从 0 开始的。

```
float m[10];     定义 m 数组为实型类型，是一维数组，其中有 10 个数组元素。
int a[8];        定义 a 数组为整型类型，是一维数组，其中有 8 个数组元素。
char b[40];      定义 b 数组为字符型，是一维数组，其中有 40 个数组元素。
```

(4)常量表达式可以是常量或变量、表达式的值，但不能是变量，如 int a[n];或 int n = 10;int a[n];都是错误的定义语句。

(5)如果用一条语句定义多个数据或数组，则它们之间以逗号分开，如 int a, c[8], d, m[35];定义 2 个整型变量和 2 个整型数组。

建议：为增加程序的可读性，尽量分开定义，这样做不仅便于阅读，也便于添加注释。

6.2.2 一维数组的引用

与 C 语言中的其他变量一样，数组也必须先定义，后使用。表示数组中的一个元素，既要有数组名，又要有下标来说明它在这个数组中的位置。

1. 一维数组中数组元素引用的一般形式

> 数组名[下标值]

数组中的数组元素除了表示方法与普通变量不同外，还必须带有下标，而普通变量只有变量名。数组的使用与普通变量完全相同，可以进行各种运算和数据处理，如输入/输出、引用、赋值等。例如：

```
int a[10], m = 3, n = 2;
a[0] = 3;
a[1] = 8;
a[n] = a[0] + a[1];
a[m] = a[m-n]*a[m-3];
a[m*m] = a[0]- a[1];
```

数组a	元素的值
a[0]	3
a[1]	8
a[2]	11
a[3]	24
a[4]	
a[5]	
a[6]	
a[7]	
a[8]	
a[9]	−5

图 6-1　元素值

代入可算出 a[2]=11，a[3]=24，a[9]=−5，如图 6-1 所示。

2．说明

(1)下标通常为整型，如果为实型，系统自动取整。

(2)下标在程序中常用作循环控制变量，随着循环控制变量的变化而变化，可以达到简化数据处理的效果。例如：

```
int a[10];
for(i = 0; i < 10; i++)
    scanf("%d", &a[i]);   /* 循环 10 次分别给 10 个数组元素赋值 */
```

(3)C 语言不做下标越界的检查，即语法上对越界的下标不报错。如语句 int a[5];定义了整型的 5 个元素，编译系统为此数组准备了相应的 5 个存储单元，可用的下标是 0 到 4，但使用时 a[7]=1，语法检查后它是正确的，但使用的 a[7]存储单元又没有定义，它根本不属于此数组的存储单元，因此可能会破坏程序存储的其他数据而造成不可预知的结果。

注意：使用下标时，不要越界。

(4)两个数组元素可以互相赋值，但两个数组不能直接赋值。例如：

```
int a[4] = {1, 2, 3, 4};
int b[4];
b = a;
```

这样写是错误的。若把 a 数组的数据全部给 b 数组，可以利用循环语句：

```
for(i = 0; i < 4; i++)
    b[i] = a[i];
```

6.2.3　一维数组的存储

地址	内存
0x2000	a[0]
0x2004	a[1]
0x2008	a[2]
0x200C	a[3]
0x2010	a[4]
0x2014	a[5]
0x2018	a[6]
0x201C	a[7]
0x2020	a[8]
0x2024	a[9]

图 6-2　存储单元

数组和变量一样，必须先定义，后使用。只要一经定义，编译系统就在内存中为定义了的变量和数组开辟存储单元，以便存放数据，即数据必须存储在存储单元中。例如，若定义

```
int a;
```

则编译系统为整型数据 a 开辟一个 4 字节的存储单元，用于存放 a 的值。又如，若定义

```
int a[10];
```

则编译系统为整型数组开辟 10 个连续的存储单元，每个存储单元是 4 字节，用于存放数组中的 10 个数组元素，如图 6-2 所示。

6.2.4　一维数组的初始化

在定义数组的同时，为数组中的元素赋初值，称为初始化。

1. 一般形式

```
类型说明符　数组名[常量表达式] ={初值表};
```

2. 说明

(1)初值表中如果有多个数据，数据之间必须以逗号相间隔。例如：

```
int a[6] = {1, 2, 3, 4, 5, 6};
```

初始化后各元素的值为 a[0]=1，a[1]=2，…，a[5]=6。

(2)初值表中的数据如果相同，也必须逐个罗列，不得省略。例如：

```
int a[4] = {3, 3, 3, 3};
```

定义整型数组 a，并依次赋初值为 3,3,3,3。写成

```
int a[4] = {3*4};
```

编译系统也不报错，但 a[0]=12，a[1]=a[2]=a[3]=0。

(3) 初值表中的数据数量如果与数组的长度相等，或者说数据的个数已经确定，则可以省略常量表达式，此时编译系统按初值表中的数据数量自动说明数组的长度。例如：

```
int a[ ] = {1, 2, 3, 4, 5, 6};
```

定义整型数组 a，并依次赋初值为 1,2,3,4,5,6，省略了常量表达式，有 6 个数据，则数组的长度就为 6 。

(4)初值表中的数据数量若小于数组的长度，则不能省略常量表达式，编译系统将有限的数据依次赋给位置在前的数组元素，其余没有获得数据的数组元素，系统一般按 0 处理。例如：

```
int a[5] = {3, 4, 5};
```

定义整型数组 a，并依次赋初值为 3,4,5,0,0。又如：

```
int a[ ] = {3, 4};
```

这时省略常量表达式，系统就将 a 视为只有 2 个元素的数组，并依次赋初值为 3,4。

(5)不能直接给数组名赋值，因为数组名代表一个地址常量。例如：

```
int a[3];
a = {3, 4, 5};
```

此时，编译系统报告出错。

(6)初始化仅在定义的同时，否则是错误的。例如：

```
int a[5];
a[5] = {3, 4, 5, 6};
```

此时，编译系统报告出错。

【例 6-2】 一维数组的输入和输出。

算法分析：

(1)定义一个一维整型数组，长度为 10。

(2)利用单层循环输入 10 个整数，并将其一一赋给数组的各个元素。

(3)利用单层循环输出数组中每个元素的值。

```
/* exp6-2 */
#include "stdio.h"
int main( )
```

```
{
    int i, a[10];
    printf("输入 10 个数: ");
    for(i = 0; i < 10; i++)          /* 利用循环输入 10 个整数，并赋给各个数组元素 */
    {
        scanf("%d", &a[i]);
    }
    printf("输出 10 个数: ");
    for(i = 0; i < 10; i++)          /* 利用循环输出数组元素的值 */
    {
        printf("%d,", a[i]);
    }
    printf("\n");
    return 0;
}
```

程序运行结果：

```
输入10个数: 11 12 13 14 15 16 17 18 19 20
输出10个数: 11,12,13,14,15,16,17,18,19,20,
Press any key to continue
```

若 10 个数据已知，也可以用数组初始化的方法给数组赋值。例如：

```
int i, a[10] = {89, 92, 65, 75, 73, 68, 91, 90, 88, 70};
```

6.2.5　一维数组的应用举例

【例 6-3】　用数组求 30 个学生某门课程考试成绩的平均分，并输出所有高于平均分的学生成绩（将【例 6-1】用数组来实现）。

```
/* exp6-3 */
#include "stdio.h"
int main( )
{
    int i, x[30];                    /* 定义数组 x[30]，存放 30 个学生的成绩 */
    float s, ave;                    /* 定义 ave 存放平均分 */
    s = 0.0;                         /* 累加成绩初值为 0 */
    for(i = 0; i < 30; i++)
    {
        scanf("%d", &x[i]);          /* 输入成绩 */
        s = s + x[i];                /* 累加成绩 */
    }
    ave = s / 30;                    /* 求平均分 */
    printf("ave=%f\n", ave);
    for(i = 0; i < 30; i++)          /* 再循环 30 次 */
    {
        if(x[i] > ave)
            printf("%d\n", x[i]);    /* 输出大于平均分的学生成绩 */
    }
    return 0;
}
```

程序分析：程序定义了 x[30] 来存放 30 个学生的成绩，每个学生的成绩都存到了数组对应的数组元素里，不会丢失。这样，求出平均分后，再去查找高于平均分的学生成绩时，只需去一个个地比较，而不用重复输入 30 个学生的成绩。

【例 6-4】 用数组求 Fibonacci 数列前 20 项的值。

算法分析：定义一个一维整型数组 f[20]，数组的每一个数组元素存放数列的一项，用下标 i 来控制循环，f[i] 表示第 i 个数，它前面的两个数是 f[i−1] 和 f[i−2]，每次循环用 f[i]=f[i−1]+f[i−2] 产生一项的值，这样，数列的每项值都存到了数组中对应的数组元素里。最后，用循环输出各项的值。

```
/* exp6-4 */
#include "stdio.h"
int main( )
{
    int i;
    int f[20] = {1, 1};_____        /* 定义数组 f 存放数列项值，前 2 个元素赋 1 */
    for (i = 2; i < 20; i++)
    {
        f[i] = f[i-1] + f[i-2];        /* 计算后 18 个项值并放入数组 f 中 */
    }
    for (i = 0; i < 20; i++)
    {
        if(i % 4 == 0)
            printf("\n");              /* 输出数列的各个项值，每行 4 个数 */
        printf("%-8d", f[i]);
    }
    printf("\n");
    return 0;
}
```

程序运行结果：

```
1       1       2       3
5       8       13      21
34      55      89      144
233     377     610     987
1597    2584    4181    6765
Press any key to continue
```

从程序中可见，用数组的方法求 Fibonacci 数列的项值，程序既清晰、精练，效率又高。

【例 6-5】 从键盘输入 10 个整数，放入数组中，找出这 10 个数中的最大数、最小数和它们对应的下标值。

算法分析：

(1) 这是一个求极值的问题。

(2) 利用循环从键盘输入 10 个整数，并赋值给数组 a 的相应数组元素，用 max 和 min 变量分别存放这个组数中的最大数和最小数。

(3) 把第一个数值 a[0] 赋给 max 和 min，然后用 max 和 min 与其他数组元素的值进行比较，如果 a[i]>=max，则 a[i]→max，并记下最大数的位置 i→j；如果 a[i]<=min，则 a[i]→min，并记下最小数的位置 i→k；比较结束后，max 的值即为最大数，j 即为最大数的下标，min 的值即为最小数，k 即为最小数的下标。

```
/* exp6-5 */
#include "stdio.h"
int main( )
```

```
{
    int i, a[10];
    int max, min, j ,k;
    printf("\n请输入 10 个整数：");
    for(i = 0; i < 10; i++)
    {
        scanf("%d", &a[i]);            /* 从键盘输入 10 个数据 */
    }
    max = a[0]; min = a[0];            /* 第一个数赋给 max 和 min */
    for(i = 0; i < 10; i++)
    {
        if(max <= a[i])
        {
            j = i;                     /* 记下最大数的下标 */
            max = a[i];                /* 数值赋给 max */
        }
        if(min >= a[i])
        {
            k = i;                     /* 记下最小数的下标 */
            min = a[i];                /* 数值赋给 min */
        }
    }
    printf("最大数为 a[%d]=%d, 最小数为 a[%d]=%d\n", j, max, k ,min);
    return 0;
}
```

程序运行结果：

```
请输入10个整数：2 6 8 62 18 53 21 98 10 7
最大数为a[7]=98, 最小数为a[0]=2
Press any key to continue
```

请思考：求最大数前，能否将 max 的值设置为 0，即将 max=a[0] 改为 max=0？

【例 6-6】 用冒泡法对 10 个整数从小到大进行排序，并输出。

排序是数据处理中的一个重要算法，它将一个数组中随机无序的数按某一关键字排列成有序的序列，如学生成绩需要按成绩的高低排序、英语辞典需要按字母的顺序排序、电话号码本需要按姓氏笔画排序等。

排序有很多种方法，下面介绍两种常见的排序方法。

(1) 冒泡排序

冒泡排序又称为起泡法，它从头到尾每次都对相邻的两个数进行比较，将较大(或较小)的数交换到后一个元素中，每一轮的比较都在没有排好的数据中，找出最大数(或最小数)放在这些数的后面。

如果要对 n 个数据按由小到大的次序排列，就需要进行 n-1 轮的比较。

第一轮需要比较 n-1 次，在 n 个数中找出最大数放在数组的最后一个数组元素中；

第二轮将对剩下的前 n-1 个数进行比较，需要比较 (n-1)-1 次，将前 n-1 个数中的最大者放入数组的倒数第二数组元素中；

……

以此类推，第 n-1 轮需要进行 1 次比较，将剩下的 2 个数中的较大者放入 a[1] 中，将最小的数放入 a[0] 中。

当第 $n-1$ 轮比较完成后，所有的数据都按照升序在数组中排列。这种排序方法就像水中的气泡向上冒出一样，而较大的数据向下沉。

算法分析：

将 10 个整数放到 a 数组的 a[0]~a[9]中。

第一轮(需要比较 9 次) 1 5 9 -2 8 7 3 10 0 4

第 1 次：a[0]与 a[1]比较 1 5 9 -2 8 7 3 10 0 4

第 2 次：a[1]与 a[2]比较 1 5 9 -2 8 7 3 10 0 4

第 3 次：a[2]与 a[3]比较 1 5 -2 9 8 7 3 10 0 4

第 4 次：a[3]与 a[4]比较 1 5 -2 8 9 7 3 10 0 4

第 5 次：a[4]与 a[5]比较 1 5 -2 8 7 9 3 10 0 4

第 6 次：a[5]与 a[6]比较 1 5 -2 8 7 3 9 10 0 4

第 7 次：a[6]与 a[7]比较 1 5 -2 8 7 3 9 10 0 4

第 8 次：a[7]与 a[8]比较 1 5 -2 8 7 3 9 0 10 4

第 9 次：a[8]与 a[9]比较 1 5 -2 8 7 3 9 0 4 10

第二轮(需要比较 8 次)

……

第 8 次：a[7]与 a[8]比较 1 -2 5 7 3 8 0 4 9 10

……

第九轮(只比较 1 次)

第 1 次：a[0]与 a[1]比较-2 0 1 3 4 5 7 8 9 10

从上面的比较可看出，它是从前向后依次比较 2 个相邻的元素，如 a[0]和 a[1]，如果 a[0]>a[1]，则交换 a[0]和 a[1]，否则不交换。经过一次比较后 a[0]小于 a[1]，继续向后比较，如 a[1]和 a[2]，a[2]和 a[3]……直到最后 a[8]和 a[9]比较，经过 9 次的比较后，将所有数据中的最大数推到了最后，这称为一轮排序；以此类推，对余下的数据进行比较，一共进行 9 轮排序，完成 10 个数据的升序排列。

根据算法分析，用一维数组来编程序，它包括：定义数组、输入数组、冒泡排序、输出排序后的数组这 4 个部分。使用一个双层循环，外循环负责轮数，10 个数据需要 9 轮，外循环 9 次，内循环负责依次选择 2 个相邻的数进行比较，决定是否交换，内循环的次数取决于剩余数组元素的个数。随着外循环的进行，剩余数据的个数也越来越少，因此内循环的次数也越来越少。

```c
/* exp6-6-1 方法 1 */
#include "stdio.h"
int main( )
{
    int i, j, a[10], t;
    printf("\n 排序前的数组为：");
    for(i = 0; i < 10; i++)
    {
        scanf("%d", &a[i]);              /* 输入排序前的数组元素 */
    }
    printf("\n");
```

```
    for(i = 0; i < 9; i++)              /* 共需 9 轮比较，负责进行的轮数 */
    {
        for(j = 0; j < 9-i; j++)         /* 第 i 轮共需 9-i 次比较 */
        {
                                          /* 如前一个元素比后一个元素大，对调两个元素 */
            if(a[j] > a[j+1])
            {
                t = a[j];
                a[j] = a[j+1];             /* 数组元素交换 */
                a[j+1] = t;
            }
        }
    }
    printf("\n排序后的数组为：");
    for(i = 0; i < 10; i++)
    {
        printf("%5d", a[i]);              /* 输出排序后的数组元素 */
    }
    printf("\n");
    return 0;
}
```

程序运行结果：

```
排序前的数组为：63 25 45 36 28 98 76 18 56 118

排序后的数组为：   18   25   28   36   45   56   63   76   98   118
Press any key to continue_
```

(2)选择排序

选择排序是在给定的数中查找最小数(或最大数)，将找到的最小数(或最大数)与最前面的第一个数交换位置，再在余下的数中查找最小数(或最大数)，再将此数与余下数中的第一个数交换位置。以此类推，一轮一轮地查找最小数(或最大数)，并与第一个数交换位置。因每轮都是在选择一个最小数(或最大数)，所以称为选择排序。

如果要对 n 个数据按由小到大的升序排列，就需要进行 $n-1$ 轮的比较。

每次都从数组中没有排好的子序列中找出一个最小数，与子序列最前面的一个元素交换，使最小数放在子序列的最前面。

第一轮需要比较 $n-1$ 次，在 n 个数中找出最小数与数组中的第一个元素(即 a[0])交换，使数组中的最小数放在数组的最前面；

第二轮将对剩下的 $n-1$ 个数进行比较，需要比较 $(n-1)-1$ 次，将 $n-1$ 个数中的最小数与子序列最前面的元素交换，也就是与数组中的第二个元素(即 a[1])交换，使子序列中的最小数放在子序列的最前面；

……

以此类推，第 $n-1$ 轮时，仅需要进行 1 次比较，将剩下的 2 个数中的小数与子序列的前面即 a[$n-2$]交换，使子序列中的最小数放在子序列的前面。

当第 $n-1$ 轮比较进行完后，所有的数据在数组中都已按照升序排列。

算法分析：对 a[10]数组中的 10 个数进行升序排序，首先找出 10 个数中的最小数，与 a[0]中的数交换位置；再在剩下的 9 个数中找出最小数，与 a[1]中的数交换位置；然后在剩下的 8 个数中找出最小数，与 a[2]中的数交换位置；以此类推，当还剩两个数时，选出两个数的最小者放在 a[8]中，另一个数就在最后一个位置 a[9]中，不再选择了。这样 10 个数排序，一共需要进行 9 轮的比较选择。

根据算法分析，用一维数组来编程序，它包括：定义数组、输入数组、选择排序、输出排序后的数组这 4 个部分。用一个双层循环，外循环负责进行的轮数，10 个数据需要 9 轮，外循环 i=0～8 共 9 次；内循环负责在数据中选择一个最小数，内循环的次数取决于剩余数组元素的个数，j=i+1～9，找到的最小数总是放到子序列的最前面，所以 j 的初值总是从 i+1 开始。算法流程图如图 6-3 所示。

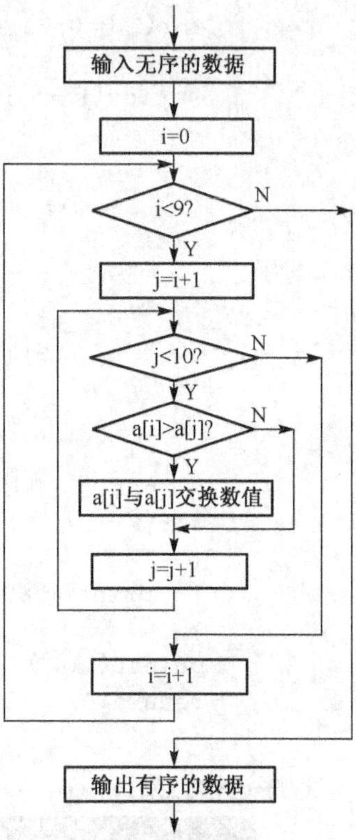

```
/* exp6-6-2 方法 2 */
#include "stdio.h"
int main( )
{
    int i, j, a[10], t;
    printf("\n 排序前的数组为：");
    for(i = 0; i < 10; i++)
    {
        scanf("%d", &a[i]);          /* 输入排序前的数组元素 */
    }
    printf("\n");
    for(i = 0; i < 9; i++)           /* 外循环控制比较轮数 */
    {
        for(j = i+1; j < 10; j++)    /* 内循环控制每轮比较的次数 */
        {
            if(a[i] > a[j])          /* 如果序列中的其他元素比第一个元素小就交换 */
            {
                t = a[i];
                a[i] = a[j];
                a[j] = t;            /* 数组元素交换 */
            }
        }
    }
    printf("\n 排序后的数组为：");
    for(i = 0; i < 10; i++)
    {
        printf("%5d", a[i]);         /* 输出排序后的数组元素 */
    }
    printf("\n");
    return 0;
}
```

图 6-3　算法流程图

程序运行结果与冒泡法排序的结果相同。

选择排序的第二种方法可以减少数组元素交换的次数，即在内循环的两数比较时，用一个变量记住每次比较出的较小数的下标和位置，在内循环中不再进行交换操作，内循环的比较结束后，将此变量记住的下标位置上的数与该序列的第一个数交换位置，每轮在剩下的数据序列里找最小数的下标，与该序列的第一个数交换位置。以此类推，直到最后一轮时，剩下两个数组元素的比较。程序如下：

```c
/* exp6-6-3 方法 3 */
#include "stdio.h"
int main( )
{
    int i, j, a[10], t, k;
    printf("\n 排序前的数组为：");
    for(i = 0; i < 10; i++)
    {
        scanf("%d", &a[i]);              /* 输入排序前的数组元素 */
    }
    printf("\n");
    for(i = 0; i < 9; i++)               /* 外循环控制比较轮数 */
    {
        k = i;                           /* 设最小数的位置 */
        for(j = i + 1; j < 10; j++)      /* 内循环控制每轮比较的次数 */
        {
            if(a[k] > a[j]) k = j;       /* 记下子序列中最小数的下标 */
        }
        t = a[i];
        a[i] = a[k];
        a[k] = t;                        /* 每轮循环数组元素仅交换一次 */
    }
    printf("\n 排序后的数组为：");
    for(i = 0; i < 10; i++)
    {
        printf("%5d", a[i]);             /* 输出排序后的数组元素 */
    }
    printf("\n");
    return 0;
}
```

程序运行结果与冒泡法排序的结果相同。

【例 6-7】 假设数组 a 中的数据已按由小到大顺序排列，即-12，0，6，16，23，56，80，100，110，115。从键盘输入一个数，判定该数是否在数组中，若在，输出所在序号；若不在，输出相应信息。

在程序设计时，经常会遇到给定一个由数据组成的序列，再给定一个条件，然后到序列中查找满足此条件的数据，查找到的数据就是需要的结果，这个过程称为查找。

查找的方法有多种，这里介绍两种常用的查找方法。

(1)顺序查找

顺序查找方法是拿给定的一个条件，依次顺序地比较，到序列中查找满足此条件的数据，直到查找成功，或全部查了一遍，都没有找到。

顺序查找方法对查找的表没有任何要求，查找的表有序或无序都可以使用，因为采取的是逐个比较，一次比较不满足，只能排除一个元素，因此查找的效率低，收敛的速度慢，只适合于查找表中的数据量不太大的情况，当数据量较多时，使用顺序查找方法将耗费大量的时间，它不适合于数据量大的情况。

(2) 折半查找

折半查找是一种适合于有序表的查找方法，它要求查找表必须是有序的。

基本算法：取查找表中间位置的一个数进行比较，有以下三种可能（假设表中数据按升序排列）。

① 如果所查找的数据等于中间位置的数据，则查找成功，结束循环；

② 如果所查找的数据大于中间位置的数据，则所查找的数据不可能在前一半，可以将下一次的查找空间缩到后一半；

③ 如果所查找的数据小于中间位置的数据，则所查找的数据不可能在后一半，可以将下一次的查找空间缩到前一半。

这种方法经过一次比较，可能成功，也可能一次就排除了一半数据，在缩小了一半的序列中再取中间位置的数据进行比较，每次都会将查找范围缩小一半，直到查找成功或区间再也无法缩小时为止。

这种方法收敛的速度较快，逼近目标的速度也较快，而且查找表中的数据量越大，效果越明显。折半查找的方法如图 6-4 所示。

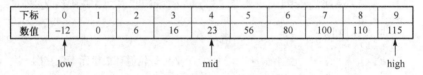

下标	0	1	2	3	4	5	6	7	8	9
数值	-12	0	6	16	23	56	80	100	110	115

图 6-4　折半查找方法的示意图

```c
/* exp6-7 折半查找 */
#define M 10
#include "stdio.h"
int main( )
{
    int a[M] = {-12, 0, 6, 16, 23, 56, 80, 100, 110, 115};   /* 有序表 */
    int n, low, mid, high, found;
    low = 0; high = M-1;              /* 设上界和下界 */
    found = 0;                        /* 设标志变量 */
    printf("Input a number to be searched:");
    scanf("%d", &n);                  /* 输入要查找的数 */
    while(low <= high)
    {
        mid = (low + high) / 2;    /* 取中间位置 */
        if(n == a[mid])
        {
            found = 1;
            break;                     /* 找到数据，结束循环 */
        }
        else if(n > a[mid])
        {
            low = mid + 1;             /* 缩小到后一半，修改下界 */
        }
        else
        {
```

```
            high = mid - 1;          /* 缩小到前一半，修改上界 */
        }
    }
    if(found == 1)
        printf("The index of %d is %d\n", n, mid);    /* 输出找到的位置 */
    else
        printf("There is not  %d\n", n);              /* 输出没有找到 */
    return 0;
}
```

程序运行结果：

```
Input a number to be searched:16
The index of 16 is 3
Press any key to continue_
```

在程序设计中，大批量的数据一般都有一个特征——有序，如英语辞典、学生成绩等。英语辞典按 26 个字母的顺序排列，学生成绩一般按学号排列，采取折半查找方法，可以大大提高查找数据的速度。

6.3　多　维　数　组

在 C 语言中，有多个下标的数组称为多维数组。实际问题中，有很多需要用二维或多维数组来表示，如数学上的矩阵、线性方程等。本节重点介绍二维数组。

6.3.1　二维数组的定义

二维数组是数组中的元素有两个下标的数组。二维数组也必须先定义，后使用。

1．二维数组定义的一般形式

　　类型说明符 数组名[常量表达式 1][常量表达式 2]；

2．功能

为指定的数组分配相应字节的存储单元。

3．说明

（1）类型说明符、数组名的命名、常量表达式的含义都和一维数组的相同。

（2）二维数组有两个下标，常量表达式 1 表示第一维行下标的长度，常量表达式 2 表示第二维列下标的长度，它们的起始值也从 0 开始。二维数组中总元素的数量为二者之乘积。例如：

　　floatscore[10][5];

定义 score 数组为实型的二维数组，其中有 10 行 5 列共计 50 个数组元素；而

　　int num[3][5];

定义 num 数组为整型的二维数组，其中有 3 行 5 列共计 15 个数组元素。又如：

　　int a[3][4];

定义了 a 为整型的 3 行 4 列的数组，该数组的元素共有 12 个，即

```
a[0][0]  a[0][1]  a[0][2]  a[0][3]
a[1][0]  a[1][1]  a[1][2]  a[1][3]
a[2][0]  a[2][1]  a[2][2]  a[2][3]
```

二维数组从形式上就像数学中的矩阵，由行、列组成，二维数组的第一维长度表示矩阵的行数，第二维长度表示矩阵的列数。

多维数组的定义与二维数组类似。例如：

```
int b[2][2][3];
```

定义了一个三维的整型数组。三维数组 b 的 12 个元素是：

```
b[0][0][0]  b[0][0][1]  b[0][0][2]
b[0][1][0]  b[0][1][1]  b[0][1][2]
b[1][0][0]  b[1][0][1]  b[1][0][2]
b[1][1][0]  b[1][1][1]  b[1][1][2]
```

6.3.2 二维数组的引用

1. 二维数组元素引用的一般形式

```
数组名[行下标][列下标];
```

二维数组中的每一个数组元素都可以作为一个变量来使用，可以输入和输出、参加运算、出现在赋值号的左边进行赋值等。例如，定义一个 4 行 3 列的实型数组

```
float a[4][3];
```

则以下均为合法的引用形式：

```
a[0][0] = 5;
a[1][0] += a[0][0] + 3 * a[0][1];
a[1][1] = a[1][0] + 10;
scanf("%d", &a[2][0]);
printf("%d", a[2][2]);printf("%d", a[0][0]);
```

2. 二维数组的输入和输出

由于二维数组表示的是二维表格形式的数据，因此，给二维数组所有元素都赋值或输出时，需要使用双层循环来实现。

（1）输入

```
int a[2][3], i, j;
for(i = 0; i < 2; i++)
{
    for(j = 0; j < 3; j++)
    {
        scanf("%d", &a[i][j]);    /* 输入数据到二维数组中 */
    }
}
```

外循环控制行的变化，内循环控制列的变化，按先行后列的原则。

（2）输出

```
for(i = 0; i < 2; i++)
{
    for(j = 0; j < 3; j++)          /* 循环三次，输出一行共三个元素 */
    {
        printf("%4d", a[i][j]);
    }
    printf("\n");                   /* 输出一行后换行，再输出下一行 */
}
```

6.3.3 二维数组的存储

计算机内存的编码规则是线性的，系统会为数组在内存中分配一段连续的内存空间，将二维数组元素按先行后列的顺序存储在所分配的内存区域内。例如，定义数组

```
int a[2][3];
```

其在计算机内存中的存储顺序如图 6-5 所示。即首先存放 0 行的 3 个元素 a[0][0]、a[0][1] 和 a[0][2]，再存放 1 行的 3 个元素 a[1][0]、a[1][1] 和 a[1][2]。

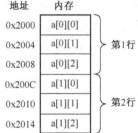

图 6-5　存储顺序

6.3.4 二维数组的初始化

二维数组的初始化与一维数组的相同。在定义二维数组的同时，直接为二维数组中的元素赋初值。

1．一般形式

```
类型说明符 数组名[常量表达式1][常量表达式2] = {初值表};
```

2．说明

(1)将所有初值写在一个花括号内，则按内存的顺序给各元素赋初值。例如：

```
int a[2][3] = {1, 2, 3, 4, 5, 6};
```

定义整型数组 a，并依次为各元素赋初值为 1,2,3,4,5,6，即第 0 行得到 1,2,3，第 1 行得到 4,5,6。

(2)初值表内有花括号，每个花括号内的数据对应一行元素，花括号用以区分各行。例如：

```
int a[2][3] = {{1, 2, 3},{4, 5, 6}};
```

定义整型数组 a，第 0 行得到 1,2,3，第 1 行得到 4,5,6，与 int a[2][3] = {1, 2, 3, 4, 5, 6};的效果相同。

(3)只为部分元素赋初值，必须用花括号区分，没有初值对应的元素赋 0 值。例如：

```
int a[2][3] = {{1},{4,5}};        a 数组的元素依次为 1,0,0,4,5,0
int a[2][3] = {1,4,5};            a 数组的元素依次为 1,4,5,0,0,0
```

(4)给全部元素赋初值或分行初始化时，可不指定第一维大小，其大小由系统根据初值数目与列数(第二维)自动确定，但必须指定第二维的大小。例如：

```
int a[ ][3] = {1, 2, 3, 4, 5, 6};
```

说明整型数组 a，并依次赋初值为 1,2,3,4,5,6。省略了第一维的常量表达式，但有 6 个数据，数组的大小为 2×3=6 个。

6.3.5 二维数组应用举例

【例 6-8】 输出以下 4×4 的矩阵。

$$\begin{bmatrix} 1 & 0 & 0 & 0 \\ 1 & 1 & 0 & 0 \\ 1 & 1 & 1 & 0 \\ 1 & 1 & 1 & 1 \end{bmatrix}$$

算法分析：方阵的主对角线是从左上角到右下角，副对角线是从右上角到左下角，主对角线以上称为上三角，主对角线以下称为下三角，它的上三角的元素均为 0，下三角的元素均为 1。

该例的数据结构使用二维数组，二维数组的行下标和列下标的变化过程用双层循环来实现控制，将二维数组的两个下标与双层循环变量的值相结合，即行下标作为外循环变量控制行的变化，列下标作为内循环变量控制列的变化，这样就可以访问到二维数组中的每一个元素。

```c
/* exp6-8 */
#include "stdio.h"
int main( )
{
    int i, j;
    int a[4][4];
    for(i = 0; i < 4; i++)              /* 外循环控制行 */
    {
        for(j = 0; j < 4; j++)          /* 内循环控制列 */
        {
            if(i >= j)
                a[i][j] = 1;            /* 下三角赋 1 */
            else
                a[i][j] = 0;            /* 上三角赋 0 */
        }
    }
    for(i = 0; i < 4; i++)
    {
        for(j = 0; j <4; j++)
        {
            printf("%4d", a[i][j]);     /* 输出数据 */
        }
        printf("\n");                   /* 一行输完后换行 */
    }
    return 0;
}
```

程序运行结果：

```
   1    0    0    0
   1    1    0    0
   1    1    1    0
   1    1    1    1
Press any key to continue
```

【例 6-9】 求以下二维数组 a 中的最大值、最小值及主对角线元素的和。

$$\begin{bmatrix} 4 & 4 & 34 \\ 37 & 3 & 12 \\ 5 & 6 & 5 \end{bmatrix}$$

算法分析：这是二维数组求极值的问题。在二维数组中找最大值、最小值的方法与一维数组的方法相同，只是数据由 a[i][j] 来访问，先使 max=a[0][0]，min=a[0][0]，用双层循环按先行后列的顺序去访问每一个数，比较 a[i][j]>max 或 a[i][j]<min。如果满足条件，就把 a[i][j]→max 或 a[i][j]→min。循环结束，max 中存的是最大值，min 中存的是最小值。

涉及主对角线的矩阵必须是一个方阵，当行和列的下标值相等时，a[i][j] 就是主对角线上的元素。

```
/* exp6-9 */
#include "stdio.h"
int main( )
{
    int a[3][3] = {4, 4, 34, 37, 3, 12, 5, 6, 5}, i, j, max, min, s;
    max = min = a[0][0];              /* 第一个数赋给 max 和 min */
    s = 0;
    for(i = 0; i < 3; i++)
    {
        for(j = 0; j < 3; j++)
        {
            if(max < a[i][j])
                max = a[i][j];        /* 找最大值 */
            if(min > a[i][j])
                min = a[i][j];        /* 找最小值 */
            if(i == j)
                s = s + a[i][j];      /* 主对角线上元素求和 */
        }
    }
    printf("The max is: %d\n", max);
    printf("The min is: %d\n", min);
    printf("s= %d\n", s);
    return 0;
}
```

程序运行结果：

```
The max is: 37
The min is: 3
s= 12
Press any key to continue
```

请思考：若要计算副对角线上元素的和，使用 s=s+a[i][2-i];对吗？如果要同时记下最大值的下标，程序该怎么改写？

【例6-10】 求矩阵的转置矩阵(将一个二维数组的行和列互换，存到另一个二维数组中)，例如：

$$a = \begin{bmatrix} 1 & 2 & 3 \\ 4 & 5 & 6 \end{bmatrix} \qquad b = \begin{bmatrix} 1 & 4 \\ 2 & 5 \\ 3 & 6 \end{bmatrix}$$

算法分析：一个矩阵的转置矩阵的实现，是将一个矩阵行上的元素转置成新矩阵列上的元素，列上的元素转置成新矩阵行上的元素。

将 a 数组中 i 行 j 列的元素转变为 b 数组中 j 行 i 列的元素，即 b[j][i] = a[i][j]。采用二维数组，利用双层循环实现转置。

```
/* exp6-10-1 */
#include "stdio.h"
int main( )
{
    int a[2][3] = {{1, 2, 3},{4, 5, 6}};
    int b[3][2], i, j;
    for(i = 0; i <= 1; i++)
```

```
        {
            for(j = 0; j <= 2; j++)
            {
                b[j][i] = a[i][j];        /* 实现转置，将 a 数组的值转置后放到 b 数组里 */
            }
        }
        printf("array a:\n");
        for(i = 0; i <= 1; i++)
        {
            for(j = 0; j <= 2; j++)
            {
                printf("%5d", a[i][j]);        /* 输出 a 数组 */
            }
            printf("\n");
        }
        printf("array b:\n");
        for(i = 0; i <= 2; i++)
        {
            for(j = 0; j <= 1; j++)
            {
                printf("%5d"", b[i][j]);        /* 输出转置后的 b 数组 */
            }
            printf("\n");
        }
        return 0;
    }
```

程序运行结果：

```
array a:
    1    2    3
    4    5    6
array b:
    1    4
    2    5
    3    6
Press any key to continue_
```

若要求一个方阵的转置矩阵，可以在一个数组(行和列相同的数组)中，用数组元素的交换来实现转置。分析转置阵的特征，不难发现将 i 行 j 列的元素转变为 j 行 i 列元素的同时，j 行 i 列的元素也转变为 i 行 j 列的元素，以主对角线为界，将主对角线上下两部分的元素互换即可，即 a[i][j] 与 a[j][i] 互相交换。可以利用这个特性将矩阵转置，程序如下：

```
/* exp6-10-2 */
#include "stdio.h"
int main( )
{
    int i, j, t;
    int a[3][3] = {1, 2, 3, 4, 5, 6, 7, 8, 9};    /* 定义原数组 */
    printf("转置前原矩阵：\n");
    for(i = 0; i < 3; i++)
    {
        for(j = 0; j < 3; j++)
        {
            printf("%4d", a[i][j]);            /* 输出原数组 */
        }
        printf("\n");/* 换行 */
```

```
    }
    printf("转置后新矩阵：\n");
    for(i = 0; i < 3; i++)                        /* 外循环控制行 */
    {
        for(j = 0; j < i; j++)                    /* 注意内循环范围，用 j<i 控制 */
        {
            t = a[i][j];/* 互换元素 */
            a[i][j] = a[j][i];
            a[j][i] = t;
        }
    }
    for(i = 0; i<3; i++)
    {
        for(j = 0; j < 3; j++)
        {
            printf("%4d", a[i][j]);               /* 输出转置后的新数组 */
        }
        printf("\n");/* 换行 */
    }
    return 0;
}
```

互相交换的数据如图 6-6 所示。

程序运行结果：

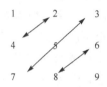

图 6-6　互相交换的数据

【例 6-11】　有 10 个学生，每人考了 6 门功课，统计每个学生的总分，输出总分在 530 分以上的学生的成绩。

算法分析：定义一个 11 行 7 列的二维数组存放 10 个学生 6 门课的成绩。例如，将第一个学生的成绩存入 a[1][1], a[1][2], a[1][3], a[1][4], a[1][5], a[1][6]中，再定义两个一维数组 k[11] 和 s[11]，分别存放学生的学号和 6 门课成绩的总分。

采用双层循环，外循环控制 10 行，是 10 个学生；内循环输入每个学生的 6 门课的成绩，输入一个，求一次累加和，内循环结束，就求出了一个学生的总分。接着判断是否大于 530 分，若大于 530 分，则输出对应的学号和成绩。程序如下：

```
/* exp6-11 */
#include "stdio.h"
int main( )
{
    int i, j, k[11], s[11], a[11][7];
    for(i = 1; i <= 10; i++)
    {
        s[i] = 0;                    /* 存放 10 个学生的总分 */
        scanf("%d", &k[i]);          /* 输入 10 个学生的学号 */
        for(j = 1; j <= 6; j++)
        {
```

```
                scanf("%d", &a[i][j]);        /* 输入每个学生 6 门课的成绩 */
                s[i] = s[i] + a[i][j];        /* 计算每个学生的总分 */
            }
            if(s[i] >= 530)
                printf("%d,%d\n", k[i], s[i]);
                                              /* 输出每个学生的学号和总分 */
        }
        return 0;
    }
```

该程序中，将双层循环控制变量的初始值都赋为 1，即 i=1，j=1。定义数组时要多定义一个存储单元，如 int k[11]，下标为 0 的存储单元可以不使用。

6.4 字 符 数 组

6.4.1 字符数组的定义与初始化

1．字符串的存储

在 C 语言中，用一对双引号括起来的一串字符序列称为字符串或字符串常量，如"student"，它以'\0'作为结束标志。

用来存放字符型数据的数组称为字符数组。C 语言中不为字符串提供对应的字符串变量，而是用一个字符数组来存放字符串的，或者说，字符数组中的每个元素存放一个字符。一维字符数组可以存放一个字符串，二维字符数组可以存放多个字符串。

字符数组的定义、初始化、引用等都与其他类型的数组相同。不同的是，在存储字符串时，系统会自动为每个字符串加一个字符串结束标志'\0'，占用一个字节的存储单元，也存入数组，但不计入字符串的实际长度。通常对字符数组进行数据处理时，用'\0'标志作为访问字符串的结束条件，不用字符数组的长度来控制字符串的结束。

2．字符数组的定义

字符数组定义的一般形式为：

```
char 数组名[常量表达式];
char 数组名[常量表达式1][常量表达式2];
```

字符数组与其他类型的数组相同，也必须先定义，后使用。例如：

```
char c[10];
```

定义 c 为一维字符数组，存放 10 个字符，每个字符占 1 个字节，分配了 10 个字节。又如：

```
char b[3][10];
```

定义 b 为二维字符数组，可以存放 3 个长度为 10 的字符串，分配 3×10=30 字节。

3．字符数组的初始化

字符数组的初始化就是在定义数组的同时对数组元素赋以初值。可以通过两种方法进行初始化。

(1)用字符型数据对字符数组初始化。例如：

```
char c[6] = {'C', 'h', 'i', 'n', 'a', '\0'};
```

定义字符数组 c 有 6 个元素，由于末尾有结束标志'\0'，因此 c 字符数组只能存放长度为 5 的字符串。又如：

```
char c[ ] = {'C', 'h', 'i', 'n', 'a', '\0'};
```

它定义时省略了数组的长度，由于有 6 个元素，其效果与前一个例子相同。再如：

```
char c[ ] = {'C', 'h', 'i', 'n', 'a'};
```

它定义时同样省略了长度，由于有 5 个元素，因此系统默认数组长度为 5，由于末尾没有人为地加上结束标志'\0'，也没有为'\0'预留一个字节的存储空间，因此不能将其作为字符串使用，它只是一个字符数组。只有当字符数组的末尾有结束标志'\0'时，才能作为字符串，所以用此方法为字符数组初始化时，必须人为地加上结束标志'\0'。

（2）用字符串常量直接对字符数组初始化。例如：

```
char c[6] = {"China"};
```

它定义时数组的长度是 6，字符有 5 个，系统自动在末尾加上'\0'，字符数组 c 在内存中存储为 China\0。又如：

```
char c[ ] = {"China"};
```

它定义时省略了数组的长度，由于是双引号引起的字符串，有 5 个字符，系统自动加上'\0'，长度仍为 6，其效果与上相同。再如：

```
char c[5] = {"China"};
```

它定义数组的长度为 5，字符串的末尾'\0'没有空间，存储超过数组下标的范围，出错。此外，

```
char c[3][10] = {"Beijing", "Shanghai", "guangzhou"};
```

定义一个二维字符数组，可存放 3 个长度为 10 的字符串，每个字符串后都加'\0'，其在内存中的存储形式如图 6-7 所示。

B	e	i	j	i	n	g	\0		
S	h	a	n	g	h	a	i	\0	
G	u	a	n	g	z	h	o	u	\0

图 6-7　二维字符数组的存储形式

注意：定义时，字符数组中有 n 个字符，数组的长度一定为 $n+1$，多出的一个存放'\0'。

6.4.2　字符数组的输入和输出

在定义了字符数组后，可以有三种方式输入和输出字符数组中的数据。

1. 用格式符%c 输入和输出单个字符

【例 6-12】　从键盘输入字符串 how are you，并输出。

用初始化的方法对字符数组在定义的同时输入字符。本例采用格式符%c 逐个进行输入和输出。

```
/* exp6-12-1 */
#include "stdio.h"
int main( )
{
    int i;
    char a[12];
```

```
    for(i = 0; i < 12; i++)
    {
        scanf("%c", &a[i]);                /* 输入 a 数组 */
    }
    printf("\n");
    for(i = 0; i < 12; i++)
    {
        printf("%c", a[i]);                /* 输出 a 数组 */
    }
    printf("\n");
    return 0;
}
```

程序运行结果：

```
how are you

how are you

Press any key to continue
```

2. 用格式符%s 整体输入和输出

用格式符%s 将整个字符串一次输入和输出，输入上例的字符串 how are you。

```
/* exp6-12-2 */
#include "stdio.h"
int main( )
{
    char a[12];
    printf("输入字符串：");
    scanf("%s", a);                    /* 输入 a 数组 */
    printf("输出字符串：");
    printf("%s", a);                   /* 输出 a 数组 */
    printf("\n");
    return 0;
}
```

程序运行结果：

```
输入字符串： how are you
输出字符串： how
Press any key to continue
```

程序分析：从 exp6-12-1 的结果中可以看到空格也是作为一个字符输入的，而在 exp6-12-2 中，虽然输入了相同的字符，但系统只接收了空格以前的字符，就自动加上字符串结束标志'\0'。

用%s 输入字符串时，要注意两点：

(1)字符数组名 a 本身代表字符数组的首地址，所以在 scanf( )函数中，a 前面不能再加取地址运算符&；

(2)如果输入了空格、回车、跳格符之类的分隔符，则系统认为输入到此结束，因此，用%s 输入字符串时，字符串中不能含有空格、回车、跳格符类的分隔符。

3. 用字符串输入和输出函数整体输入和输出

为了解决 scanf( )函数中的格式符%s 遇到空格、回车、跳格符就结束的字符串的输入问题，C 语言提供了最适合字符串的输入函数 gets( )和输出函数 puts( )。

(1)字符串输入函数

格式：gets(字符数组名)

功能：从键盘输入一个字符串(可以包括空格)到字符数组，以回车换行符号作为字符串输入结束标志，并将该符号转换为字符串结束标志'\0'存入字符数组中，这与 scanf( )函数不同。

输入的字符串中如果有转义字符，转义字符只是普通字符，如\t 被当做两个字符。

(2)字符串输出函数

格式：puts(字符数组名或字符串名)

功能：将字符数组中的字符串输出到屏幕上，并将字符串结束标志'\0'转换为换行符。

注意：使用字符串输入和输出函数时，应在程序的开始加上文件包含预处理命令：

```
#include "stdio.h"
```

例如，输入字符串 how are you 并输出。

```
/* exp6-12-3 */
#include "stdio.h"
int main( )
{
    char a[12];
    printf("输入字符串：  ");
    gets(a);                    /* 输入 a 数组 */
    printf("输出字符串：  ");
    puts(a);                    /* 输出 a 数组 */
    printf("\n");
    return 0;
}
```

程序运行结果：

```
输入字符串：how are you
输出字符串：how are you

Press any key to continue_
```

从程序的运行结果可以看出，使用 gets( )输入函数，字符串中的空格也作为字符进行输入，puts( )输出函数也将字符串整体输出，所以 gets( )和 puts( )函数是最常用、最适合于字符串的输入和输出的。

6.4.3　常用的字符串处理函数

C 编译系统为用户提供了丰富的字符串处理函数，包括字符串的连接、复制、比较、转换等，使用这些函数为用户处理字符提供了简单方便的途径。

字符串函数声明被包含在 string.h 头文件中，使用时，应在程序的开始加上文件包含预处理命令：

```
#include "string.h"
```

下面介绍几个最常用的字符串处理函数。

1. 测字符串长度函数

格式：strlen(字符串常量或字符数组名)

功能：测试字符串或字符数组中除'\0'以外的字符的个数，返回值是字符串的长度。

说明：函数返回值的数据类型为整型，如果字符串为空串，结果为0。

例如：

```
#include "string.h"
#include "stdio.h"
int main( )
{
    char c1[10] = "abcdefg";
    char c2[10] = "123";
    printf("%s\t\t%d\n", c1, strlen(c1));
    printf("%s\t\t%d\n", c2, strlen(c2));
    return 0;
}
```

程序运行结果：

```
abcdefg            7
123                3
Press any key to continue
```

【例6-13】 从键盘输入一行由小写字母组成的字符串，将其转换成大写字母输出。

```
/* exp6-13 */
#include "string.h"
#include "stdio.h"
int main( )
{
    char c1[50]; int i;
    gets(c1);
    for(i = 0; i < strlen(c1); i++)
        c1[i] = c1[i] - 32;   /* 小写字母转换成大写字母 */
    puts(c1);
    return 0;
}
```

程序运行结果：

```
abcdefg
ABCDEFG
Press any key to continue_
```

在程序中，使用 strlen( )函数来控制字符串的结束，但通常使用 c1[i]!='\0'来作为控制字符串的结束。

2. 字符串连接函数

格式：strcat(字符数组 1,字符数组 2 或字符串常量)

功能：将字符数组 2 中的字符串连接到字符数组 1 中的字符串的后面，组成一个新的字符串。

说明：字符串连接函数首先删除第一个字符串末尾的结束标志'\0'，接着将第二个字符串从第一个字符串的'\0'位置开始连接，形成一个新的字符串，且新的字符串存储在第一个字符串中，保留最后的'\0'，这样就要求第一个字符数组的长度至少是两个字符串的长度之和。

例如：

```
#include "string.h"
#include "stdio.h"
```

```
int main( )
{
    char c1[12] = "abcdefg";
    char c2[10] = "123";
    printf("%s\n", c1);
    strcat(c1, c2);
    printf("%s\n", c1);
    return 0;
}
```

执行连接函数后，数组 c1 在内存中的状态为：

c1	a	b	c	d	e	f	g	1	2	3	\0

程序运行结果：

```
abcdefg
abcdefg123
Press any key to continue
```

3. 字符串复制函数

格式：strcpy(字符数组 1,字符数组 2 或字符串常量)

功能：将字符数组 2 中的字符串(包括结束标志'\0')复制到字符数组 1 中。

说明：第一个字符数组的长度必须足以容纳第二个字符串。

例如：

```
#include "string.h"
#include "stdio.h"
int main( )
{
    char c1[10] = "abcdefg";
    char c2[10] = "123";
    puts(c1);
    strcpy(c1, c2);
    puts(c1);
    return 0;
}
```

执行复制函数后，数组 c1 在内存中的状态为

c1	1	2	3	\0	e	f	g	\0		

程序运行结果：

```
abcdefg
123
Press any key to continue
```

字符串复制函数的扩展格式为：

```
strcpy(字符数组 1,字符数组 2, n)
```

它的功能是将字符数组 2 中字符串的前 n 个字符(包括结束标志'\0')复制到字符数组 1 中。例如，

```
char c1[10], c2[10] = "abcdefg";
strcpy(c1, c2, 3);
```

执行复制函数后，数组 c1 在内存中的状态为：

c1	a	b	c	\0					

从数组 c2 中取前 3 个字符 abc 复制到数组 c1 中。

4．字符串比较函数

格式：strcmp(字符数组 1,字符数组 2 或字符串常量)

功能：比较两个字符串的大小，它按照 ASCII 码值的顺序逐个字符地进行比较，直到出现字符不一样或遇到'\0'时为止。

说明：字符串比较后，函数的返回值有以下三种情况。

若字符串 1>字符串 2，则函数的返回值为一个大于 0 的正整数。

若字符串 1=字符串 2，则函数的返回值为 0。

若字符串 1<字符串 2，则函数的返回值为一个小于 0 的负整数。

例如：

```
char c1[10] = "abcde", c2[10] = "abbde";
int n;
n = strcmp(c1,c2);
```

执行比较函数时，按照 ASCII 码值的顺序对两个字符串逐个字符地进行比较，比较到第 3 个字符时，c1 字符串的'c'大于 c2 字符串的'b'，比较结束，函数的返回值 n=1。

5．小写字母转大写字母函数

格式：strupr(字符数组名)

功能：将字符串中的所有小写字母转为大写字母，其他字符不变。例如， strupr("abcde") 的函数值是 "ABCDE"。

6．大写字母转小写字母函数

格式：strlwr(字符数组名)

功能：将字符串中的所有大写字母转为小写字母，其他字符不变。例如， strlwr("ABCDE") 的函数值是 "abcde"。

6.4.4　字符数组的应用举例

【例 6-14】 利用循环实现字符数据的逆序输出。即原数据序列为 $a_0, a_1, a_2, \cdots, a_{n-1}$，倒过来的数据序列为 $a_{n-1}, a_{n-2}, \cdots, a_1, a_0$。

```
/* exp6-14 */
#include "stdio.h"
#include "string.h"
int main( )
{
    int i, k;
    char a[11];
    printf("please enter:");
    gets(a);
    k = strlen(a);
    for(i = k - 1; i >= 0; i--)        /* 循环变量递减 */
    {
        printf("%c  ", a[i]);          /* 从后向前输出 */
    }
```

```
    printf("\n");
    return 0;
}
```

程序运行结果：

```
please enter:ABCDEFGFIJ
J I F G F E D C B A
Press any key to continue
```

此程序仅仅是将输入到数组中的字符数据，按相反的顺序输出出来，并没有改变数据序列本身在数组中存储的位置。

【例6-15】 将一个字符串按逆序进行存放。

算法分析：逆序存放是将 a 数组中的字符串首尾交换，即第一个数与最后一个数交换位置，第二个数与倒数第二个数交换位置，数据是两两交换。以此类推，最后交换到中间的数组元素结束。交换的次数是字符串长度的一半（t=strlen(a)/2），它也是循环的次数。定义两个整型变量 i 和 j 作为下标，i 下标从前向后变化，j 下标从后向前变化，完成 a[i] 与 a[j−1] 的交换。

```c
/* exp6-15 */
#include "string.h"
#include "stdio.h"
int main( )
{
    char a[10], m;
    int i, j, t;
    gets(a);
    j = strlen(a); t = j / 2;
    for(i = 0; i < t; i++, j--)          /* i 从前向后递增，j 从后向前递减 */
    {
        m = a[i];
        a[i] = a[j-1];
        a[j-1] = m;                      /* 数据交换 */
    }
    puts(a);                             /* 输出逆序存放后的数组 */
    return 0;
}
```

程序运行结果：

```
ABCDEFGH
HGFEDCBA
Press any key to continue
```

此程序改变了数据序列本身在数组中存储的位置，将输入到数组中的数据又按反方向存储了起来，但程序未占用额外的数组空间，仅在交换的过程中多用了一个中间变量 m 的空间。

【例6-16】 删除指定的字符。

算法分析：要删除一个字符串中指定的某个字符去组成一个新的字符串，先要定义两个数组，对字符数组 1 中的字符逐个进行查找，把不是指定字符的其他字符赋到字符数组 2 中，是指定字符就跳过去，新的字符串中没有了指定的字符，等于删除。

```c
/* exp6-16 */
#include "string.h"
#include "stdio.h"
int main( )
{
```

```
        char s1[20], s2[20], c;
        int j = 0, i;
        gets(s1);
        scanf("%c", &c);                    /* 输入指定删除的字符 */
        for(i = 0; s1[i] != '\0'; i++)
        {
            if(s1[i] != c)                  /* 不是指定字符，赋到新数组里 */
            {
                s2[j] = s1[i]; j++;
            }
        }                                   /* 是指定字符就跳过，等于删除 */
        s2[j] = '\0';
        printf("%s\n", s2);
        return 0;
    }
```

程序运行结果：

```
you are student
u
yo are stdent
Press any key to continue
```

输入字符串 you are student，指定删除的字符 u，组成新的字符串 yo are stdent。

【例 6-17】 将一个数字组成的字符串转换成一个十进制数。从键盘输入的是 "5678"，则程序运行的结果应当为一个十进制数，即 n=5678。

算法分析：每一个数字字符与数字字符'0'的 ASCII 码值的差值就是这个数字的值，如 '5'– '0'=5，转换出一个数字，把它扩大 10 倍，再去转换下一个数字字符。

```
/* exp6-17 */
#include "stdio.h"
int main( )
{
    char s[10]; int i;
    long int n = 0;
    printf("输入数字字符串:");
    scanf("%s", s);                     /* 输入一个数字构成的字符串 */
    for(i = 0; s[i] != '\0'; i++)       /* 控制每次对一个字符进行转换 */
    {
        n = n * 10 + s[i] - '0';        /* 将字符转换成一个数字 */
    }
    printf("数值n=%ld\n", n);
    return 0;
}
```

程序运行结果：

```
输入数字字符串:5678
数值n=5678
Press any key to continue
```

【例 6-18】从键盘任意输入 5 个学生的姓名，找出按 ASCII 码顺序排在最前面的学生的姓名。

算法分析：

（1）输入 5 个学生的姓名，并放入一个二维字符数组 names 中，把 names[i]视为一维字符数组，每一行存放一个字符串。

（2）定义 min 为整型，保存姓名最小的数组下标，初值为 0，用这个最小的姓名和其他的姓名比较，如果其他姓名比最小的姓名小，min 存放这个姓名所在的数组下标。

（3）输出 names[min]，即为姓名最小者。

```c
/* exp6-18 */
#include "stdio.h"
#include "string.h"
int main( )
{
    char names[5][20];
    int i;
    int min;                                    /* 保存最小姓名数组的下标 */
    printf("请输入 5 个姓名：\n");
    for(i = 0; i < 5; i++)
    {
        gets(names[i]);
    }
    min = 0;
    for(i = 0; i < 5; i++)
    {
        if(strcmp(names[i],names[min]) < 0)    /* 比较姓名的大小 */
            min = i;
    }
    printf("\n 姓名最小值为(ASCII 码顺序)：");
    puts(names[min]);
    return 0;
}
```

程序运行结果：

```
请输入5个姓名：
zhang ping
liu hong
wang xia
huang qiang
bai yi lu

姓名最小值为（ASCII码顺序）：bai yi lu
Press any key to continue_
```

小　结

本章介绍了一维数组、二维数组、字符数组的定义和应用，以及常见的字符串函数的使用，通过各种实例介绍了数组的初始化、数组的存储、数组的引用及数组程序设计的思路和方法。

数值型的数组在输入/输出时，必须与循环相结合，逐个地对数组元素进行操作。字符数组的输入/输出，可以通过 gets( )、puts( )、scanf( )、printf( )函数来实现。

习　题　6

一、选择题

1. 有以下数组的定义，则数组下标的最小值和最大值为_____。

```c
int a[ ] = {1, 2, 3, 4, 5, 6, 7, 8, 9, 10};
```

A)1, 10　　　　　　　　B)0, 10　　　　　　　　C)0, 9　　　　　　　　D)1, 9

2. 有以下数组的定义，设 i=5，则数组元素 a[a[i]]的值为_____。

    int a[ ] = {1, 2, 3, 4, 5, 6, 7, 8, 9, 10};

A)5　　　　　　　　　　B)6　　　　　　　　　　C)7　　　　　　　　　　D)8

3. 下列语句中，正确的是_____。

    A)char a[3][ ] = {'abc', '1'};　　B)char a[ ][3] = {'abc', '1'};

    C)char a[3][ ] = {'a', "1"};　　D)char a[ ][3] = {"a", "1"};

4. 有以下数组的定义，元素 a[0][2]的值为_____。

    int a[2][3] = {1,2,3,4,5,6};

A)1　　　　　　　　　　B)2　　　　　　　　　　C)3　　　　　　　　　　D)4

5. 有以下数组的定义，则下面正确的叙述为_____。

    int a[2][3] = {0};

    A)只有元素 a[0][0]得到初始值 0

    B)数组的定义不正确

    C)只有元素 a[0][0]得到初始值 0，其他元素的值为随机数

    D)数组中的每一个元素得到初始值 0

6. 有以下数组的定义，则数组的长度和数组中的字符个数为_____。

    char a[ ] = {"hello!"};

A)6, 7　　　　　　　　B)7, 6　　　　　　　　C)6, 6　　　　　　　　D)7, 7

7. 有以下数组的定义，则将字符串 str2 赋给字符串 str1 的正确语句为_____。

    char str1[10], str2[10] = {"hello!"};

A)strcpy(str1,str2);　　　　　　　　B)strcpy(str2,str1);

C)str1 = str2;　　　　　　　　　　D)str2 = str1;

8. 以下程序的输出结果是_____。

```
#include "stdio.h"
int main( )
{
    int i, x[3][3] = {9, 8, 7, 6, 5, 4, 3, 2, 1};
    for(i = 0; i < 3; i += 1)
    {
        printf("%5d", x[1][i]);
    }
    return 0;
}
```

A)6 5 4　　　　　　B)9 6 3　　　　　　C)9 5 1　　　　　　D)9 8 7

9. 下面的程序运行后，输出结果是_____。

```
#include "stdio.h"
int main( )
{
    int a[10] = {1, 2, 3, 4, 5, 6}, i, j;
    for(i = 0; i < 6; i++)
    {
        j = a[i];
```

```
        a[i] = a[5-i];
        a[5-i] = j;
    }
    for(i = 0; i < 6; i++)
    {
        printf("%d ", a[i]);
    }
    return 0;
}
```

A)6 5 4 3 2 1   B)1 2 3 4 5 6   C)1 5 4 3 2 6   D)1 5 3 4 2 6

10. 以下程序的输出结果是_____。

```
#include "stdio.h"
int main( )
{
    char s[ ] = {"12134211"};
    int v[4] = {0, 0, 0, 0}, k, i;
    for(k = 0; s[k]; k++)
    {
        switch(s[k])
        {
            case '1': i = 0;
            case '2': i = 1;
            case '3': i = 2;
            case '4': i = 3;
        }
        v[i]++;
    }
    for(k = 0; k < 4; k++)
    {
        printf("%d  ", v[k]);
    }
    return 0;
}
```

A)4 2 1 1   B)0 0 0 8   C)4 6 7 8   D)8 8 8 8

二、填空题

1. 在 C 语言中，数组的下标从_____开始。

2. 设有定义语句 char a[ ]={"12345\0"};，则表达式 strlen(a) 的值为_____。

3. 判断字符串 s1 和字符串 s2 是否相等，应使用语句_____。

4. 语句 printf("%d\n", strlen("ATS\n012\1\\"));的输出结果是_____。

5. 把数组 a(大小为 100)中前 n 个元素中的最大值放入 a 的最后一个元素中，n 的值由键盘输入，请填空。

```
#include "stdio.h"
int main( )
{
    int a[100], i, n;
    _____;
    for(i = 0; i < n; i++)
    {
        scanf("%d", &a[i]);
    }
    a[99] = a[0];
```

```
        for(i = 1; i < n; i++)
        {
            if(a[99] < a[i]) a[99] = a[i];
        }
        printf("Max is %d\n",_____ );
        return 0;
    }
```

三、程序设计题

1. 将任意 10 个数输入一维数组，找出最大数放到最前面，最小数放到最后面。

2. 将一个数组中的值按逆序重新存放。例如，原来顺序为 9,6,7,8,3,5,2，要求存放为 2,5,3,8,7,6,9。

3. 有一个 5×5 的整型矩阵，分别求其主对角线和副对角线上元素之和。

4. 编写一程序，将 200～300 之间的素数存放到一个一维数组中，并统计出素数的个数。

5. 已知 10 个学生的 5 门课程的成绩，将其存入一个二维数组，求每一个学生的总成绩和每一个学生的平均成绩。

6. 由键盘任意输入两个字符串，不用库函数 strcat，将两个字符串连接起来。

7. 由键盘任意输入一个字符串，不用库函数 strlen，求它的长度。

8. 将无符号八进制数字构成的字符串转换为十进制整数。例如，输入的字符串为 556，则输出十进制整数 n=366。

9. 由键盘任意输入一个字符串，将其存入一个字符数组，统计其中的大写字母、小写字母、数字及其他字符的个数。

10. 由键盘任意输入 10 个学生的姓名(以拼音形式)，将它们按 ASCII 码的顺序从大到小排序。

11. 有一个已经排好序的数组，现输入一个数，要求按原来排序的规律将它插入到数组中。

12. 由键盘任意输入一字符串，对其进行加密，加密方法为：如果为字母，将其循环右移 2 个字母，其他字符保持不变。例如，原串为 ab12CDxyz，新串为 cd12EFzab。

13. 输出以下形式的杨辉三角形(要求输出 10 行)。

```
1
1   1
1   2   1
1   3   3   1
1   4   6   4   1
1   5   10   10   5   1
```

14. 输出一个"魔方阵"。魔方阵是指它的每一行的元素之和、每一列的元素之和都与对角线之和相等。

    例如，三阶魔方阵为：

```
8   1   6
3   5   7
4   9   2
```

第7章 函　　数

简单来说，函数就是组合在一起并且命名的语句集合。虽然"函数"这个术语来自数学，但是C语言的函数不同于数学函数。在C语言中函数不一定要有参数，也不一定要计算数值。

函数是C程序的基本组成单位。每个函数本质上是一个自带声明和语句的小程序。可以利用函数把一个程序划分成若干小块，这样便于用户理解和修改程序。函数可以避免重复多次使用的代码，使得编程不那么单调乏味，函数还可以复用，一个函数最初可能是某个程序的一部分，但也可以用于其他程序。

7.1　函数引入

"函数"是从英文function翻译过来的，function在英文里有"函数"之意，也有"功能"的意思。从本质意义上说，函数就是用来完成一定的功能，这样，函数的概念就比较容易理解了。函数名就是给该功能起的一个名字，如果该功能是用来实现数学运算的，就是数学类函数。因此，可以这样理解：函数就是功能，每一个函数用来实现一个特定的功能，函数的名字应反映其代表的功能。也可以这样来理解函数：函数是一块代码，接收0个或多个参数，做一件事情，并返回0个或1个值。因此，从逻辑上看，函数是能够完成特定功能的独立的代码段。从物理上看，函数能够接收数据(也可以不接收数据，即参数)，能够对接收的数据进行处理，能够将数据处理的结果返回(即返回值)。

首先看一下为什么需要函数。第一种情况，当函数的功能较多，规模较大，所有的代码写在main中时，会使得主函数变得复杂，从而使得程序的阅读和维护变得困难，如【例7-1】所示。

【例7-1】 输出100～200间的全部素数，并计算这些素数之和。

```
/* exp7-1-1 */
/* 不使用函数，输出100～200间的全部素数，并计算这些素数之和 */
#include "stdio.h"
#include "math.h"
int main( )
{
    int n, k, i, num = 0,sum = 0;        /* 定义整型变量 */
    for (n= 101;n <= 200; n = n+1)
    {
        k = sqrt( n);
        for(i = 2;i <= k ;i++ )                /* 内循环判断条件 */
        {
            if (n%i == 0)   break;          /* 一旦有除尽的数立即退出内循环 */
        }
        if (i > k)                              /* 退出内循环后满足此条件则是素数 */
        {
            printf("%4d", n);                  /* 输出素数 */
```

```
            num++;                                    /* 素数个数加 1 */
            sum+ = n;                                 /* 求素数和 */
            if ( num % 10 == 0)  printf("\n");        /* 每输出 10 个数就换行 */
        }
    }
    printf("\n100-200 之间的素数和是：%d\n ",sum); /* 整个循环结束输出素数和 */
    return 0;
}
```

程序分析：这个程序里只有一个 main() 函数，它实现了求 100～200 间的素数之和。在该程序中，求素数是一个很单纯、很独立的功能，如果能把求素数的代码抽取出来，主函数就会变得简单，更容易阅读。编写一个自己定义的函数求素数，程序代码如下。

```
/* exp7-1-2 */
/* 使用函数，输出 100～200 间的全部素数，并计算这些素数之和 */
#include "stdio.h"
#include "math.h"
int main( )
{
    int n,num=0,sum = 0;
    int isprime(int x);
    for (n= 101;n <= 200; n++)
    {
        if ( isprime(n) )                             /* 如果是素数 */
        {
            printf("%4d", n);                         /* 输出素数 */
            num++;                                    /* 素数个数加 1 */
            sum += n;                                 /* 求素数和 */
            if ( num%10 == 0)  printf("\n");          /* 每输出 10 个数就换行 */
        }
    }
    printf("\n100-200 之间的素数和是：%d\n ",sum);    /* 整个循环结束输出素数和 */
    return 0;
}
int isprime(int x)                                    /* 定义判断素数函数 */
{
    int i;
    for (i = 2; i <= sqrt(x); i ++)
    {
        if(x % i == 0)
        return  0;                                    /* 如果不是素数返回 0 */
    }
    return  1;                                        /* 如果是素数返回 1 */
}
```

程序分析：从整体上看，有两个函数，主函数 main() 和求素数函数 isprime()，其中 main() 函数只是实现了程序的框架，具体求素数的细节由 isprime() 函数完成。

使用函数后，程序结构清晰，如果运算结果有错误，直接查看对应的函数即可。main() 函数中只是声明函数和调用函数。注意，和变量一样，使用函数前也要先声明再使用。调用函数就是使用函数，执行到调用函数语句时，执行对应的函数。声明函数和调用函数将在后面详细说明。

使用函数的第二种情况是：有时候程序中要多次实现某一功能，需要多次编写实现此功能的代码，使得程序冗长。在这样的情况下，程序中的多个位置会出现重复语句段，避免重复的方法就是编写一个相应的函数，在需要的时候调用该函数即可，如【例7-2】所示。

【例7-2】 分别输出整数 a 与 b，c 与 d，e 与 f 中较小的值。

```
/* exp 7-2-1 */
/* 不使用函数，输出 a 与 b，c 与 d，e 与 f 中较小的值 */
#include "stdio.h"
int main( )
{
    int a,b,c,d,e,f;
    printf("请输入 a 与 b，c 与 d，e 与 f：\n");
    scanf("%d,%d,%d,%d,%d,%d",&a,&b,&c,&d,&e,&f);
    if(a<b)  printf("较小数是：%d\n",a);        /* a<b 则输出 a */
    else     printf("较小数是：%d\n",b);        /* a>=b 则输出 b */

    if(c<d)  printf("较小数是：%d\n",c);        /* c<d 则输出 c */
    else     printf("较小数是：%d\n",d);        /* c>=d 则输出 d */

    if(e<f)  printf("较小数是：%d\n",e);        /* e<f 则输出 e */
    else     printf("较小数是：%d\n",f);        /* e>=f 则输出 f */
    return 0;
}
```

程序分析：此程序中出现了三段几乎一模一样的代码。在现代程序设计方法中，"代码复制"是程序质量不良的表现。复制的代码意味着将来如果要去修改维护代码，需要维护很多处。

就像求素数和的程序一样，把这三段几乎一样的代码提取出来，编写成一个求两数中较小数的函数，重复使用该函数，可以避免代码重复，改写后的程序代码如下。

```
/* exp 7-2-2 */
/* 使用函数，输出整数 a 与 b，c 与 d，e 与 f 中较小的值 */
#include "stdio.h"
void min( int x, int y)
{
    if( x<y )  printf( "较小数是：%d\n", x );
    else  printf("较小数是：%d\n", y );
}
int main( )
{
    int a,b,c,d,e,f;
    void min( int x, int y);
    printf("请输入 a 与 b，c 与 d，e 与 f：\n");
    scanf("%d,%d,%d,%d,%d,%d",&a,&b,&c,&d,&e,&f);
    min(a,b);               /* 调用 min 函数 */
    min(c,d);               /* 调用 min 函数 */
    min(e,f);               /* 调用 min 函数 */
    return 0;
}
```

程序分析：程序中有两个函数，main( )函数和 min( )函数。定义了自己的函数，就可以在程序的任何地方来调用这个函数。如 main( )函数中三次调用 min( )函数。

通过以上两个例子，可以知道使用函数后便于实现代码模块化和代码重用。因此，在设计一个较大的程序时，往往把它分为若干个程序模块，每一个模块包括一个或多个函数，每个函数实现一个特定的功能。在程序设计中善于利用函数可以减少重复编写程序段的工作量,同时可以方便地实现模块化的程序设计。

7.2 函 数 定 义

C 语言要求在程序中用到的函数必须先定义,然后才能使用。定义函数应包括以下几方面内容:

(1)定义函数名,便于以后按照函数名进行函数调用;

(2)定义函数的类型,即函数返回值的类型;

(3)定义函数参数的名称与类型,便于函数调用时传递参数,无参函数不需要定义这一项;

(4)定义函数实现的功能,函数的功能在函数体中实现。

从函数定义的角度可以将函数划分为两类,即标准库函数和用户自定义函数。

(1)C 语言提供了大量的实现各种特定功能的标准库函数,这类函数是编译系统事先定义好的,因此用户无须定义,只在程序前使用 include 包含该函数原型的头文件,即可在程序中直接调用。在前面各章的例题中反复用到的 printf( )、scanf( )、sqrt( )、getchar( )、strcat( )等函数属于此类。

(2)用户自定义函数是由用户按实际应用需要编写的函数。对于用户自定义函数,不仅要在程序中定义函数本身,而且在主调函数模块中还必须对该被调函数进行声明,然后才能使用。

这两类函数的主要区别是:标准库函数由系统提供,功能固定、数量有限,而用户自定义函数是在用户编写程序时创建的,功能根据实际情况设计。本节将详细讨论如何创建用户自定义函数。

7.2.1 函数定义的一般形式

函数定义分为两部分,函数首部和函数体。用户自定义函数的一般形式:

```
函数返回值类型 函数名 (参数类型 1 参数名 1, 参数类型 2 参数名 2,…)
{
    语句 1;
    语句 2;
    …
}
```

函数的定义分两部分:一是函数首部(第一行),给出了函数名、函数的返回值类型和各个参数的类型及名称;二是函数首部下面由{ }括起来的语句,称为函数体,用于实现函数的功能。函数体中的语句与 main( )函数中的语句写法相同,前面学习的 C 语言语句都可以出现在自定义函数的函数体中。

定义一个函数,判断一个整数是否是素数,可以这样来定义函数:

```
int isprime(int x)/* 函数首部,函数名 isprime,返回值类型 int,有 1 个 int 型的参数 x */
{                                      /* 这个{是函数体的开始 */
    int i;                             /* 函数内部变量定义 */
    for (i = 2; i <= sqrt(x); i ++)    /* 函数内部相应的处理语句 */
    {
        if(x % i == 0)
        return 0;                      /* 函数的返回值,如果不是素数返回 0 */
```

```
    }
        return 1;                           /* 函数的返回值，如果是素数返回 1 */
    }                                       /* 这个}是函数体的结束 */
```

当程序中需要多个函数时，各个函数的定义是相互平行和独立的，以上内容必须与 main()
函数或者其他自定义函数并列。函数的定义不能嵌套，在一个函数体内部不允许再定义另一个
函数，例如，下面的定义是错误的：

```
int main( )
{ …;
    int isprime(int x)          /* 错误：定义判断素数函数不能嵌套在 main 函数中 */
    {
        int i;
        for (i = 2; i <= sqrt(x); i ++ )
        {
            if(x % i == 0)
            return 0;           /* 如果不是素数返回 0 */
        }
        return 1;               /* 如果是素数返回 1 */
    }
    …
    return 0;
}
```

必须写成：

```
int main( )
{
    …;
    return 0;
}
int isprime(int x)          /* 定义判断素数函数 */
{
    int i;
    for (i = 2; i <= sqrt(x); i ++)
    {
        if(x % i == 0)
        return 0;           /* 如果不是素数返回 0 */
    }
    return 1;               /* 如果是素数返回 1 */
}
```

7.2.2 函数定义的说明

1. 函数首部

(1)返回值类型应写在函数名之前，规定函数所返回的数据的类型，该返回值可以是任何
有效类型(int、long、char、float、double 等)。如果省略类型说明符，函数返回值默认为整型，
不是没有类型。如果函数体中没有 return 语句，也就是没有返回值，类型说明符为 void，如【例
7-2】exp 7-2-2 中的 min()函数。

(2)函数名要遵循 C 语言标识符的命名规则。一般情况下遵循"见名知意"的原则。如求
最大值函数的名称定义为 max，求和函数的名称定义为 sum 等。

(3)函数名后的( )必不可少，即使函数没有参数，( )也不可省略。

(4)在( )内规定函数的参数，多个参数时参数之间以逗号分隔。函数头部中定义的这些参数，一般称"形式参数"，简称"形参"。参数的定义与变量定义类似，也是"类型"＋"参数名"的形式(实际上，参数确实可以看成变量)，但与变量定义不同的是，每个参数都必须在参数名前写上类型，且不写分号(;)，下面的函数定义是错误的：

```
void min(int x, y) /* 错误，y 之前也必须写出类型，不能省略 */
{
    ...
}
```

对于没有参数的函数，也可以在括号内写上 void，例如：

```
void printstar(void)
{
    printf("********\n");
}
```

两个 void 的含义不同，第一个，函数名前的 void 规定了函数没有返回值；第二个，括号中的 void 强调函数没有参数。第一个 void 如果省略了，默认函数返回值是 int；第二个 void 写不写都可以，都表示函数没有参数，但是和 main( )函数一样，即使没有参数，函数名后的( )也不能省略。

2. 函数体

函数体由局部声明和语句构成。自定义函数的函数体和 main( )函数的函数体结构相同，必须将声明语句和其他语句序列用{ }括起来，函数体的开始是局部声明，它详细说明了函数所需要的变量，函数语句写在局部声明之后，并以 return 语句结束。如果函数的返回类型是 void，则函数体可以不包含 return 语句。为了代码清晰，建议每个函数，即使是 void 函数，都有一个 return 语句。return 语句的一般形式为：

```
return(表达式);
```

或

```
return 表达式;
```

或

```
return ; /* return 语句没有表达式，它只是以分号结束 */
```

return 语句有两个重要作用：第一，返回一个值给调用函数；第二，终止本函数的运行，返回调用语句处继续进行。注意：return 语句中的"表达式"类型应该与函数声明部分的返回类型保持一致。一个函数最多只能有一个返回值，也可以没有返回值。没有返回值的函数应该用 void 说明类型，可以不需要 return 语句，以"}"结束，也可以以 return ;语句结束，返回到调用语句处继续进行。

7.3 函数调用

在 C 语言中，一个程序是由一个或多个函数组成的，其中有且只有一个 main()函数，也称主函数。程序的执行总是从 main( )开始并且结束于 main( )，但是它可以调用其他函数来完成特定的功能。

C 语言中的函数(包括主函数)是个独立的模块,它会被调用去执行一个特定的任务。被调用的函数(简称为被调函数)从调用它的函数(简称为主调函数)那里得到控制权。当被调函数完成了任务,会把控制权返还给主调函数。其可能返回给主调函数一个值,也可能不返回。main( )函数是被操作系统调用的,然后其依次调用其他函数。当 main( )函数执行完成后,控制权交还给操作系统。

一个 C 程序可以由一个 main( )函数和多个其他函数组成。main( )函数调用其他函数,其他函数也可以互相调用,如图 7-1 所示。

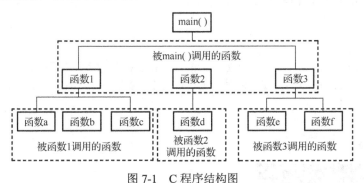

图 7-1　C 程序结构图

函数定义好后,通过调用来使用它。定义了函数的名字和参数,可以通过函数名和相应的参数来调用函数。如 min(a,b)就是函数调用。

7.3.1　函数调用的方法

函数调用的一般形式:

　　　　函数名(实参 1,实参 2,…)

或

　　　　函数名( )

1. 无参函数的调用

【例 7-3】　无参函数的调用,输出一行"#########"。

```
/* exp7-3-1 */
/* 用函数调用的方式,输出一行"########" */
#include "stdio.h"
void printsign( )
{
    printf("########\n");
}
int main( )
{
    printsign( );                /* 调用 printsign( )函数,( )不能省 */
    return 0;
}
```

程序运行结果:

```
########
Press any key to continue
```

程序分析：在这个程序里，main()函数调用了自定义的printsign()函数，输出一行#号，虽然没有参数，printsign后面的()不能省，()起到了表示函数调用的重要作用。

如果省略了()，看一下运行结果。

```
/* exp7-3-2 */
#include "stdio.h"
void printsign( )
{
    printf("########\n");
}
int main( )
{
    printsign;          /* 错误：调用printsign( )函数，( )省略 */
    printsign( );       /* 调用printsign( )函数，( )不能省 */
    return 0;
}
```

程序运行结果：

```
########
Press any key to continue
```

程序分析：在这个程序里，main()函数中包含两个语句，printsign;和printsign();最终运行的结果却只输出一行#号，表明 printsign;没有起作用。所以，函数调用时即使没有参数，函数名后也需要添加()。

2. 带参函数的调用

如果函数有参数，在调用函数时，应按照函数定义时形参的类型、个数、顺序一一对应地给出实参表。实参就是函数调用时需要传递给函数形参的实际数据，实参可以取常量、变量、表达式等，注意，调用时不需要再进行类型声明。

一般来说，按函数调用在程序中出现的形式和位置来分，函数的调用方式有以下三种。

(1)函数语句：这种方式要求函数没有返回值。函数调用的一般形式加上分号即构成函数语句。例如：printsign();是以函数语句的方式调用函数。

(2)函数表达式：这种方式要求函数有返回值，也就是说在函数体里有return语句。函数作为表达式中的一项出现在调用语句中，以函数返回值参与语句的运算。例如：z=min(x,y);是一条赋值语句，也是一条调用语句，把 min 的返回值，也就是return语句带回的值，直接赋给变量z。又例如：z = 20 + min(x, y);是一条赋值语句，也是一条调用语句，但 min 的返回值是作为表达式的一项，与20求和后，赋给变量z。

(3)函数实参：这种方式要求函数有返回值，函数作为另一个函数调用的实际参数出现。这种情况是把该函数的返回值作为实参进行传送，例如：s = sum(min(x, y), z);赋值号的右边，即是把调用 min 的返回值又作为 sum 函数的实参来使用的，如果 sum 是求两个数的和，min 是求两个数的较小值，那么将先求出 x 和 y 的较小值，再与 z 求和，最后赋给变量 s。

在【例7-2】exp 7-2-2 中，main()函数三次调用 min()函数：

```
min(a,b);
min(c,d);
min(e,f);
```

第一次调用，min(a,b);比较出 a 和 b 的大小；第二次调用，min(c,d)；比较出 c 和 d 的大小；第三次调用，min(e,f);比较出 e 和 f 的大小。

min()函数有两个整型参数 int x,int y，因此每次调用都给它传递两个参数，并且在类型上也要一致。

7.3.2　函数调用的数据传递

函数定义中出现的参数是"形式参数"，它接收函数调用时传递的值；函数调用时出现在函数名后面括号中的参数是"实际参数"，它可以是常量、变量或表达式。在调用函数过程中，系统会把实参的值传递给被调用函数的形参变量，该值在函数调用期间有效，可以参加该函数的运算。

【例 7-4】　输入两个整数，找出较小者，要求用函数实现。

算法分析：求两个整数中较小数的算法比较简单，现在关注的是用一个函数来实现它。第一，确定函数名，依据"见名知义"原则，确定为 min；第二，确定函数返回值的类型，两个整数中较小者也是整数，所以函数返回值类型是整型；第三，确定 min()函数的参数个数和类型，需要两个参数，以便从主函数中接收两个参数进行比较，类型是整型。代码如下：

```
/* exp7-4-1 */
/* 输入两个整数，找出较小者，要求用函数找较小的整数 */
#include <stdio.h>
int min(int x,int y)                  /*定义 min()函数，含有两个形参，返回值为 int */
{
    int z;                            /* 定义局部变量 z，存放两数中较小的数 */
    if(x < y)  z=x;
    else  z=y;                        /* 存放 x,y 中较小的数 */
    return z;                         /* 作为函数的返回值带回主调函数 */
}
int main( )
{
    int a,b,c;
    printf("请输入两个整数 a 与 b: \n");          /* 提示输入两个整数 */
    scanf("%d%d",&a,&b);                          /* 输入两个整数 */
    c = min(a,b);                                 /* 调用 min( )函数，将函数返回值赋给 c */
    printf("%d 与%d 中较小的数是%d: \n",a,b,c); /* 输出两整数中较小的值 */
    return 0;
}
```

程序运行结果：

```
请输入两个整数a与b：
2 -8
2与-8中较小的数是-8：
Press any key to continue
```

程序分析：程序定义了一个 min()函数，用于求两整数中较小的数，函数名为 min()，函数返回值的类型为 int，函数有两个形参 x 和 y，形参类型都是 int。

主函数 main()中定义了三个变量 a、b、z，包含了一个函数调用语句 c=min(a,b);，函数调用时，在主调函数和被调函数 min()之间发生数据传递，实参 a 和 b 的值分别传递给形参 x

和 y，在 min( )函数中把 x 和 y 中较小者赋给变量 z，z 的值作为函数返回值返回 main( )函数，赋给变量 c。

请思考：调用函数时，实参给形参传递值，形参能把值传回给实参吗？

【例7-5】 实参到形参的单向值传递。

```
/* exp7-5 */
/* 以下程序能实现两数的交换吗？ */
#include "stdio.h"
int main( )
{
    void swap(int a,int b);
    int a=5,b=6;
    swap(a,b);
    printf("a=%d, b=%d\n ",a,b);
    return 0;
}
void swap(int a,int b)
{
    int t;
    t=a;
    a=b;
    b=t;
}
```

程序运行结果：

```
a=5, b=6
Press any key to continue
```

程序分析：程序的执行结果说明，该程序不能完成两数的交换。原因在于：C 语言中，参数的传递方式是"单向值传递"，形参和实参变量各自有不同的存储单元，只能是实参的值传给被调函数的参数，而不能由形参传给实参。因此，被调用函数中的形参变量值的变化不会影响实参变量值。【例 7-5】的数据传递如图 7-2 所示。

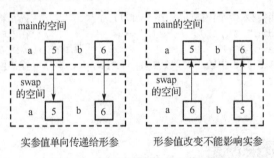

图 7-2　实参到形参的单向值传递

请思考：如何修改【例 7-5】的代码，完成两数的交换？

7.3.3　函数调用的过程

函数调用的过程如下。

(1)定义函数时指定的形参，在未出现函数调用时，它们并不占内存中的存储单元。在发生函数调用时，函数的形参被临时分配内存单元。

(2)将实参对应的值传递给形参。

(3)执行被调函数，逐条执行被调函数中的语句。被调函数语句执行结束后，被调函数中的变量，包括形参变量全部消失，它们的内存空间即刻被系统回收(但是有返回值的函数，返回值不会消失)。

(4)返回到主调函数中暂停的地方继续执行主调函数的后续语句。

因此，【例7-4】程序的执行过程是：从main()函数开始执行，main()函数中首先定义变量并通过键盘输入初值(假定输入的初值为 a=2，b=−8)，然后执行到 c=min(a,b);语句，此时 main()函数暂停执行，程序转去执行 min()函数，准备工作为把形参 x 和 y 当作变量，分配存储单元。实参是 a 和 b，将 main()中 a 的值(2)传递给 x，b 的值(−8)传递给 y。

然后开始运行 min()中的语句，首先定义变量 z，然后执行 if 语句，比较 x(2)与 y(−8)的大小，2<−8 不成立，所以将 y(−8)赋给 z，并通过 return 语句返回 z 的值，即 min(a,b)的值为 −8。这时函数 min()运行完毕，形参单元被释放，返回 main()函数 c=min(a,b);语句继续运行，main()中变量 c 被赋值为−8，然后接着往下运行 printf 语句，输出 a 与 b 中较小的值。main()函数运行结束，整个程序结束。

形参是函数头部定义中声明的变量。实参是调用函数中的表达式。形参和实参必须在类型、顺序、数量上一致，但它们的名字可以不同，也可以相同，以下几点需要注意。

(1)实参可以是常量、变量或表达式，但要求它们有确定的值。

(2)实参与形参的类型应相同或者赋值兼容。如【例7-4】中形参和实参都是 int 型，这是正确的。如果实参为 int 型而形参为 float 型，或者相反，则按不同类型数据的赋值规则进行转换。例如，实参为 float 型，值为 1.2，而形参为 int 型，则在传递时先将浮点数 1.2 转换成整数 1，然后传递给形参。

(3)当函数中有多个参数时，实参和形参是按顺序对应传递的。在调用 min(a,b)时，是将 a 的值传给 x，b 的值传给 y(而不能将 a 的值传给 y，b 的值传给 x)。

(4)在函数调用时实参值单向地传递给了形参，在函数执行过程中，形参不能将值再传回给实参。

(5)不同的函数中可以有相同的变量名，如果实参在主调函数中是变量，形参和实参也可以同名，两者类型要一致。

7.3.4 函数的返回值

函数被调用后可以没有返回值，如果有返回值，则只能有 1 个返回值。如【例 7-3】没有返回值，【例 7-4】有 1 个返回值。

无论有没有返回值，函数的调用过程是相同的。函数结束后也都能返回到主调函数的调用处继续执行主调函数的后续程序。不同的是，对于有返回值的函数，函数调用出现在表达式中时，要用函数返回值替换表达式中函数调用的部分，然后计算表达式。如 z=abs(−2)+6，abs(−2)的返回值是 2，用 2 替换 z=abs(−2)+6 中的 abs(−2)，得到 z=2+6，再执行此语句，变量 z 被赋值为 8。

abs()是求绝对值的库函数，它的返回值是系统自动算出的。对于自定义函数，要返回 1 个值，就需要通过 return 语句返回。

关于 return 语句，需要注意以下几点。

（1）同一函数内允许出现多个 return 语句，但在函数每次被调用时只能有其中一个 return 语句被执行，函数只能返回一个值。

（2）一旦执行 return 语句，函数立即结束，如果本函数的 return 语句后还有其他语句，则这些语句也不会执行，而是返回到主调函数的调用处继续执行主调函数后面的程序。

（3）函数定义时函数名前无 void 的函数是有返回值的函数，这时函数必须有 1 个返回值。

（3）函数名前有 void 的函数是没有返回值的函数，在主调函数中不能使用这种函数的返回值。没有返回值的函数既可以写 return;（注意不是 return 表达式;）语句，也可以不写 return;语句。

（4）函数类型决定返回值的类型。在定义函数时指定的类型一般应该和 reteun 语句中返回值的类型一致，若不一致，则以函数定义时函数名前的类型为准。

7.4 函 数 声 明

在【例 7-4】中，如果程序修改为：

```
/* exp7-4-2 */
/* 输入两个整数，找出较小者，要求用函数找较小的整数 */
#include <stdio.h>
int main( )
{
    //int min(int x,int y);                /* 声明 min( )函数 */
    int a,b,c;
    printf("请输入两个整数 a 与 b：\n");      /* 提示输入两个整数 */
    scanf("%d%d",&a,&b);                 /* 输入两个整数 */
    c=min(a,b);                          /* 调用 min()函数，将函数返回值赋给 c */
    printf("%d 与%d 中较小的数是%d：\n",a,b,c); /* 输出两数中较小的值 */
    return 0;
}
int min(int x,int y)                     /* 定义 min()函数，含有两个形参，返回值为 int */
{
    int z;                               /* 定义局部变量 z，存放两数中较小的数 */
    if(x<y)  z=x;
    else z=y;                            /* 存放 x,y 中较小的数 */
    return z;                            /* 作为函数的返回值带回主调函数 */
}
```

则编译时会提示：min( )函数没有声明，程序不能正常运行。原因是：上述程序将主函数 main( )放在 min( )函数的前面，并且将 main( )函数中的第一行语句"int min(int x,int y);/*声明 min( )函数*/"前面加了注释符号，也就是这句声明没起作用。如果将此处最前面的注释符号//去掉，发现程序就可以正常运行了。

因为尽管程序的运行总是从 main( )函数开始，与函数的先后顺序无关，但编译过程却是从整个源程序文件的第一行编译到最后一行的，这就与函数的先后顺序有关了。程序中，main( )函数放在 min( )函数前面，编译系统先"看到"main( )函数对 min( )函数的调用"c=min(a,b);"，这时它还"不认识"min( )函数，于是报错并终止了编译过程，出现这种情况后不再继续编译，也就"看"不到后面 min( )函数的定义了。

如果将 min()函数放在 main()函数的前面，编译系统是先"看到"min()函数的定义，先"认识"了 min()函数，再在 main()中遇到调用时就不会报错了。

因此，解决这个问题有两种方法：一是与【例 7-4】的 exp7-4-1 程序写法一样，先写函数 min()的定义，再写主函数 main()，在 main()中调用 min()；二是使用函数声明，如 exp7-4-2 中"int min(int x,int y);"的写法。

7.4.1　函数声明的形式

函数声明的写法很简单，就是"抄写"函数定义的头部，后面再加个分号(;)就可以了。

函数声明的一般形式为：

　　　类型说明符　被调函数名(类型　形参，类型　形参…);

或为：

　　　类型说明符　被调函数名(类型，类型…);

在主调函数中对被调函数进行声明的目的是使编译系统知道被调函数返回值的类型，以便在主调函数中按此种类型对返回值进行相应的处理。括号内给出了形参的类型和形参名，或只给出形参类型，这便于编译系统进行验错。

请注意：函数声明语句后面需加分号。在声明函数时，函数的参数名称可以省略，但参数类型不能省略，且参数类型的个数、类型、次序必须与函数的定义保持一致。例如：

```
int main( )
{
    int max(int, int);   /* 声明 max( )函数，也可改为 int max(int n1, int n2); */
    …
    c = max(a, b);       /* 调用 max( )函数 */
    …
    return 0;
}

int max(int n1, int n2) /* 定义 max( )函数 */
{
    …
}
```

C 语言函数在调用时遵循先声明后使用的原则。通常在主调函数中声明被调用函数。如果被调用函数定义部分在主调函数之前，被调函数的声明语句可以省略。以上程序中 max()函数定义在 main()函数的后面，那么要在 main()函数中声明 max()函数。如果 max()函数定义在 main()函数之前，main()函数中对 max()函数的声明语句可以省略。

7.4.2　函数声明的位置

函数的声明既可以出现在函数外，也可以出现在其他函数体内，两者的区别如下。

在函数外部声明：使编译系统从函数声明处开始到本源程序文件结束的所有函数中，都"认识"该函数。

在函数内部声明：使编译系统仅仅在本函数内、从声明处开始"认识"该函数，但在本函数之外又不认识该函数。

【例 7-6】 编写一个函数 fun( )，并在 main( )函数中调用。

```
/* exp7-6 */
/* 计算 n 的阶乘，采用循环的方法 */
# include"stdio.h"
int main ( )
{
    int m;
    int fun( int n );
    printf("请输入一个整数\n");
    scanf("%d",&m);
    printf("%d!=%d\n",m,fun(m));
    return   0;
}
int fun( int n )
{
    int i,c;
    c=1;
    for(i=1;i<=n;i++)
    c*=i;
    return (c);
}
```

程序运行结果：

```
请输入一个整数
5
5!=120
```

程序分析：该函数实现了求 n！的功能，fun( )函数的声明在 main( )函数体内，而不是在函数的外部，则声明的有效范围只在 main( )函数中，在 main( )中可以正常调用 fun( )函数。

请注意：主函数 main( )是不需要声明的，因为它不存在被其他函数调用的问题。函数定义、声明和调用的区别如表 7-1 所示。

表 7-1　函数定义、声明和调用的区别

	函 数 头 部	有无{}和函数体	出 现 位 置	出 现 次 数
函数定义	函数头后无;	有{}，需要完整地写出函数体语句	只能在其他函数外定义函数，函数不能嵌套定义	只能出现一次
函数声明	函数头后有;	无{}，无函数体语句	既可以出现在函数外，也可以出现在函数内	可出现多次
函数调用	调用只需要给出函数名并给出对应的实参，不写返回值类型，不写参数类型	无{}，无函数体语句	只能在函数内调用函数	可出现多次，每次调用都会执行一次该函数

声明表示函数存在，定义表示函数如何去运行，而调用是实际运行函数。注意下面写法是错误的：z = int min(10,20);，因为函数调用是不能写返回值类型的，应该写成 z = min(10,20); 才正确。

调用系统库函数，也需要提前声明函数。但是系统库函数的函数声明已经事先被写到头文件(.h)中了，通常用#include 命令在程序中包含对应的头文件，就是把对应函数的声明包含到用户自己的程序中去。这就是为什么在调用库函数之前，一定要包含对应头文件的原因。例如要调用系统库函数 printf( )，就需要包含头文件 stdio.h，因为 stdio.h 中有 printf( )函数的声明。

7.5 函数的嵌套调用和递归调用

7.5.1 函数的嵌套调用

C语言中不允许有嵌套的函数定义。因此，各函数之间是平行的，不存在上一级函数和下一级函数的问题。但是C语言允许在一个函数的定义中出现对另一个函数的调用。这样就出现了函数的嵌套调用，即在被调函数中又调用其他函数。

【例7-7】 统计区间[m, n]的素数个数。

```
/* exp7-7 */
/* 统计区间[m,n]的素数个数 */
#include "stdio.h"
#include "math.h"
int prime(int);                            /* 声明判断素数函数 */
int primecount(int m, int n);              /* 声明素数计数函数 */
int main( )
{
    int m, n, num;
    printf("请输入m, n的值：\n");
    scanf("%d%d", &m, &n);
    num = primecount(m, n);                /* 调用素数计数函数 */
    printf("区间[%d,%d]的素数总个数是：%d个。\n",m,n, num);
    return 0;
}

int isprime(int x)                         /* 定义判断素数函数 */
{
    int i,isprime=1;                       /* 引入素数标志，初值为1 */
    for (i = 2; i <= sqrt(x); i ++)
    {
        if(x % i == 0)
isprime=0;                                 /*如果不是素数,isprime赋值0*/
    }
    return isprime;                        /*如果是素数,isprime的值不改变,
                                             为1 */
}

int primecount(int m, int n)               /* 定义素数计数函数 */
{
    int i, t, count = 0;                   /* count中存放素数的个数 */

    if(m > n)                              /* m大于n的话交换m、n的值 */
    {
        t = m;
        m = n;
        n = t;
    }
    for (i = m; i <= n; i++)
    {
        if(isprime(i) == 1)                /* 调用判断素数函数 */
        count++;
```

```
        }
        return count;                          /* 返回素数个数 */
}
```

程序运行结果：

程序分析：

(1)统计区间[m, n]的素数个数问题，可以抽取两个函数来实现。用 isprime( )函数实现素数判断，用 primecount( )函数对素数计数，main( )函数主要完成数据输入、函数调用、结果输出。

(2)程序中有三个函数：main( )、primecount( )和 isprime( )。main( )函数调用 primecount( )函数，primecount( )函数调用 isprime( )函数，是嵌套调用(调用过程如图 7-3 所示)。注意本程序函数声明的位置，在文件开头(函数的外部)已对要调用的函数进行了声明，因此程序在编译时已经"认识"了函数的有关信息，就不必在主调函数中再重复进行声明。C 语言旧的标准习惯把函数声明写在调用它的函数里面，现在一般写在调用它的函数前面。

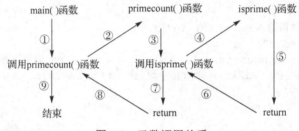

图 7-3　函数调用关系

(3)main( )函数中，输入两个数作为实参调用 primecount( )函数，primecount( )函数实现求这两个数之间的素数个数，在 primecount( )函数中又调用 isprime( )函数，判断两个数之间的每一个数是否为素数。

(4)通过 primecount( )函数和 isprime( )函数实现区间[m, n]的素数的计数，使得程序的条理更清晰。将一个较复杂的问题最终转换为判断一个数是否为素数和符合条件数据计数两个功能单一的问题。

另外，观察本程序中判定素数的函数与【例 7-1】中判定素数的函数稍有不同，该程序中函数只有一个 return 语句，也就是只有一个出口，这样写使程序维护起来更加简便，更符合良好的程序设计规范。

7.5.2　函数的递归调用

在调用一个函数的过程中又出现直接或间接地调用该函数本身，称为函数的递归调用。C 语言允许函数的递归调用。

执行递归函数将反复调用自身，每调用一次就进入新的一层。如果函数内部一个语句调用了函数自身，称为直接递归。某函数调用其他函数，而其他函数又调用了本函数，称为间接递归。

递归方法的基本原理是：将复杂问题逐步化简，最终转化为一个最简单的问题，最简单问题的解决就意味着整个问题的解决。递归调用应该能够在有限次数内终止递归。能够使用递归方法解决的问题，需要具备以下两个条件。

(1)递归的结束条件。递归要有最简单的结束条件，符合这个情况，程序将结束递归调用。

(2)递归的规律。后一部分与原始问题类似，并且是原始问题的简化。

任何一个递归调用程序必须包括两部分：递归循环继续的过程及递归调用结束的过程。

```
if（递归结束条件成立）
return 递归公式的初值；
else
return 递归函数调用返回的结果值；
```

【例7-8】 用递归法计算 $n!$。

算法分析：由于 $(n-1)!=(n-1)\times(n-2)\times\cdots\times3\times2\times1$，因此 $n!$ 可以表达为：

$$n!=\begin{cases} 1 & (n=0\text{或}1) \\ n\times(n-1)! & (n>1) \end{cases}$$

将求阶乘转换为递归的两个条件。

(1)当 n 取值为 0 或 1 时，是求阶乘最简单的情况，阶乘为 1。递归的结束条件为：0! 或 1! 为 1。

(2)求 n 的阶乘可以转化为求 $n-1$ 的阶乘，朝着结束条件的方向变化。递归的规律：$n!=(n-1)!\times n$。

```c
/* exp7-8 */
/* 计算 n 的阶乘，采用递归的方法 */
#include "stdio.h"
int fac(int n);                      /* 声明 fac( )函数 */
int main( )
{
    int n, y;
    printf("请输入一个整数:\n");
    scanf("%d", &n);
    y = fac(n);                      /* 调用 fac( )函数 */
    if(y ==-1)                       /* 依据返回值判断输出 */
    {
        printf("n < 0,数据输入有误! \n");
    }
    else
    {
        printf("%d!=%d\n", n, y);
    }
    return 0;
}

int fac(int n)                       /* 定义求阶乘函数 */
{
    int f;
    if(n < 0)                        /* 处理无效数据，无效函数返回值赋值为-1 */
    {
        f =-1;
    }
    else
    {
```

```
        if(n == 0 || n == 1)                    /* 处理特殊数据 */
        {
            f = 1;
        }
        else
        {
            f = fac(n - 1)* n;          /* 直接递归调用 */
        }
    }
    return f;
}
```

输入–2, 程序运行结果:

```
请输入一个整数:
-2
n < 0, 数据输入有误!
Press any key to continue
```

输入 12, 程序运行结果:

```
请输入一个整数:
12
12!=479001600
Press any key to continue
```

输入 13, 程序运行结果:

```
请输入一个整数:
13
13!=1932053504
Press any key to continue
```

程序分析:

(1) 程序中有两个函数: main()函数和 fac()函数。main()函数调用 fac()函数, fac()函数中有函数调用语句 f = fac(n-1)*n;, fac(n-1)是调用 fac()函数自身, 属于递归调用, 只是参数由 n 变成了 n-1。

(2) 程序执行时, 调用 fac()函数后即进入函数 fac()执行, 如果 n<0, n == 0 或 n == 1, 都将结束 fac()函数的执行, 返回 main()函数, 否则就递归调用 fac()函数自身。由于每次递归调用的实参为 n-1, 即把 n-1 的值赋予形参 n, 最后当 n-1 的值为 1 时再进行递归调用, 形参 n 的值也为 1, 将使递归终止, 然后可逐层退回。

(3) 当 n=3 时, 调用递归函数 fac(3)的过程如图 7-4 所示。

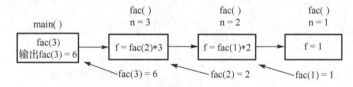

图 7-4   调用递归函数 fac(3)过程示意

为观察递归的工作过程, 先来跟踪下面语句的执行:

```
f=fac(3);
```

实现过程如下:

fac(3)发现 3 不是小于 0,也不是等于 0 或 1 的数据,所以 fac(3)调用 fac(2),此函数发现 2 不是小于 0,也不是等于 0 或 1 的数据,所以 fac(2)调用 fac(1),此函数发现 1 是等于 1 的数据,所以 fac(1)返回 1,从而 fac(2)返回 2*1=2,从而 fac(3)返回 3*2=6。

请注意:在 fac( )函数最终传递 1 之前,未完成函数的调用先"堆积"到一段空间中,在最终传递 1 的那一点上,fac( )函数先前的调用开始逐个"解开",直到 fac(3)的原始调用最终返回 6 为止。

(4)程序中定义的变量 n 为整型,在 VC++或者 Dev C++等编译环境下,int 型数据占 4 个字节,因此能表达的最大数是 $2^{31}-1=2147483647$,测试结果也表明 n=12 时,程序正常输出。如果输入 13(13!=6227020800),13! 超出了 int 型的表达范围,因此输出结果不正确。可将 f、y 及 fac( )函数定义为 double 型,能够表达更大的范围。

【例 7-9】 用递归法计算 Fibonacci 数列。

$$\text{fib}(n) = \begin{cases} 0 & n = 0 \\ 1 & n = 1 \\ \text{fib}(n-1) + \text{fib}(n-2) & n > 1 \end{cases}$$

```
/* exp7-9 */
/* 计算 Fibonacci 数列,采用递归的方法 */
#include "stdio.h"
long Fib (int n);                    /* 声明 fac( )函数 */
int main( )
{
    int n, i, x;
    printf("请输入一个整数:\n");
    scanf("%d", &n);
    for( i=1; i<=n; i++ )
    {
        x=Fib(i);                    /*调用 fib()函数计算 Fibonacci 数列的第 n 项 */
        printf(" fib(%d)=%d\n", i, x );
    }
    return 0;
}

long Fib (int n)
{
    long f;
    if (n == 0)f = 0;
    else if (n == 1)f = 1;
    else f = Fib (n-1)+ Fib(n-2);
    return f;
}
```

程序运行结果:

```
请输入一个整数:
5
fib(1)=1
fib(2)=1
fib(3)=2
fib(4)=3
fib(5)=5
```

程序分析：递归将复杂的情形逐次归结为较简单的情形来计算，一直归并到最简单的情形为止，求 Fibonacci 数列可转换为递归的两个条件。

(1) 当 n 取值为 0 或 1 时，是求 Fibonacci 数列最简单的情况，Fib(0)=0，Fib(1)=1。所以递归的结束条件为：Fib(0)=0，Fib(1)=1。

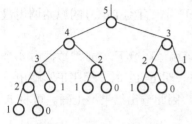

图 7-5　Fib(5) 递归调用过程

(2) 求 Fibonacci 数列第 n 项的值可以转化为求第 n–1 项与 n–2 项的和，向着结束条件的方向。递归的规律为：Fib(n)=Fib(n–1)+Fib(n–2)。

(3) 求解 Fib(5) 的过程如图 7-5 所示，共调用了 15 次 Fib() 函数。

使用递归时应注意下面几个问题。

(1) 递归函数不断使用下一级值调用自身，直到结果已知。因为递归调用能够在有限次数内终止递归，因此设计递归程序时必须在函数内部添加控制语句，仅当满足一定条件时，递归终止。若不加以限制，递归调用将无限循环调用。

(2) 同一个问题，如果分别用循环和递归来实现，从程序运行效率来看，循环因为不会产生传递变量、初始化附加存储空间和返回值所需的开销，从而循环执行效率较高。而由于递归函数每次调用时都需要进行参数传递、现场保护等操作，增加了函数调用的时空开销，导致递归程序时空效率偏低。

(3) 用递归编写的程序更直观、更清晰、可读性更好，更逼近数学公式的表示，能更自然地描述问题的逻辑，尤其适合非数值计算领域，典型的如 Hanoi 塔、骑士游历、八皇后问题。Hanoi 塔是一个典型的只有递归才能解决的问题。

7.6　数组作为函数参数

数组可以作为函数的参数使用，进行数据传递。数组用作函数参数有两种形式：一种是把数组元素(下标变量)作为实参使用；另一种是把数组名作为函数的形参和实参使用。

7.6.1　问题的提出

思考下面 3 个问题，用前面所学知识应如何解决？

问题 1：已知函数 max() 可以求 3 个变量的最大值，如何用函数调用的方式求某部门 3 名员工最高销售业绩值。

分析：可以定义 3 个变量，分别存放 3 名员工的销售业绩值，通过调用函数 max() 得到这 3 名员工最高业绩值。这 3 个变量类型相同，因此可以存放在数组中，用数组元素作实参实现。

问题 2：编写一个函数 avg()，求某部门 30 名员工的平均销售业绩。

分析：如果采用问题 1 的方法定义 30 个变量，分别存放该部门 30 名员工的销售业绩，问题能够解决，但解决办法太麻烦，如果有 100 名员工呢？显然问题 1 采用的方法不可取，在 C 语言中可采用数组名作函数参数来解决，定义一个含有 30 个元素的数组来实现。

问题 3：编写一个 average() 函数，求某部门员工的平均销售业绩。并编写一个完整的程序，分别求出两个部门员工的平均销售业绩。其中这两个部门分别有 40 名和 30 名员工。

分析：问题 2 中，员工数是确定的 30 人，该问题员工数是 40 和 30，如果采用问题 2 的解决办法，函数形参的数组长度怎么确定？

7.6.2 数组作为函数参数的形式

1. 数组元素作实参

数组元素就是下标变量，它与普通变量并无区别。因此，它作为函数实参使用与普通变量是完全相同的。在发生函数调用时，形参为对应数组元素类型的变量，把作为实参的数组元素的值传递给形参，实现单向的值传递。

【例 7-10】 用数组元素作参数，求某部门 3 名员工的最高销售业绩值。

```
/* exp7-10 */
/* 数组元素作参数，求某部门 3 名员工的最高销售业绩值 */
#include "stdio.h"
float max(float a, float b, float c);  /* 函数声明 */
main( )
{
    float a[3],m;                      /* 定义一个数组存放 3 名员工的销售业绩 */
    int i;
    printf("请输入 3 个员工的销售业绩值：\n");
    for(i=0;i<3;i++)
    scanf("%f",&a[i]);                 /* 读入 3 名员工的销售业绩放在素数元素中 */
    m=max(a[0],a[1],a[2]);             /* 数组元素作实参调用 max( ) 函数 */
    printf("3 个员工的最高销售业绩值是%f：\n",m);
}
float max( float a, float b, float c )
{
    float z=a;                         /* z 存放 3 个数中的最大值 */
    if( z < b) z = b;
    if( z < c) z = c;
    return z ;
}
```

程序运行结果：

```
请输入3个员工的销售业绩值：
67589 45678 99987
3个员工的最高销售业绩值是99987.000000：
Press any key to continue
```

程序分析：

(1)在 main( )函数中通过语句 m=max(a[0],a[1],a[2]);调用求 3 个数最大值的函数 max( )，实参是数组元素 a[0],a[1],a[2]，分别传给形参 a,b,c，在 max( )中找出最大值并将最大值返回 main( )函数，赋给变量 m，然后输出，求得某部门 3 名员工的最高销售业绩值。

(2)注意：用数组元素作实参时，只要数组类型和函数的形参变量的类型一致，那么作为下标变量的数组元素的类型也和函数形参变量的类型是一致的。因此，并不要求函数的形参也是下标变量。换句话说，对数组元素的处理是按普通变量对待的。

当然本例题也可以不用上述方法实现，直接在 main( )函数中比较 3 名员工的销售业绩。

本例题的目的是介绍如何用数组元素作为函数实参并和问题 2 做对比，体会数组元素和数组名作实参的应用情况。

2. 一维数组作函数参数

由于 C 语言中实参向形参的数据传递是单向的"值"传递，因此【例 7-5】中两数不能交换，但是也有例外的情况，就是在数组名作为函数参数时。

数组名可以作函数参数(包括实参和形参)，注意，当数组名作函数实参时，向形参(数组名或指针变量)传递的是数组首元素的地址。

【例 7-11】 编写一个函数 avg( )，求某部门 30 名员工的平均销售业绩。

```
/* exp7-11 */
/* 数组名作参数，求某部门 30 名员工的平均销售业绩 */
#include "stdio.h"
float avg(float array[30]);
int main( )
{
    float num, performance[30];        /* 定义实参数组，数组长度为 30 */
    int i;
    printf("请输入 30 个员工的业绩：\n");
    for(i=0; i<30; i++ )
    scanf("%f",&performance[i] );
    num = avg(performance);            /* 函数调用时，实参的形式为数组名，不能带长度 */
    printf("平均业绩是：%6.2f\n",num);
    return 0;
}
float avg(float array[30] )
{
    int i;
    float aver,sum=array[0];
    for(i=1;i<30;i++)
    sum=sum+array[i];
    aver=sum/30;
    return(aver);
}
```

程序运行结果：

```
请输入30个员工的业绩：
1000 2000 3000 4000 5000 6000 7000 8000 9000 10000
10000 9000 8000 7000 6000 5000 4000 3000 2000 1000
1000 3000 5000 7000 9000 2000 4000 6000 8000 10000
平均业绩是：5500.00
Press any key to continue
```

程序分析：

(1)用数组名作函数参数，在被调函数中定义形参数组 array，在主调函数中定义实参数组 performance，不能只定义一个数组。

(2)实参数组与形参数组的类型应该一致，如果不一致，结果会出错。

(3)在定义 avg( )函数时，声明数组大小是 30，实际传递的数组大小与函数形参指定的数组大小没有关系。因为 C 语言编译系统并不检查形参数组的大小，只是将实参数组的首元素的地址传递给形参数组名。

(4)形参数组可以不指定大小，定义成下面的形式：

```
float avg(float array[ ])
```

【例 7-12】 编写一个 average( )函数，求某部门员工的平均销售业绩。并编写一个完整的程序，分别求出两个部门员工的平均销售业绩，其中这两个部门分别有 30 名和 40 名员工。

思考：

(1) avg( )函数是否能够完成上述功能？

(2) 如何修改 avg( )函数使其变成 average( )函数？

问题分析：【例 7-11】已解决了求一个有确定长度的数组的平均值问题。现在需要解决怎样用同一个函数求两个不同长度的数组的平均值问题。在定义 average( )函数时，形参数组的长度不需要指定，在形参表中增加一个整型变量 n，从主函数把数组的实际长度从实参传递给形参 n。这样可以解决用同一个函数求两个不同长度的数组的平均值问题。

为简化问题，程序中设两个部门人数分别为 5 和 10。也可以抽取一个函数，实现数组元素的初始化，请读者自行完成。

```
/* exp7-12 */
/* 数组名作参数，引入形参元素个数 n，分别求 5 名和 10 名员工的平均销售业绩 */
#include "stdio.h"
int main( )
{
    float average(float array[ ],int n);              /* 声明 average( )函数 n */
    float performance1[5]={1298.5,4500,8326,10000,6578};
    float performance2[10]={4500,5620,9987,7859, 4236,
    2106,9988,3546,7523,8742};
    printf("%6.2f\n",average(performance1,5));   /* 数组名和 5 作实参 */
    printf("%6.2f\n",average(performance2,10)); /* 数组名和 10 作实参 */
     return 0;
}
float average(float array[ ],int n)            /* 定义 average( )函数，引入形参 n */
{
    int i;
    float aver,sum=array[0];
    for(i=1;i<n;i++)
    sum=sum+array[i];
    aver=sum/n;
    return(aver);
}
```

程序运行结果：

```
6140.50
6410.70
Press any key to continue
```

程序分析：主函数中有两次函数调用，average(performance1,5)和 average(performance2,10)，分别求出了 5 名和 10 名员工的业绩平均值。

说明：在用数组名作为函数参数时，需要掌握三个问题：形参的格式，实参的格式，参数传递的实质。

(1)使用数组作为形参定义函数的一般格式：

```
返回值类型  函数名（形参定义表）                    /* 函数头 */
{
      语句序列；                                    /* 函数体 */
      [ return  表达式；]
}
```

图 7-6 数组作为形参定义函数举例

其中，形参定义表形式为：(数组类型 数组名[ ]，int 元素个数，其他形参)，数组作为形参定义函数的一般格式如图 7-6 所示。

(2) 使用数组作为实参调用函数的一般格式：

函数名(实参数组名，实际元素个数，其他实参)

具体调用方式可以有以下两种。

函数表达式：如 printf("%6.2f\n",average (performance1,5))；中的 average(performance1,5)是一个函数表达式。

函数表达式语句：如 num = avg(performance)；是一个函数表达式语句。

(3) 使用数组作为参数传递是传地址

使用数组作参数时，参数形式一般是：实参用数组名，形参用数组名[ ]。

在 C 语言中，数组名除作为变量的标识符之外，还代表了该数组在内存中的起始地址，因此，当数组名作函数参数，函数调用时把实参数组的首地址传递给形参数组，这样两个数组就共同占用同一段内存空间，即"传地址"。相当于形参数组名通过形实结合，成为实参数组的一个别名，所以形参数组的改变会直接影响实参数组，相当于"双向"传递。这一点和简单变量(包括数组元素)作参数的单向"值传递"是不一样的。如图 7-7 和图 7-8 所示，简单变量传递的是变量的值，调用后，实参的值不会改变。数组传递的是数组的首地址，是对地址进行的操作，形参和实参指向的是同一个地址段，调用后数组元素的值可能被改变。

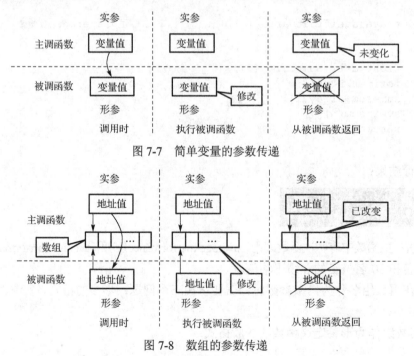

图 7-7 简单变量的参数传递

图 7-8 数组的参数传递

数组名作函数参数与数组元素作函数参数的不同点如下。

从内存单元的分配看，数组名作实参、数组作形参时，编译系统不为形参数组分配内存单元，形参数组和实参数组占用同一段内存单元。

从传递的内容看，数组名作实参、数组作形参时，数组名是数组的首地址，是把实参数组的首地址赋给形参数组，这样形参数组和实参数组首地址相同，形参数组和实参数组共享同一段内存单元。

【例 7-13】 从键盘输入某班学生某门课程的成绩(已知每班人数最多不超过 40 人，具体人数由键盘输入)，试编程计算其最高分。

```
/* exp7-13 */
/* 数组名作参数，计算班级成绩最高分 */
#include "stdio.h"
#define  N  40
int ReadScore(int score[]);            /* 从键盘读入成绩函数声明 */
int FindMax(int score[], int n);       /* 求最高成绩函数声明 */
int main( )
{
    int  score[N], max, n;
    n = ReadScore(score);              /* 调用键盘读入成绩函数，并得到学生人数 */
    printf("Total students are %d\n", n);
    max = FindMax(score, n);           /* 调用求最高成绩函数 */
    printf("The highest score is %d\n", max);    /* 输出最高成绩 */
    return 0;
}

int ReadScore(int score[])
{
    int i=-1;
    do{
        i++;
        printf("input score:");
        scanf("%d",&score[i]);         /* 从键盘输入学生成绩 */
}while (score[i] >= 0);                 /* 输入负数时结束输入 */
return i;                               /* 返回值 i 为学生个数 */
}

int FindMax(int score[], int n)
{
    int max,i;
    max=score[0];                      /* 假定数组第一个元素成绩最高 */
    for(i=1;i<n;i++)                   /* 与所有学生成绩比较 */
    {
        if(score[i]>max)
        {
            max=score[i];              /* max 始终记录最高成绩 */
        }
    }
    return max;                        /* 返回最高成绩 */
}
```

程序运行结果：

```
input score:87
input score:98
input score:56
input score:68
input score:75
input score:80
input score:60
input score:78
input score:72
input score:85
input score:-2
Total students are 10
The highest score is 98
Press any key to continue
```

程序分析：

(1)假设其中的一个学生成绩为最高，maxScore = score[0];对所有学生成绩进行比较，即：

```
for (i=1; i<n; i++)
{
    若 score[i] > maxScore
    则修改 maxScore 值为 score[i]
}
```

然后打印最高分 maxScore。程序流程图如图 7-9 所示。

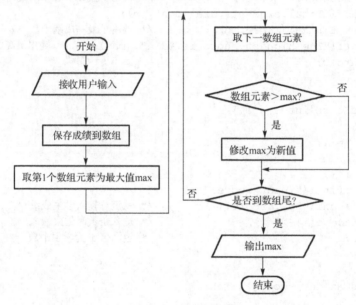

图 7-9　程序流程图

(2)主函数中首先调用键盘读入成绩函数 ReadScore( )，读入学生成绩，并得到学生人数，然后调用求最高成绩函数 FindMax( )，得到学生的最高成绩并输出。

【例 7-14】　用冒泡排序法对数组中的 10 个整数按由小到大排序。

```
/* exp7-14 */
/* 数组名作参数，采用冒泡法实现排序 */
#include "stdio.h"
void mpsort(int array[],int n);
void main( )
{
```

```
        int a[10],i;
        printf("Please input ten numbers: \n");
        for (i = 0; i < 10; i++)
        scanf("%d", &a[i]);
        mpsort(a,10);                    /* 调用 mpsort( )函数，a 为数组名，10 为数组大小 */
        printf("The sorted array: \n");
        for (i = 0; i < 10; i++)
        printf("%6d", a[i]);
        printf("\n");
    }

    void mpsort(int array[],int n)
    {
        int i, j, temp;
        for (i = 0; i < n-1; i++)
        {
            for (j = 0; j < n - 1 - i; j++)
            {
                if ( array[j] > array[j+1])
                {
                    temp = array[j];
                    array[j] = array[j+1];
                    array[j+1] = temp;
                }
            }
        }
    }
```

程序运行结果：

```
Please input ten numbers:
78 45 -2 0 56 88 66 26 12 95
The sorted array:
    -2     0    12    26    45    56    66    78    88    95
Press any key to continue
```

程序分析：在执行函数调用语句 mpsort(a,10);之前和之后，a 数组中各元素的值是不同的。原来是无序的，执行 mpsort(a,10);语句后，a 数组排序完成，这是因为在主函数中调用函数 mpsort( )时，使用了数组名 a 作为实参，实际上是将实参数组 a 的首地址传给函数相应的形参，形参数组和实参数组占用同一段存储空间，因此形参元素值的改变，也就相当于实参数组元素值的改变。读者可以再参考图 7-8 仔细体会。

3. 二维数组作函数参数

二维数组也可以作为函数的参数，当形参为二维数组时，可以省略第一维的大小，但不能省略其他维的大小。

【例 7-15】某班期末考试科目为高数、计算机基础、C 语言，班级人数不超过 40 人。要求计算：(1)每个学生的总分和平均分；(2)每门课程的总分和平均分。

```
/* exp7-15 */
/* 二维数组作函数参数 */
#include "stdio.h"
#define STUDENT_N  40                    /* 最多学生人数 */
#define COURSE_N  3                       /* 考试科目数 */
void ReadScore(int score[][COURSE_N],long num[],int n);
```

```
void AverforCourse(int score[][COURSE_N], int sum[],float aver[], int n);
void AverforStud(int score[][COURSE_N], int sum[],float aver[], int n);
void print(int score[][COURSE_N], long num[],int sumS[],
float averS[],int sumC[],float averC[], int n);
int main( )
{
    int score[STUDENT_N][COURSE_N], sumS[STUDENT_N], sumC[COURSE_N],n;
    long num[STUDENT_N];
    float averS[STUDENT_N], averC[COURSE_N];
    printf("请输入学生的总人数(n<=40):");
    scanf("%d",&n);
    ReadScore(score, num,n );                    /* 读入 n 个学生的学号和成绩 */
    AverforStud(score, sumS, averS, n );      /* 计算每个学生的总分和平均分 */
    AverforCourse(score, sumC, averC, n );   /* 计算每门课程的总分和平均分 */
    print(score, num, sumS, averS, sumC, averC, n );/* 输出学生成绩信息 */
    return 0;
}

/* 输入 n 个学生的学号及三门课成绩 */
void ReadScore(int score[][COURSE_N],long num[],int n)
{
    int i,j;
    printf("输入学生学号和成绩: 学号 高数 物理  C 语言:\n");
    for (i=0; i<n; i++)
    {
        scanf("%ld",&num[i]);                    /* 输入学生学号 */
        for(j=0;j<COURSE_N;j++)
        {
            scanf("%d",&score[i][j]);            /* 输入每个学生各门课成绩 */
        }
    }
}

/* 计算每门课的总分和平均分 */
void AverforCourse(int score[][COURSE_N], int sum[],float aver[], int n)
{
    int  i, j;
    for (j=0; j<COURSE_N; j++)                    /* 对所有课程循环 */
    {
        sum[j] = 0;
        for (i=0; i<n; i++)
        {
            sum[j] = sum[j] + score[i][j];   /* 计算第 j 门课的总分 */
        }
        aver[j] = (float)sum[j] / n;             /* 计算第 j 门课的平均分 */
    }
}

/* 计算每个学生的总分和平均分 */
void AverforStud(int score[][COURSE_N], int sum[],float aver[], int n)
{
    int  i, j;

    for (i=0; i<n; i++)                               /* 对所有学生循环 */
```

```
        {
            sum[i] = 0;
            for (j=0; j<COURSE_N; j++)
            {
                sum[i] = sum[i] + score[i][j];   /* 计算机第 j 门课的总分 */
            }
            aver[i] = (float)sum[i] / COURSE_N; /* 计算机第 j 门课的平均分 */
        }
}

/* 打印输出每个学生的学号、各门课的成绩、总分和平均分及每门课的总分和平均分 */
void print(int score[][COURSE_N], long num[],int sumS[],
float averS[],int sumC[],float averC[], int n)
{
    int i,j;
    printf("   学    号\t 高数\t 计算机\t c语言\t 总分\t 平均分");
    for (i=0; i<n; i++)
    {
        printf("\n%12ld\t",num[i]);                 /* 打印学生学号 */
        for (j=0; j<COURSE_N; j++)
        {
            printf("%4d\t",score[i][j]);        /* 打印学生每门课成绩 */
        }
        printf("%4d\t%5.1f ", sumS[i],averS[i]);/* 打印学生总分和平均分 */
    }
    printf("\n   课程总分\t");
    for (j=0; j<COURSE_N; j++)
    {
        printf("%4d\t", sumC[j]);                  /* 打印每门课的总分 */
    }
    printf("\n   课程平均分\t");
    for (j=0; j<COURSE_N; j++)
    {
        printf("%4.1f\t", averC[j]);                /* 打印每门课的平均分 */
    }
    printf("\n");
}
```

程序运行结果：

程序分析：

（1）程序中定义了 4 个函数：ReadScore( )用于从键盘输入学生的学号及其三门课的成绩；AverforStud( )用于计算每个学生的总分和平均分；AverforCourse( )用于计算每门课程的总分和平均分；print( )用于打印每个学生的学号、三门课的成绩、总分、平均分及每门课程的总分和平均分。

（2）在调用这 4 个函数时，都需要将存储 n 个学生的三门课成绩的二维数组传给函数，采用的是"地址传递"的方法，即用数组名作为函数的实参，实际传送的是数组的首地址。

（3）函数 AverforStud( )和 AverforCourse( )的不同之处在于，AverforStud( )是对每一行计算总和及平均值，AverforCourse( )是对每一列计算总和平均值，因此二者的循环控制方法不同。AverforStud( )是外层循环控制行变化，内层循环对每一行中所有列上的元素累加求和，并计算平均值；而 AverforCourse( )是外层循环控制列变化，内层循环对每一列中所有行上的元素累加求和，并计算平均值。

7.7 变量的作用域及存储类别

在一个函数内部定义的变量，其他函数能否使用？在不同位置定义的变量，在什么范围内有效？这就是变量的作用域问题。

C 语言中的变量，从变量的作用域（即从空间）角度来分，可分为局部变量和全局变量。从变量存在的时间（即生存期）角度来分，可以分为静态存储方式和动态存储方式。

7.7.1 变量的作用域

变量的作用域是指变量在源程序中起作用的范围，可以分为局部变量（Local Variable）和全局变量（Global Variable）两大类。

1. 局部变量

程序中{ }括起来的语句称为语句块，函数体是语句块，分支语句和循环体也是语句块。局部变量是指在语句块内定义的变量。前面例子中用到的变量及函数的形参都是局部变量。局部变量的作用域是从定义的位置开始到该语句块结束，执行语句块时为该变量分配内存，退出语句块时释放内存，变量不再有效。

例如：

```
int f1(int a)              /* 定义函数 f1( )，形参 a 只在 f1( )函数内起作用 */
{
    int b, c;              /* 局部变量 b 和 c,只在 f1( )函数内起作用 */
    …
}
int f2(int x)              /* 定义函数 f2( )，形参 x 只在 f2( )函数内起作用 */
{
    int y, z;              /* 局部变量 y 和 z, 只在 f2( )函数内起作用 */
    …
}
int main( )                /* 定义 main( )函数 */
{
    int m, n;              /* 局部变量 m 和 n, 只在 main( )函数内起作用 */
    …
}
```

在 f1( )函数内，a 为形参，b, c 为局部变量，a, b, c 的作用域在 f1( )函数内。同样，x, y, z 的作用域在 f2( )函数内。m, n 的作用域在 main( )函数内。

【例 7-16】 局部变量举例。

```
/* exp7-16 */
/* 下面代码能实现两数的交换吗？ */
#include "stdio.h"
void swap(int a,int b);
int main( )
{
    int a=10,b=20;
    swap(a,b);
    printf("In main( ): a=%d, b=%d\n",a,b);
    return 0;
}
void swap(int a,int b)
{
    int t;
    t=a;
    a=b;
    b=t;
    printf("\nIn swap( ): a=%d, b=%d\n",a,b);
}
```

程序运行结果：

```
In swap(): a=20, b=10
In main(): a=10, b=20
Press any key to continue
```

程序分析：程序的执行结果说明，该程序不能完成两数的交换。

(1) main( )函数和 swap( )函数是两个并列的语句块，a 和 b 分别是在各自的语句块中定义的变量。

(2) 在 swap( )函数内部实现了 a 和 b 的交换，但是并未造成 main( )函数中 a 和 b 的交换，main( )函数中的变量 a 和 b，swap( )函数中的形参变量(形参变量属于被调函数的局部变量)、a 和 b 各自占用不同的内存单元，都只在本函数内有效，所以，在两个函数中分别定义同名的变量是互不干扰的。

(3) 不同语句块中的局部变量允许重名。

【例 7-17】 局部变量举例，在复合语句中声明变量。

```
/* exp7-17 */
#include "stdio.h"
int main( )
{
    int i = 13, j = 5, k;          /* 此处 i, j, k 作用域在 main( )函数内 */
    k = i % j;
    {
        int k = 8;                 /* 此处的局部变量 k 作用域在复合语句内 */
        printf("In FuHeYuJu: k=%d\n", k);
    }
    printf("In main: k=%d\n", k);
    return 0;
}
```

程序运行结果：

```
In FuHeYuJu: k=8
In main: k=3
Press any key to continue
```

程序分析：main()函数中声明了 i, j, k 三个变量，分别赋值 13, 5, 3。在复合语句内又声明了一个变量 k，赋值为 8。这两个 k 变量在内存中占用的是不同的内存单元。注意，在复合语句外，main()函数的局部变量 k 起作用，在复合语句内，复合语句的局部变量 k 起作用。

2. 全局变量

全局变量，又称外部变量，是指在函数之外定义的变量。其生存期是整个程序，从程序运行起占据内存，程序运行过程中可随时访问，程序退出时释放内存。所谓释放内存，就是将内存中的值恢复为随机值。其作用域是从定义变量的位置开始到本程序结束。

例如：

```
int x,y;              /* 全局变量x，y，其作用域在main()函数和f1()函数都有效 */
int main()
{
    int m, n;
    …
}
int z;                /* 全局变量z，其作用域在f1()函数有效 */
int f1(int a)
{
    int b, c;
    …
}
```

x、y、z 都是在函数外部定义的外部变量，都是全局变量。但 z 定义在函数 f1() 之后，所以它在 f1() 内无效。x、y 定义在源程序最前面，因此在 f1() 及 main() 内不加说明也可使用。

【例 7-18】 全局变量举例。在【例 7-9】中用递归法计算 Fibonacci 数列的基础上，同时输出计算 Fibonacci 数列每一项时所需的递归调用次数。

```
/* exp7-18 */
/* 计算 Fibonacci 数列，采用递归的方法 */
#include "stdio.h"
long Fib (int n);                      /* 声明 fac() 函数 */
int count;   /* 全局变量 count 用于累计递归函数被调用的次数，自动初始化为 0 */
int main()
{
    int n, i, x;
    printf("请输入一个整数:");
    scanf("%d", &n);
    for( i=1; i<=n; i++ )
    {
        count=0;                    /* 计算下一项 Fibonacci 数列时将计数器清 0 */
        x=Fib(i);                   /* 调用 fib() 函数计算 Fibonacci 数列的第 n 项 */
        printf(" fib(%d)=%d,count=%d\n", i, x,count );
    }
    return 0;
}
```

```
long Fib (int n)
{
    long f;
    count++;                    /* 累计递归函数被调用的次数，记录在全局变量 count 中 */
    if (n == 0)f = 0;
    else if (n == 1)f = 1;
    else f = Fib (n-1)+ Fib(n-2);
    return f;
}
```

程序运行结果：

```
请输入一个整数:12
fib(1)=1,count=1
fib(2)=1,count=3
fib(3)=2,count=5
fib(4)=3,count=9
fib(5)=5,count=15
fib(6)=8,count=25
fib(7)=13,count=41
fib(8)=21,count=67
fib(9)=34,count=109
fib(10)=55,count=177
fib(11)=89,count=287
fib(12)=144,count=465
Press any key to continue
```

程序分析：与【例 7-9】相比

(1)增加一个全局变量 count，用于累计递归函数调用的次数。全局变量不指定初值时，系统自动初始化为 0，相当于 int count = 0;。

(2)在 main( )函数的 for 循环体内将 count 赋值为 0，因为每次计算下一项 Fibonacci 数列时都应该从 0 开始计数。

(3)在递归函数 Fib( )中增加了一行 count++;语句，意味着每次进入递归函数时都将 count 值加 1。

(4)main( )函数中的 printf 语句增加了输出 count 值的信息。

(5)本例通过使用全局变量 count，可以方便地获得在函数外部不易获得的递归函数调用次数这个内部信息，如果换成局部变量来累计递归函数的调用次数，不仅会增加 Fib( )函数入口参数的复杂度，而且计算过程也相当麻烦。

需要注意，全局变量使函数间的数据交换更容易、更高效，但同时也降低了函数的独立性，从模块化程序设计的观点来看这是不利的，因此，应尽量不用或少用全局变量。由于谁都可改写全局变量，所以很难确定究竟是谁改的。在必须使用时要严格限制，尽量不要在多个地方随意修改其值，以免造成后患。

【例 7-19】 全局变量与局部变量同名。

```
/* exp7-19 */
#include "stdio.h"
int min(int a, int b);          /* 声明 max( )函数 */
int a = 5, b = 8;               /* 声明 a 和 b 为全局变量 */
int main( )
{
    int a = 20;                 /* 声明 a 为局部变量，有效范围为 main( )函数 */
    printf("min=%d\n", min(a, b));
```

```
        return 0;
    }

    int min(int a, int b)              /* 定义 min( )函数，形参 a 和 b 为局部变量 */
    {
        int c;
        c=(a < b)? a : b;
        return c;
    }
```

程序运行结果为：

```
min=8
Press any key to continue
```

程序分析：如果一个程序中，全局变量与局部变量同名，则在局部变量的作用域内，同名的全局变量不起作用。

7.7.2 变量的存储类别

如果从变量的生存期(即从时间)角度来看，在之前的程序中，有的变量在程序运行的整个期间都存在，有的变量是调用其所在的函数时才临时分配内存单元，并且函数调用结束后，马上释放内存，这些变量也随之"消亡"。这是因为，变量有不同的存储类别。变量的存储类别是指数据存储的方式，即编译器为变量分配内存的方式，它决定变量的生存期。

用户工作区如图 7-10 所示，数据在计算机中有 3 种存储位置：动态存储区、静态存储区和寄存器。

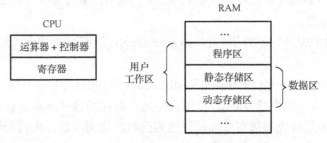

图 7-10　用户工作区示意图

(1)动态存储区。若变量名前使用关键字 auto(通常省略)，则变量位于动态存储区中。动态存储区中存储的数据(如函数形参、局部变量等)，在函数调用开始时分配动态存储空间，函数结束时释放这些空间。所以它们与程序块"共存亡"。

(2)静态存储区。若变量名前使用关键字 static，则变量位于静态存储区中。静态存储区中存储的数据(如全局变量)，在程序开始执行时分配固定的存储单元，程序执行结束释放存储单元。在程序执行过程中，它们占用固定的存储单元，而不是动态分配和释放。所以它们与程序"共存亡"。

(3)寄存器。若变量名前使用关键字 register，则变量位于寄存器中，这种变量称为寄存器变量。CPU 是计算机的运算核心，寄存器是位于 CPU 中的存储单元，这些存储单元很少，只能保存少量的数据，从寄存器中存取数据比内存中快得多。但由于数量有限，不能过多定义 register 变量。

C 语言中变量和函数有存储类型和数据类型两个属性，变量定义的一般形式是：

> 存储类型　数据类型　变量名；

对于数据类型读者已经熟知，如 int、float 等。C 语言提供了以下几种存储类别：

自动变量(auto 变量)；

静态变量(static 变量)；

寄存器变量(register 变量)；

外部变量(extern 变量)。

1. 自动变量(auto 变量)

自动变量用关键字 auto 作存储类别的声明，它们是动态分配存储空间的，数据存储在动态存储区中。自动变量的"自动"体现在进入语句块时自动分配存储空间，退出时自动释放存储空间，又因为它仅能被语句块内的语句访问，退出语句块后不能访问，因此它是动态局部变量。

自动变量定义的一般形式为：

> [auto] 数据类型 变量名；

其中，auto 可以省略，即函数内只要未加存储类型说明的变量均为自动变量。

例如：

```
int main( )
{
    auto int x, y;
    auto float z;
    …
}
```

等价于：

```
int main( )
{
    int x, y;
    float z;
    …
}
```

又如：

```
int f(double a)              /* 定义 f( )函数，a 为形参 */
{
    auto double b, c = 6;    /* 定义 b 和 c 自动变量 */
    …
}
```

a 是形参，b 和 c 是自动变量。f( )函数中对 c 赋初值 6。执行完 f( )函数后，释放 a、b 和 c 所占的存储单元。

2. 静态变量(static 变量)

在编译时分配固定存储空间的变量称为静态变量，数据存储在静态存储区中。

静态变量定义的一般形式为：

> static 数据类型 变量名；

例如：

```
static float f1;
```

静态变量分为静态局部变量和静态全局变量。

(1)静态局部变量

静态局部变量的作用域仅局限于声明它的语句块中，但是在程序执行期间，变量将始终占用分配的内存单元。所以，静态局部变量的初始化语句只在语句块第一次执行时起作用。在之后的执行过程中，变量将保持上一次执行时的值。

【例7-20】 静态局部变量和自动变量的比较。

```
/* exp7-20 */
#include "stdio.h"
int f(int a);
int main( )
{
    int x = 10, i;
    for(i = 0; i < 3; i++)
    {
        printf("i=%d,sum=%d\n", i, f(x));
    }
    return(0);
}

int f(int a)
{
    auto int b = 0;                    /* 自动变量b */
    static int c = 0;                  /* 静态局部变量c */
    b = b + 1;
    c = c + 1;
    printf("In f( ):a=%d,b=%d,c=%d\n", a, b, c);
    return(a + b + c);
}
```

程序运行结果：

```
In f():a=10,b=1,c=1
i=0,sum=12
In f():a=10,b=1,c=2
i=1,sum=13
In f():a=10,b=1,c=3
i=2,sum=14
Press any key to continue
```

程序分析：静态局部变量c是在静态存储区内分配存储单元，在程序整个执行期间都不释放。而自动变量b在动态存储区分配单元，函数调用结束后即释放。静态局部变量c在编译时赋初值，且只赋一次初值；自动变量b赋初值是在函数调用时进行的，每调用一次，函数重新赋一次初值。

什么情况下需要用到局部静态变量呢？当需要保留函数上一次调用结束时的值时。可以用下面的方法求$n!$。

【例7-21】 利用静态局部变量求$n!$。

```
/* exp7-21 */
/* 计算n的阶乘，采用静态局部变量 */
```

```
#include "stdio.h"
#include "stdio.h"
int fac(int n);
int main( )
{
    int n, i;
    printf("请输入一个整数:");
    scanf("%d", &n);
    for(i=1;i<=n;i++)
    {
        printf("%d!=%d\n",i, fac(i));
    }
    return 0;
}

int fac(int n)
{
    static int p=1;                /* 定义静态局部变量 p */
    p=p*n;
    return p;
}
```

程序运行结果:

```
请输入一个整数:8
1!=1
2!=2
3!=6
4!=24
5!=120
6!=720
7!=5040
8!=40320
Press any key to continue
```

程序分析: fac( )函数中定义了静态局部变量 p, 每次调用 fac(i)输出一个 i 的阶乘, 同时保留这个 i 的阶乘, 以便下次调用时再使用, 在下次调用时用保留的这个值再乘以(i + 1), 得到下一个阶乘值。静态局部变量使得定义它的函数具有一定的"记忆"功能, 本例就是利用了这一点。然而函数的这种"记忆"功能降低了程序的可读性, 因此建议尽量少用静态局部变量。

(2)静态全局变量

静态全局变量的作用域从定义的位置开始到本程序结束。有时在程序设计中希望某些全局变量只限于本文件使用, 而不能被其他文件使用, 这时可以在定义全局变量时加一个 static 声明。它们在静态存储区, 仅分配一次存储空间, 且只被初始化一次, 自动初始化为 0。

3. 寄存器变量(register 变量)

寄存器是 CPU 内部容量有限但速度极快的存储器。将使用频率比较高的变量声明为 register, 可使程序执行速度更快。寄存器变量定义的一般形式为:

register 数据类型 变量名;

例如:

register double d1;

现代编译器能自动优化程序, 可自动把普通变量优化为寄存器变量, 并且可以忽略用户的 register 指定, 所以一般无须特别声明变量类型为 register。

4. 外部变量(extern 变量)

如果在所有函数之外定义的变量没有指定存储类别，则它就是一个外部变量。外部变量是全局变量，它的作用域是从它的定义点到本文件的末尾。但是如果要在定义点之前或者其他文件中使用，那么就需要用关键字 extern 对其进行声明(注意不是定义，编译器并不对其分配内存)，表示该变量是一个已经定义的外部变量。有了此声明，就可以从"声明"处起，合法地使用该外部变量。声明的格式为：

        extern 数据类型 变量名;

例如：

        extern int x;

外部变量保存在静态存储区中，在程序运行期间分配固定的存储单元，其生存期是整个程序的运行期。没有显式初始化的外部变量由编译程序自动初始化为 0。

【例 7-22】 用 extern 声明外部变量，扩展程序文件中的作用域。

```
/* exp7-22 */
#include "stdio.h"
int min(int a, int b);          /* 声明 min( )函数 */
extern int a, b;                /* 声明 a, b 为外部变量 */
int main( )
{
    printf("min=%d\n", min(a, b));
    return 0;
}
int a = 6, b = 8;               /* 定义 a, b 为全局变量 */
int min(int a, int b)           /* 定义 min( )函数，形参 a, b 为局部变量 */
{
    int c;
    c=(a < b)? a : b;
    printf(" min: a=%d, b=%d\n", a, b);
    return c;
}
```

程序运行结果：

```
min:a=6, b=8
min=6
Press any key to continue
```

程序分析：

(1)main( )函数和 min( )函数之间定义了外部变量 a 和 b，外部变量定义的位置在 main( )函数之后，如果不处理，在 main( )函数中是不能使用的。在 main( )函数前用 extern 对 a 和 b 进行"外部变量声明"，这样就可以从"声明"处起，合法地使用外部变量 a 和 b 了。

(2)min( )函数中使用的 a 和 b 是形参，调用时另外分配内存单元，与外部变量 a 和 b 占用不同的内存单元，值是由实参传递过来的。

7.7.3 变量的作用域和存储类别小结

图 7-11 从作用域和生存期的角度，归纳总结了变量的作用域和存储类别。

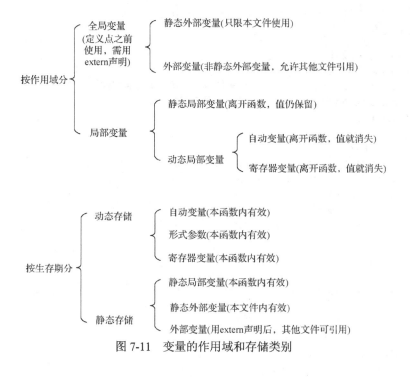

图 7-11　变量的作用域和存储类别

7.8　多文件程序

前面学习的程序都是规模比较小的，一般一个程序对应一个源程序(.c)文件。但在实际应用中，一个规模较大的程序往往包含很多函数，如果代码都放在一个文件中，不方便团队合作。

把一个大型程序拆分成多个源程序文件是十分必要的，如图 7-12 所示。将不同的函数按照功能分别放在不同的源程序文件中，如把数值处理的函数放在一个文件，把与用户界面有关的函数放到另一个文件中，注意同一函数不允许被拆分为多个文件。这样既使得程序清晰，又有利于分工协作，各个源程序文件可分别编译，互不影响。当某函数需要修改时，可以只改动它所在的文件并重新编译，其他文件不变。当所有源程序都编译正确后，就可以组装起来，链接和运行了。

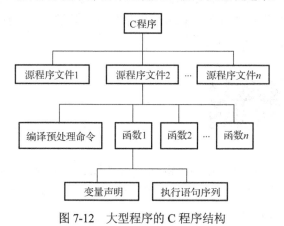

图 7-12　大型程序的 C 程序结构

例如，下面是由两个源程序文件组成的 C 程序，其包含两个函数：main()和 Min()。其中 main()放在 file1.c 中，Min()函数放在 file2.c 中。

(1) file1.c 文件

```
/* file1.c 文件 */
#include "stdio.h"
extern int a, b;          /* 声明 a、b 来自于其他文件 */
extern int Min( );        /* 声明外部函数 */
int main( )
{
    int min;
    printf("Please input two numbers:");
    scanf("%d,%d", &a, &b);
    min = Min( );
    printf(" min = %d\n ", min);
    return 0;
}
```

(2) file2.c 文件

```
/* file1.c 文件 */
int a, b;                 /* 定义全局变量 */
int Min ( )
{
    int c;
    c=(a < b)? a : b;
    printf(" In min: a=%d, b=%d\n", a, b);
    return c;
}
```

多个源文件通过工程管理连接成一个程序。【例 7-23】说明了多文件程序的创建过程（VC++ 6.0 环境）。

【例 7-23】 多文件程序的应用。

步骤 1：打开选择"文件"→"新建"→"工程"；选择"Win32 Console Application"（控制台应用程序），指定工程名称和工程位置。

步骤 2：创建一个空工程。

步骤 3：选择"文件"→"新建 file1.c 文件"→"保存"→"编译"。

步骤 4：选择"文件"→"新建 file1.c2 文件"→"保存"→"编译"。

步骤 5：选择"连接"→"运行"。

程序运行结果：

```
Please input two numbers:6.8
In min: a=6, b=8
min = 6
Press any key to continue
```

程序分析：

(1) 程序有两个文件，分别为 file1.c 和 file2.c。file2.c 中定义了全局变量 a 和 b，file1.c 通过 extern int a, b;语句声明，使得在 file1.c 中可以使用 file2.c 中定义的 a 和 b，将 file2.c 中的全局变量作用域扩展到 file1.c 中。

(2) file1.c 中的 main( ) 函数调用了 file2.c 文件中的 Min( ) 函数，也需要用 extern int Min( );语句声明，这个 extern 用在函数前，表示该函数是在其他文件中定义的。不同的是这个 extern

可以省略，编译系统会自动查找本文件中有无此函数的定义，如果没有，则到其他文件中找。因此，通常函数定义前的 extern 是可以省略的。

说明：当一个 C 程序是由多个源程序文件组成时，注意多个源程序文件组成的是一个程序，而不是多个程序。因此，只能在一个源文件中有 main( )函数，且只能有一个 main( )函数。【例 7-23】在 file1.c 中有 main( )函数，如果在 file2.c 中又包含了 main( )函数则是错误的。

小　结

本章介绍了函数的定义、调用和参数传递，函数声明、函数的嵌套和递归调用，数组作函数参数，变量的作用域和存储类型等内容。通过本章的学习，读者在解决复杂问题时，应能够合适地分解问题，抽取函数，将复杂的问题通过模块化程序设计方法实现。

习　题　7

一、选择题

1．以下正确的函数声明是_____。

A）int min (int x,int y)　　　　　　　　B）int min (int x; int y)

C）int min (int x,int y) ;　　　　　　　　D）int min (int x,y) ;

2．以下正确的函数形式是_____。

A）double fun (int x,int y) {z=x+y;return z;}

B）double fun (int x,y) {int z;return z;}

C）fun (x,y) {int x,y;double z; z=x+y; return z;}

D）double fun (int x,int y) {double z;z=x+y;return z;}

3．以下正确的说法是_____。

A）实参和与其对应的形参占用独立的存储单元

B）实参和与其对应的形参共占用一个存储单元

C）只有当实参和与其对应的形参同名时才共占用一个存储单元

D）形参是虚拟的，不占用存储单元

4．C 语言规定，简单变量作实参时，它和对应形参之间的数据传递方式是_____。

A）地址传递　　　　　　　　　　　　　B）单向值传递

C）由实参传给形参，再由形参传回实参　　D）由用户指定传递方式

5．如果用数组名作为函数的实参，则传递给形参的是_____。

A）数组的首地址　　　　　　　　　　　B）数组中第一个元素的值

C）数组中全部元素的值　　　　　　　　D）数组元素的个数

6．以下程序有语法性错误，有关错误原因的正确说法是_____。

```
main( )
{
    int G=5,k;
    void prt_char( );
    ...
```

```
k=prt_char(G);
...
}
```

A)语句 void prt_char( );有错，它是函数调用语句，不能用 void 说明

B)变量名不能使用大写字母

C)函数说明和函数调用语句之间有矛盾

D)函数名不能使用下画线

7. 以下叙述中不正确的是_____。

A)在不同的函数中的变量允许重名

B)函数中的形式参数及函数内部定义的变量都是局部变量

C)在一个函数内定义的变量只在本函数范围内有效

D)在一个函数内的复合语句中定义的变量在本函数范围内有效

8. 以下对 C 语言函数的有关描述中，不正确的是_____。

A)调用函数时，实参的值传送给形参，但是形参的值不能传送给实参

B)函数不允许嵌套定义，但允许嵌套调用

C)C 程序中有调用关系的所有函数必须放在同一个源程序文件中

D)函数有 0 个或 1 个返回值

9. 以下程序的正确运行结果是_____。

```
#include<stdio.h>
int f(int a);
int main( )
{
    int a=2,i;
    for(i=0;i<3;i++)
    printf("%4d",f(a));
    return 0;
}
int f(int a)
{
    int b=0;
    static int c=3;
    b++;c++;
    return(a+b+c);
}
```

A)7 7 7   B)7 10 13   C)7 9 11   D)7 8 9

10. 以下程序的正确运行结果是_____。

```
#include<stdio.h>
void num( )
{
    extern int x,y;
    int a=15,b=10;
    x=a-b;
    y=a+b;
}
int x,y;
main( )
```

```
    {
        int a=7,b=5;
        x=a+b;
        y=a-b;
        num( );
        printf("%d,%d\n",x,y);
    }
```

    A) 12,2   B) 12,25   C) 5,25   D) 5,2

11. 如果在一个复合语句中定义了一个变量，则有关该变量正确的说法是_____。

    A) 只在该复合语句中有效   B) 只在该函数中有效

    C) 在本程序范围内均有效   D) 为非法变量

12. 若函数的形参为一维数组，则下列说法中正确的是_____。

    A) 调用函数时的对应实参必为数组名

    B) 形参组可以不指定大小

    C) 形参组的元素个数必须等于实参组的元素个数

    D) 形参组的元素个数必须多于实参组的元素个数

13. 已有以下数组定义和 f( ) 函数调用语句，则在 f( ) 函数的说明中，对形参数组 array 的错误定义方式为_____。

```
int a[3][4];
f(a);
```

    A) f(int array[][6])   B) f(int array[3][])

    C) f(int array[][4])   D) f(int array[2][5])

二、填空题

1. C 语言中唯一一个不能被别的函数调用的函数是_____。

2. 已有定义 int a = 1, b = 3, m = 8, n = 6;，函数调用语句 fun(a % b, m − n) 中的实参值分别为_____，_____。

3. 已知函数 f( ) 的功能是计算 n 的阶乘。

```
long f (int n)
{
    long s=1,i;
    for(i = 1;i <= n; i++)
    {
        s = s * i;
    }
    return s;
}
```

    主函数中已经正确定义 sum、a、b 变量并赋值，欲调用 f ( ) 函数计算：sum =a! + b! + (b−a)!。实现这一计算的函数调用语句为_____。

4. 在函数内部定义的，只在本函数内有效的变量叫_____，在函数以外定义的变量叫_____。

5. 函数调用时，如果形参和实参均是数组名，则传递方式为_____。

6. 以下程序的输出结果是_____。

```
f(int b[ ], int m, int n)
{
```

```
    int i, s=0;
    for(i=m; i<n; i=i+2) s=s+b[i];
    return s;
}
main( )
{
    int x, a[ ]={1, 2, 3, 4, 5, 6, 7, 8, 9};
    x=f(a, 3, 7);
    printf("%d\n", x);
}
```

三、程序设计题

1. 编写函数，实现比较两个整数中较大的值，在主函数中调用该函数并输出从键盘上任意输入的两个整数的最大值。

2. 采用穷举法，编写函数实现求两个正整数的最小公倍数，在主函数中调用该函数并输出从键盘上任意输入的两个整数的最小公倍数。

3. 编写函数，实现对任意 *n* 个整数排序，在主函数中调用该函数并输出从键盘上任意输入的 8 个整数的正序结果。

4. 编写一个求阶乘函数，在主调函数中调用该函数，计算并输出 1!+2!+…+*n*! 的结果。

5. 采用递归的方法，编写函数实现求两个正整数的最大公约数，在主函数中调用该函数并输出从键盘上任意输入的两个整数的最大公约数。

6. 输入 n×n 的矩阵，编写函数计算并输出 4×4 矩阵主对角线上各元素之和。

7. 编写一个函数，将任意一个十六进制数据字符串转换为十进制数据，并在主函数中调用此函数。

8. 输入某班学生 C 语言课程的成绩(最多不超过 40 人，具体人数由用户键盘输入)，用函数编程统计优秀人数。

9. 输入 10 个整数，用函数编程，将其中最大值与最小值互换，然后输出互换后的数组。

10. 用函数编程，计算并输出如下杨辉三角形，行数在主函数中输入。

    1
    1 1
    1 2 1
    1 3 3 1
    1 4 6 4 1
    1 5 10 10 5 1
    1 6 15 20 15 6 1

第8章　预处理命令

程序中多次使用过以#开头的预处理命令，如包含命令#include、宏定义命令#define 等。在源程序中这些命令都放在函数外，而且一般在源文件的前面，称为预处理部分。

编译预处理就是在编译之前所做的工作，编译系统一般把预编译、编译两个阶段一起完成。C语言提供了多种预处理功能，如宏定义(#define、#undef)、文件包含(#include)、条件编译(#if、#elif、#else、#ifdef、#ifndef、#endif)等。编译预处理不是执行语句，只能称其为"命令"，包含以下特点。

(1)编译预处理命令独占一行，以#开头，后面没有分号(;)。

(2)先预处理，再编译。

(3)预编译命令本身不编译。

预处理命令主要有三类：宏定义、文件包含和条件编译。合理使用预处理功能可使程序便于阅读、修改、移植和调试，也有利于模块化的程序设计。下面介绍几种常用的预处理命令。

8.1　宏　定　义

在C语言源程序中允许用一个标识符来表示一个字符串，称为"宏"。被定义为"宏"的标识符称为"宏名"。在编译预处理时，对程序中所有出现的"宏名"，都用宏定义中的字符串去代换，这称为"宏代换"或"宏展开"。宏定义是由源程序中的宏定义命令完成的。宏代换是由预处理程序自动完成的。

1. 无参数的宏定义

无参数的宏的宏名后不带参数。其定义的一般形式为：

```
#define  标识符  字符串
```

其中的"#"表示这是一条预处理命令。凡是以"#"开头的均为预处理命令。"define"为宏定义命令。"标识符"为所定义的宏名。"字符串"可以是常数、表达式、格式串等。

(1)常对符号常量采用无参宏定义。例如：

```
#define PI 3.14                    /* 将圆周率命名为 PI */
```

它的作用是指定标识符 PI 来代替 3.14。在编写源程序时，所有的 3.14 都可由 PI 代替，而对源程序进行编译时，将先由预处理程序进行宏代换，即用 3.14 去置换所有的宏名 PI，然后再进行编译。#define 命令必须写在函数外，其作用域从命令起到源程序结束。

又例如：

```
#define ROW 4                  /* 定义二维数组行元素个数 */
#define COL 5                  /* 定义二维数组列元素个数 */
int a[ROW][COL], b[ROW][COL];  /* 定义二维数组 */
```

这样定义的二维数组 a 和 b 都是 4 行 5 列的整型数组，如果在程序中需要将数组改为 5 行 8 列，只需将宏定义后面的字符串修改为：

```
#define ROW 5                         /* 定义二维数组行元素个数 */
#define COL 8                         /* 定义二维数组列元素个数 */
```

程序中用到 ROW、COL 宏的地方就会替换为新修改的字符串，增加了程序的可读性和可维护性。

(2)常对程序中反复使用的表达式进行宏定义。例如：

```
#define M (x * x + 3 * x)
```

它的作用是指定标识符 M 来代替表达式(x＊x＋3＊x)。在编写源程序时，所有的(x＊x＋3＊x)都可由 M 代替，而对源程序进行编译时，将先由预处理程序进行宏代换，即用(x＊x＋3＊x)表达式去置换所有的宏名 M，然后再进行编译。

若源程序中有语句：

```
s =3 * M + 4;
```

宏展开后为：

```
s=3 * (x * x + 3 * x)+ 4;
```

之后编译时再检查上述语句的语法，并计算、运行。

如果在宏定义时省略了括号，例如：

```
#define M x * x + 3 * x
```

则宏展开后为：

```
s= 3 * x * x + 3 * x + 4;
```

这与加括号的结果是不同的。可能与原题要求不符，计算结果当然是错误的。因此，在进行宏定义时必须十分注意，该加的括号不能省。应保证在宏代换之后不发生错误。

【例 8-1】 使用无参数的宏定义常量。

```
/* exp8-1 */
#include "stdio.h"
#define PI 3.14                        /* 无参数的宏 */
int main( )
{
    double r, c, s, v;
    printf("Please input radius:");
    scanf("%lf", &r);                  /* 输入圆的半径 */
    c = 2.0 * PI * r;                  /* 计算圆周长 */
    s = PI * r * r;                    /* 计算圆面积 */
    v = PI * r * r * r * 4.0 / 3.0;    /* 计算球体积 */
    printf("PI=%f\nc=%f\ns=%f\nv=%f\n", PI, c, s, v);
    return(0);
}
```

程序运行结果：

```
Please input radius:2
PI=3.140000
c=12.560000
s=12.560000
v=33.493333
Press any key to continue
```

程序分析：

(1)习惯上宏名使用大写字母，变量名使用小写字母。

(2)宏可使程序可读性增强、易于维护。程序中多处使用宏名 PI 来表示 π，当对计算精度要求改变时，只需要修改宏定义的字符串部分即可，如改为#define PI 3.14159。

(3)宏定义是用宏名代替字符串，宏替换时仅做简单替换，不检查语法。宏定义不是声明或语句，在行末不必加分号，若加上分号，分号将会被视为替换文本的一部分。

例如：

```
#define PI 3.14;
c = 2.0 * PI * r;
```

宏替换后为：

```
c = 2.0 * 3.14; * r;
```

该语句在编译时会出现语法错误。因此，宏定义时是否添加分号需特别注意，要保证替换后的内容没有语法错误。

(4)注意：输出语句 printf("PI=%f\nc=%f\ns=%f\nv=%f\n", PI, c, s, v); 宏替换后为 printf("PI=%f\nl=%f\ns=%f\nv=%f\n", 3.14, c, s, v);，格式字符中的 PI 没有被替换。说明在源程序中引号之内的宏名是不会被替换的。

【例8-2】 对"输出格式"做宏定义，可以减少书写麻烦。

```
/* exp8-2 */
#include "stdio.h"
#define PRINT printf("hello word!\n");
#define P printf
#define C "%c\n"
#define D "%d\n"
int main( )
{
    char ch='a';
    PRINT                  /* 后面没有逗号 */
    P(C D,ch,ch);
    return 0;
}
```

程序运行结果：

```
hello word!
a
97
Press any key to continue
```

程序分析：PRINT 被 printf("hello word!");替换，替换后的内容是完整语句，输出 hello word!。P 被 printf 替换，C 被"%c\n"替换，D 被"%d\n"替换，分别以字符型和十进制整型格式输出 ch 的值。

综上，宏定义可以用宏名来表示一个字符串，字符串中可以含任何字符，在宏替换时用该字符串取代宏名。一定要牢记宏展开是一种纯文本替换，没有任何计算过程，并且预处理程序对它不做任何检查。如有语法错误，只能在编译时报错。如有语义错误，只能通过运行结果来发现。

2. 有参数的宏定义

C语言允许宏定义可以像函数那样带有参数。与函数类似，在宏定义中的参数称为形式参数，在宏调用中的参数称为实际参数。但仍需注意的是，参数也是纯文本的替换，不会为参数开辟变量的存储空间，没有值的传递，也没有计算过程。

有参数的宏定义的一般形式为：

```
#define 宏名(形参表)字符串
```

有参数的宏调用的一般形式为：

```
宏名(实参表);
```

例如：

```
#define F(x,y)2 * x + y        /* 有参数的宏定义 */
…
v = F(3,5);                     /* 宏调用 */
…
```

注意：对于有参数的宏定义，在宏调用时，不仅要宏展开，而且要用实参去代换形参。上例中，宏调用语句经预处理后为：

```
v = 2 * 3 + 5;
```

【例8-3】 输出两个数的较小值。

```
/* exp8-3-1 */
#include "stdio.h"
#define MIN(a,b)(a < b)? a : b        /* 有参数的宏定义 */
int main( )
{
    int n1, n2, min;
    printf("Please input two numbers:\n");
    scanf("%d%d", &n1, &n2);
    min = MIN(n1, n2);                /* 宏调用 */
    printf("min=%d\n", min);
    return 0;
}
```

程序运行结果：

```
Please input two numbers:
-2 8
min=-2
Press any key to continue
```

程序分析：

(1)程序定义了有参数的宏 MIN 表示条件表达式 $(a < b)? a : b$，用来计算 a 和 b 中较小的数，形参为 a 和 b。程序行 min = MIN (n1, n2);为宏调用语句，实参为 n1 和 n2。宏替换后该语句为：

```
min = (n1 < n2)? n1 : n2;
```

(2)宏名和替换文本之间是以空格(或者 Tab 符)作为分界的，因此有参数的宏定义中，宏名和形参表之间不能有空格(或者 Tab 符)，否则这个空格(或者 Tab 符)将被认为是分界符。

若写为：

```
#define MIN (a, b)(a < b)? a : b
```

则认为 MIN 是宏名(没有参数)，宏名 MIN 代表字符串 (a, b)(a<b)?a:b。宏展开时，宏调用语句：

```
min = MIN(n1, n2);
```

将变为：

```
min = (a, b)(a < b)? a : b (n1, n2);
```

显然编译这条语句时会出现语法错误。

(3)有参数的宏定义中，形式参数只是符号，不分配内存单元，因此不做类型定义。而宏调用中的实参有具体的值，要去替换形参，因此必须做类型说明。在函数中，形参和实参是两个不同的量，各自占用不同的内存单元，调用时要把实参值赋予形参，进行"值传递"，所以，实参和形参都要做类型说明。上例用函数也可以实现，程序运行结果一样。代码如下：

```
/* exp8-3-2 */
#include "stdio.h"
int min(int a, int b);              /* 函数声明 */
int main( )
{
    int n1, n2, minnum;
    printf("Please input two numbers: \n");
    scanf("%d%d", &n1, &n2);
    minnum = min(n1, n2);           /* 函数调用 */
    printf("min=%d\n", minnum);
    return 0;
}

int min(int a, int b)               /* 函数定义 */
{
    return(a < b ? a : b);
}
```

【例8-4】 有参数的宏定义。

```
/* exp8-4 */
#include "stdio.h"
#define F(x,y)2 * x + y
int main( )
{
    int z;
    z = F(3,5);
    printf("%d\n",z );
    return 0;
}
```

程序运行结果：

```
11
Press any key to continue
```

程序分析：

(1)程序中 z = F(3,5);的宏展开实际分两步，首先将 F(...)形式替换为 2 * x + y, z = 2 * x +

y，然后宏定义中指定形参为 x,y，调用时传递的实参是 3,5，按照顺序对应，将第一步中的 x 替换为 3，y 替换为 5，z=2*3+5，再编译运行，输出 11。

(2)有参数的宏的展开，与函数实参到形参的值传递有着本质的不同，这里没有"形参激活为变量"，也没有变量的值，它仍然只是纯文本的替换，将调用时实参的文本替换为定义时对应的形参文本。

3. 嵌套的宏

在宏定义的替换文本中，还可以用已经定义的宏名，成为嵌套的宏定义。

例如：

```
#define PI 3.14
#define S PI * R * R                    /* 引用已定义的宏名 PI */
```

则语句：

```
printf("S=%f\n", S);
```

宏展开为：

```
printf("S=%f\n", 3.14*R*R);
```

若要取消前面定义的宏定义，可用#undef命令。例如：

```
#include "stdio.h"
#define PI 3.14
fun( )
{
    printf("%f\n",PI*3*3 );
}
#undef PI
int main( )
{
    fun( );
    printf("%f\n",PI*6*6 );          /* 错误，PI 不再有效 */
    return 0;
}
```

因为在 main( )之前已经用#undef PI 取消了对 PI 的定义，PI 在 main( )函数中不再有效，本例中 PI 只在 fun( )函数中有效。

8.2　文　件　包　含

文件包含命令是#include，它也是编译预处理的一种。

文件包含命令的一般形式为：

```
#include"文件名"
```

在前面的例题中已多次使用此命令包含库函数的头文件。例如：

```
#include"stdio.h"
#include"math.h"
```

文件包含命令是指把另一文件的内容复制到当前文件#include命令的地方，取代#include 命令行。

对文件包含命令的几点说明如下。

(1)包含命令中的文件名可以用双引号括起来，也可以用尖括号括起来。例如：

```
#include "stdio.h"
#include <math.h>
```

两者的区别是：使用<>，表示所包含的文件位于系统 include 文件夹中，使用" "表示位于用户源代码文件夹中。当使用" "时，若在用户源代码文件夹中没有找到要包含的文件，计算机会再去系统文件夹中找。这就意味着，当系统文件夹(如/usr/include/)中有一个叫 math.h 的头文件，而用户的源代码目录里也有一个用户自己写的 math.h 头文件，那么使用<>时调用的就是系统里的，而使用" "时则调用用户自己编写的。

(2)一个 include 命令只能指定一个被包含文件，若有多个文件要包含，则需用多个 include 命令。

(3)文件包含允许嵌套，即在一个被包含的文件中又可以包含另一个文件。

(4)文件包含是把多个源文件连接成一个源文件进行编译，生成一个目标文件。

(5)在程序设计中，文件包含是很有用的。一个大的程序可以分为多个模块，由多个程序员分别编程。有些公用的符号常量或宏定义等可单独组成一个文件，在其他文件的开头用包含命令包含该文件后即可使用。这样，可避免在每个文件开头都去书写那些公用量，从而节省时间，并减少出错。

8.3　条　件　编　译

条件编译也是编译预处理的一种，与 if 语句类似，根据条件进行分支判断。条件编译在条件不成立时，语句也不会被执行。但是条件编译与 if 语句有着本质的不同，if 语句是一定要被编译的，可执行文件中包含对应的机器指令，只是不执行而已，而条件编译在条件不成立时根本不会编译这些语句，可执行文件中没有对应的机器指令，当然也不会执行。

条件编译命令有：#if、#elif、#else、#ifdef、#ifndef、#endif。

(1)#if、#elif、#else 类似于条件语句中的 if、else if、else，用于判断某个条件(必须是常量表达式)是否成立，决定是否进行编译。

(2)#ifdef、#ifndef 也用于判断某个条件是否成立，决定是否编译，但是专门针对"符号是否被#define 定义过"这类条件。#ifdef、#ifndef 分别表示某个符号被定义过则编译、某个符号未被定义过则编译。

(3)#if、#ifdef、#ifndef 都要以#endif 结束，它们把要被编译或不被编译的语句加在中间，不像 if 一样用{ }。

【例 8-5】　条件编译。

```
/* exp8-5 */
#include "stdio.h"
#define  DEBUG  1            /* 定义符号 DEBUG，替换文本为 1 */
int main( )
{
    int a=1;
    #if DEBUG==1
        printf("debugging…\n"); /* DEBUG==1 成立，此语句被编译 */
    #endif
```

```
#ifdef  DEBUG
    printf("a=%d\n",a);        /* DEBUG 被定义过，此语句被编译 */
#else
    printf("a+1=%d\n",a+1); /* 此句不被编译 */
#endif
return 0;
}
```

程序运行结果：

```
debugging…
a=1
Press any key to continue
```

程序分析：定义了符号 DEBUG 为 1，若 DEBUG==1 成立，printf("debugging…\n");语句被编译也被执行；DEBUG 被定义过，printf("a=%d\n",a);语句被编译，也被执行；printf("a+1=%d\n",a+1);不被编译，所以也不会被执行。

小　结

本章主要介绍了三种常用的编译预处理命令：宏定义、文件包含和条件编译。宏定义是用一个标识符来表示一个字符串，这个字符串可以是常量、变量或表达式。在宏调用中将用该字符串代换宏名。宏定义可以有参数，宏调用时是以实参代换形参，而不是"值传送"。为了避免宏代换时发生错误，宏定义中的字符串应加括号，字符串中出现的形式参数两边也应加括号。文件包含是预处理的一个重要功能，用于把多个源文件连接成一个源文件进行编译，结果将生成一个目标文件。条件编译允许只编译源程序中满足条件的程序段，使生成的目标程序较短，从而减少了内存的开销并提高了程序的效率。使用预处理功能便于程序的修改、阅读、移植和调试，也便于实现模块化程序设计。

习　题　8

一、选择题

1. 以下关于文件包含的说法中错误的是_____。

   A) 文件包含是指一个源文件可以将另一个源文件的全部内容包含进来

   B) 文件包含处理命令的格式为 #include"包含文件名"或#include<包含文件名>

   C) 一条包含命令可以指定多个被包含文件

   D) 文件包含可以嵌套，即被包含文件中又包含另一个文件

2. 以下叙述中正确的是_____。

   A) 在程序的一行上可以出现多个有效的预处理命令行

   B) 使用有参数的宏时，参数的类型应与宏定义时的一致

   C) 宏替换不占用运行时间，只占用编译时间

   D) 在#define C R 045 中 C R 称宏名的标识符

3. 以下程序的运行结果是_____。
   ```
   #define ADD(x)x+x
   ```

```
main( )
{
    int m=1,n=2,k=3;
    int sum=ADD(m+n)*k;
    printf("sum=%d",sum);
}
```

    A) sum=9   B) sum=10   C) sum=12   D) sum=18

4. 以下程序的运行结果是_____。

```
#define MIN(x,y)(x)<(y)?(x):(y)
main( )
{
    int i=10,j=15,k;
    k=10*MIN(i,j);
    printf("%d\n",k);
}
```

    A) 10   B) 15   C) 100   D) 150

5. 以下程序的运行结果是_____。

```
#include <stdio.h>
#define FUDGE(y) 2.84+y
#define PR(a)        printf("%d",(int)(a))
#define PRINT1(a)    PR(a); putchar('\n')
main( )
{
    int x=2;
    PRINT1(FUDGE(5)*x);
}
```

    A) 11   B) 12   C) 13   D) 15

6. C 语言的编译系统对宏命令的处理是_____。

    A) 在程序连接时进行的   B) 和 C 程序中的其他语句同时进行编译的

    C) 在对源程序中其他成分正式编译之前进行的   D) 在程序运行时进行的

7. 以下程序的运行结果是_____。
```
#define MAX(A,B)(A)>(B)?(A):(B)
#define PRINT(Y)printf("Y=%d\t",Y)
main( )
{
    int a=1,b=2,c=3,d=4,t;
    t=MAX(a+b,c+d);
    PRINT(t);
}
```

    A) Y=3   B) 存在语法错误   C) Y=7   D) Y=0

8. 若有宏定义#define MOD(x,y) x%y，则执行以下语句后的输出为_____。

```
int z,a=15,b=100;
z=MOD(b,a);
printf("%d\n",z++);
```

    A) 11   B) 10   C) 6   D) 宏定义不合法

9. #define 能做简单的替代，用宏替代计算多项式 4*x*x+3*x+2 值的函数 f，正确的宏定义是_____。

A)#define f(x)4*x*x+3*x+2

B)#define f 4*x*x+3*x+2

C)#define f(a) (4*a*a+3*a+2)

D)#define (4*a*a+3*a+2)f(a)

10. 对下面程序段正确的判断是_____。

```
#define A 3
#define B(a)((A+1)*a)
...
x=3*(A+B(7));
```

A)程序错误，不允许嵌套宏定义   B)x=93

C)x=21   D)程序错误，宏定义不允许有参数

二、填空题

1. 有宏定义#define Y 3 + 5，则表达式 2 + Y * 3 的值为_____。

2. 设有以下宏定义：

```
#define WIDTH 80
#define LENGTH WIDTH+40
```

则执行赋值语句 v=LENGTH*20; (v 为 int 型变量)后，v 的值是_____。

3. 设有以下宏定义：

```
#define WIDTH 80
#define LENGTH (WIDTH+40)
```

则执行赋值语句 k=LENGTH*20; (k 为 int 型变量)后，k 的值是_____。

4. 设有以下程序，为使之正确运行，请在_____填入应包含的命令行。（注：try_me( )函数在 a:\myfile.txt 中有定义。）

```
_____
main( )
{
    printf("\n");
    try_me( );
    printf("\n");
}
```

5. 以下程序的运行结果是_____。

```
main( )
{
    int a=10,b=20,c;
    c=a/b;
    #ifdef DEBUG
        printf("a=%d,b=%d,",a,b);
    #endif
        printf("c=%d\n",c);
}
```

6. 以下程序的运行结果是_____。

```
#define DEBUG
main( )
```

```
{
    int a=14,b=15,c;
    c=a/b;
#ifdef DEBUG
    printf("a=%o,b=%o,",a,b);
#endif
    printf("c=%d\n",c);
```

三、程序设计题

1. 输入两个整数，求它们相除的余数。用有参数的宏来编程实现。

2. 试定义一个有参数的宏 swap(x,y)，以实现两个整数之间的交换。

程序设计进阶篇

第9章 指　针

在 C 语言中，指针提供了以下功能。

(1)指针可有效地处理数组和字符串。

(2)指针作为函数参数可返回多个值。

(3)指针允许引用函数，从而方便为其他函数传递函数参数。

(4)指向字符串的指针数组可节省内存空间。

(5)指针允许支持动态内存管理。

(6)指针便于处理动态数据结构，如结构体、链表、队列、堆和树。

(7)指针可减少程序的长度和复杂度。

(8)指针提高了执行速度，减少程序的执行时间。

C 语言程序设计的精华在于恰当使用指针，本章将详细地讲解指针，并阐明如何在程序开发中使用它，从而编写出精练、高效的程序。

9.1　指针的概念

计算机硬件系统的内存储器中拥有大量的内存单元，为了方便管理，必须为每一个内存单元进行编号，这个编号就是内存单元的"地址"。地址被连续编号，从零开始，最后的地址决定了内存的大小，如 64K 内存的计算机，它最后的地址是 $65535(64×2^{10}-1)$。

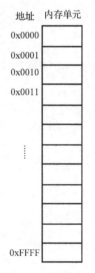

图 9-1　内存的表示

如图 9-1 所示，每个内存单元都有一个唯一的地址编号，操作系统或应用程序可以通过地址编号找到对应的内存单元,通常认为这个地址编号(地址)是"指向"这个内存单元的，因此将"地址"形象化地称为"指针"。

当声明一个变量时，系统会在内存的某个地方为变量分配适当的空间来存放该变量的值，因为每一个内存单元都有唯一的地址编号，所以分配给变量的内存空间也有自己的地址编号。如 int　a = 1314;语句表示为整型变量a分配了4个字节的连续内存空间，并把1314存入该空间。假设系统给变量 a 分配的地址编号是从 0x00002000 到 0x00002003 的 4 个连续的内存单元，如图 9-2 所示。系统分配给变量a的存储单元的起始地址(首地址)叫做变量的地址，变量的地址就是变量的指针。在图 9-2 中，变量 a 的首地址就是 0x00002000。在程序执行时，系统总是将变量名 a 和地址 0x00002000 关联起来，则可以通过变量名 a 或者地址 0x00002000 访问 1314 这个数值。

内存地址仅仅是一个整型数字，因此也可以把它们分配给内存的一些变量，像其他变量一样，这些存放内存地址的变量叫做指针变量。一个指针变量是存放地址的变量，该地址是内存中另一个变量的地址。假设把变量 a 的地址给指针变量 p，则指针变量 p 和变量 a 之间的关系可用图 9-3 来描述。

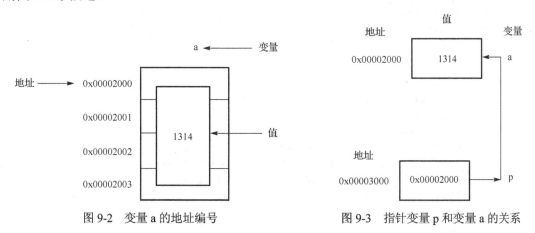

图 9-2　变量 a 的地址编号　　　　　　图 9-3　指针变量 p 和变量 a 的关系

指针变量 p 的值是变量 a 的地址，因此通过指针变量 p 可访问变量 a 的值，即变量 p "指向"了变量 a，指针变量 p 也被称为"指针" p。

在这里要区分存储单元的地址和存储单元的值这两个概念，图 9-3 中 0x00002000 就是存储单元的地址，1314 就是存储单元的内容（值）。p 的值是 0x00002000，p 的地址是 0x00003000，变量 a 的地址被称为变量的指针（地址）。

需要理解指针的三个基本概念，即：指针常量、指针的值和指针变量。

内存地址指的就是指针常量，就像房间号，唯一且不可改变，程序员仅仅能利用它们存储数据的值。

内存地址可以通过运算符"&"获取，获取的值被称为指针的值（指针值就是变量的地址），它是可以改变的。

包含指针值的变量被称为指针变量。

9.2　访问变量的地址

内存中变量的实际地址是由系统决定的，因此，变量的地址是未知的，那么怎样才能获取变量的地址呢？在 scanf( )函数中，有一个取地址运算符&，使用&可返回变量的地址，例如：

```
p = &a;
```

把 a 的地址分配给指针变量 p，&被记做 address of

&也可用于简单变量或数组元素，但下列语句是不正确的。

(1)&128　　　　　　　　　　　　　/* 指向常量 */

(2)int x[9];

　&x　　　　　　　　　　　　　/* 指向数组名 */

(3)&(x++)　　　　　　　　　　　/* 指向表达式 */

在(2)中，x[9]是数组，那么&x[0]、&x[i](0 <= i <= 8)是有效的，分别表示数组的第 1 个元素和第 i+1 个元素的地址。

【例 9-1】 输出变量的值和地址。

```c
/* exp9-1 */
#include "stdio.h"
int main( )
{
    char a;
    int x;
    float y;
    a = 'A';
    x = 125;
    y = 3.14;
    printf("%c is stored at addr \t\t%u\n",a,&a);
    printf("%d is stored at addr \t\t%u\n",x,&x);
    printf("%f is stored at addr \t%u\n",y,&y);
    return 0;
}
```

程序运行结果：

```
A is stored at addr          1638212
125 is stored at addr        1638208
3.140000 is stored at addr   1638204
Press any key to continue_
```

程序分析：本例中定义并初始化了 3 个变量，然后输出它们的值和各自的地址。

注意：%u 格式用来输出十进制的地址值，因为内存地址是无符号整数。

9.3　定义及初始化指针变量

9.3.1　定义指针变量

在 C 语言中，变量必须定义类型。因为指针变量包含的地址属于不同的数据类型，所以必须在使用前定义指针的类型。指针的定义格式如下：

数据类型说明符　*指针变量名；

例如：　int　*p;

该语句有 3 个含义：

(1)*说明变量 p 是指针变量；

(2)int 说明 p 是指向整型数据类型的指针变量；

(3)p 需要内存空间。

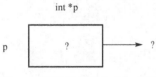

图9-4　指针变量指向未知空间

注意：此处 int 指的是 p 指向的变量的数据类型，不是指针值的类型，同样如 float　*q;定义指针变量 q，它指向浮点型变量，为指针变量 q 分配内存空间，因为内存空间没有分配任何值，这些空间可能包含一些未知数据，因此定义的指针变量指向未知空间，如图 9-4 所示。

9.3.2 初始化指针变量

为指针变量指定一个变量地址的过程就是指针变量的初始化。如前所述，所有未初始化的指针都会有一些未知值被解释为内存地址，虽然它们不是有效地址或可能指向错误的值，但因为编译器不检查这些错误，没有初始化的指针将有可能产生严重的错误。所以在程序里，使用指针变量前，对它进行初始化是非常有必要的。可以使用&来初始化指针变量。例如：

```
int a;
int *p;                          /* 定义一个指针变量 p，p 指向整型数据 */
p = &a;                          /* 对 p 进行初始化操作 */
```

可以同时定义和初始化指针变量：

```
int a;
int *p = &a;
```

注意：这是初始化 p，而不是*p;。要确保指针变量总是指向相对应的数据类型，例如：

```
float a,b;
int x,*p;
p = &a;                          /* 类型不一致 */
b = *p;
```

将导致错误，因为 p = &a 企图将 float 类型变量的地址分配给整型变量指针，当指针变量为 int 时，即使为它分配了其他类型的变量的地址，系统也认为指针所指向的内存空间的内容是整型数据。

也可以将数据变量的定义、指针变量的定义和初始化合为一步操作来实现，例如：

```
int x,*p = &x;
```

上述语句定义了整型变量 x 和 p 是指针变量并且把 x 的地址赋给了指针变量 p。

注意：目标变量 x 一定要先定义，例如：

```
int *p = &x, x;                  /* 错误 */
```

还可以定义指针变量并赋初值为 0 或 NULL，例如：

```
int *p = NULL;
int *p = 0;
```

除了 0 或 NULL，其他常量值不可以赋给指针变量，例如：

```
int *p = 3334;
```

指针又是灵活的，可以让同一个指针指向不同的变量，例如：

```
int x, y, z, *p;
p = &x;
p = &y;
p = &z;
```

也可以让不同的指针指向同一个变量，例如：

```
int x;
int *p = &x;
int *q = &x;
int *r = &x;
```

示意图如图 9-5 所示。

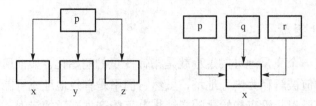

图 9-5   同一个指针指向不同变量和不同指针指向同一个变量

9.4   通过指针访问变量

为指针变量赋予地址后，通常运用单目运算符*来访问变量的值，例如：

```
int a, *p, n;
a = 1314;
p = &a;
n = *p;
```

第 1 行定义整型变量 a、n 和指向整型数据的指针变量 p；

第 2 行给变量 a 赋初值 1314；

第 3 行给指针变量 p 赋予了变量 a 的地址；

第 4 行包含了单目运算符*，当*出现在指针变量的前面，则返回一个以指针变量的值为首地址的存储空间上的值，p 的值是 a 的地址，*又记为"地址上的值"，所以 *p 返回变量 a 的值，n 的值就等于 1314，下面语句是等价的。

```
p = &a;
n = *p;
```

等价于

```
n = *&a;
```

也等价于

```
n = a;
```

在 C 中，地址的指派总是象征性的，所以不能用*0x00002000 访问存放在地址 0x00002000 上的存储空间的值，该语句是错误的，例 9-2 说明了指针的值和指针指向的值的不同。

【例 9-2】 输出指针变量的值和地址。

```
/* exp9-2 */
#include "stdio.h"
int main( )
{
    char a;
    int x;
    float y;
    char *pa;
    int *px;
    float *py;
    short *pz;
    a = 'A';
```

```
        x = 125;
        y = 3.14;
        pa = &a;
        px = &x;
        py = &y;
        printf("%c is stored at addr \t\t%u\t%u\n",a,&a,pa);
        printf("%d is stored at addr \t\t%u\t%u\n",x,&x,px);
        printf("%f is stored at addr \t%u\t%u\n\n",y,&y,py);
        *pa = 'B';
        *px = 250;
        *py = 6.28;
        printf("%c is stored at addr \t\t%u\t%u\n",a,&a,pa);
        printf("%d is stored at addr \t\t%u\t%u\n",x,&x,px);
        printf("%f is stored at addr \t%u\t%u\n",y,&y,py);
        x = 0x12345678;
        pa = (char*)&x;
        pz = (short*)&x;
        printf("  int 型指针所指内存单元值为：%x\n",*px);
        printf("short 型指针所指内存单元值为：%x\n",*pz);
        printf(" char 型指针所指内存单元值为：%x\n",*pa);
        return 0;
    }
```

程序运行结果：

```
A is stored at addr              1638212 1638212
125 is stored at addr            1638208 1638208
3.140000 is stored at addr       1638204 1638204

B is stored at addr              1638212 1638212
250 is stored at addr            1638208 1638208
6.280000 is stored at addr       1638204 1638204
  int型指针所指内存单元值为: 12345678
short型指针所指内存单元值为: 5678
 char型指针所指内存单元值为: 78
Press any key to continue
```

程序分析：

(1)在 char *pa 中，*表示变量 pa 是指针类型，作用是区分指针变量和普通变量。

(2)语句 pa = &a 即将 a 的地址赋给了指针变量 pa。

(3)赋值语句*pa = 'B';，*是单目运算符，右结合性，作用是取值运算符，该语句把字符常量'B'放入以 pa 的值为地址的内存空间里，而 pa 的值是变量 a 的地址，所以 a 以前的值被字符常量'B'取代，就等于把字符常量'B'赋给 a。

(4)px, pz, pa 都指向变量 x 在内存中的首地址，但是它们所指向的内存单元的值并不一样，这是因为定义 px,pz,pa 属于不同的指针类型，而不同类型的指针所指向内存单元的长度是不同的，如图 9-6 所示。

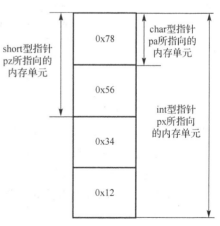

图 9-6　不同类型指针间的内存结构

注意：指针 pa 指向的值是字符常量'B'：

```
a = *(&a)= *pa = a
&a = &*pa
```

【例 9-3】 利用指针变量实现两个整数的排序。

```c
/* exp9-3 */
#include "stdio.h"
int main( )
{
    int n1, n2, *p, *n1_p = &n1, *n2_p = &n2;
    printf("Input n1: ");
    scanf("%d", &n1);
    printf("Input n2: ");
    scanf("%d", &n2);
    if(*n1_p > *n2_p)
    {
        p = n1_p;
        n1_p = n2_p;
        n2_p = p;
    }
    printf("min = %d, max = %d\n", *n1_p, *n2_p);
    return 0;
}
```

程序运行结果：

```
Input n1: 5
Input n2: 3
min = 3, max = 5
Press any key to continue_
```

程序分析：

(1)执行 if 语句之前，指针 n1_p 指向变量 n1，指针 n2_p 指向变量 n2，如图 9-7 所示。

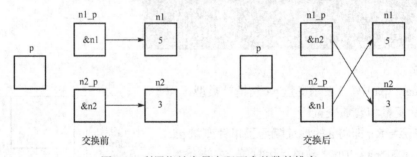

图 9-7　利用指针变量实现两个整数的排序

(2)执行 if 语句之后，指针 n1_p 和 n2_p 交换所指向变量的地址，实际上此时变量 n1 和 n2 的值并没有发生改变，如图 9-7 所示。

(3)交换指针变量的值和交换变量的值的方法是一样的，都需要定义一个中间变量，本例中为了交换指针变量 n1_p 和 n2_p，又定义了一个相同数据类型的指针变量 p。

【例 9-4】 不同类型指针间的强制转换。

```c
/* exp9-4 */
#include "stdio.h"
int main( )
```

```
{
    int a;
    int *pa;
    pa = &a;
    a = 0x12345678;
    printf("int 型指针 pa 的值为：%x\n",pa);
    printf("char 型指针 pa 的值为：%x\n\n",(char*)pa);
    printf("int 型指针 pa 所指的内存单元的值为：%x\n",*pa);
    printf("char 型指针 pa 所指的内存单元的值为：%x\n",*(char *)pa);
    return 0;
}
```

程序运行结果：

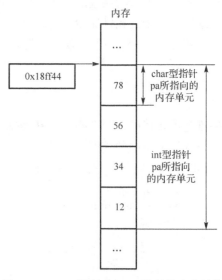

图 9-8　char 型指针和 int 型指针的内存结构

程序分析：

(1)从运行结果可看出，int 型指针变量 pa 中存放变量 a 的地址，通过(char*)pa 将 int 型指针变量强制转换为 char 型指针变量，但指针的值并没有发生变化。这是因为任何指针在 32 位计算机中都用 4 个字节来表示，所以指针值不会随指针类型的变化而变化。

(2)强制转换后指针所指的内存单元发生了变化，之前 pa 是整型指针，占用 4 个字节的大小，强制转换之后变为 char 型指针，占用 1 个字节，如图 9-8 所示。

9.5　指针的运算

9.5.1　指针表达式

和其他变量一样，指针变量可用在表达式中，如果 p1 和 p2 已被定义且初始化完成，那么下列语句是有效的：

```
y = *p1 * *p2;                /* 等价于(*p1)* (*p2)*/
sum = sum + *p1;
z = 5* - *p2/ *p1;           /* 等价于(5 * (-(*p2)))/(*p1)*/
*p2 = *p2 + 10;
```

注意：

第 3 行在/和*之间有 1 个空格，若写成 z = 5* – *p2/* p1 是错误的，因为/*符号会被编译器认为是注释的开始。

在 C 语言中允许对指针变量进行+、–运算或者一个指针减去另一个指针，例如：p1+4、p2–2、p1–p2 都是可以的，如果 p1、p2 都是指向同一个数组的指针，那么 p2–p1 表示 p1、p2 之间元素的个数。

还可以使用++和--运算符对指针进行运算，例如：

```
p1++;
--p2;
sum += *p2;
```

除了算术运算符之外，指针还可以使用关系运算符，例如：

```
p1>p2;
p1==p2;
p1!=p2;
```

都是正确的，但若相比较的两个指针指向不相关的变量，则它们的比较是没有意义的，只有在数组或字符串中的指针比较才有意义。

不可在"*"和"/"中使用指针，例如：

```
p1/p2;
p1*p2;
p1/3;
```

这些都是不正确的，两个指针不能相加，也就是说 p1+p2 是不正确的。下面【例 9-5】说明指针在算术运算符中的使用。

【例 9-5】 指针表达式的举例。

```c
/* exp9-5 */
#include "stdio.h"
int main( )
{
    int a,b,*p,*q,x,y,z;
    a = 12;
    b = 4;
    p = &a;
    q = &b;
    x = *p * *q - 6;
    y = 4* - *q / *p + 10;
    printf("Addressof a = %u\n",p);
    printf("Addressof b = %u\n",q);
    printf("\n");
    printf("a = %d, b = %d\n", a, b);
    printf("x = %d, y = %d\n", x, y);
    *p = *q - 5;
    *q = *q + 3;
    z = *p * *q - 6;
    printf("\na = %d,b = %d,", a, b);
    printf("z = %d\n",z);
    return 0;
}
```

程序运行结果：

```
Addressof a = 1638212
Addressof b = 1638208

a = 12, b = 4
x = 42, y = 9

a = -1,b = 7,z = -13
Press any key to continue_
```

程序分析：4* – *q / *p + 10 等价于((4* (– (*q)))/ (*p)) + 10，当*p = 12，*q = 4 时，表达式的值为 9。

注意：因为变量均为 int，所以全部运算遵从整型数据运算规则。

9.5.2 指针增加和比例因子

虽然指针可以和整型常量做加法运算，例如：

```
p1 = p2 + 2;
p1 = p1 + 1;
```

然而表达式 p1 = p1 + 1;将引起指针 p1 指向下一个它所指类型的值，例如，p1 是一个整型指针，若它的初始值为 0x00002000，则执行 p1 = p1 + 1 操作后，p1 的值将为 0x00002004 而不是 0x00002001，也就是说当对指针进行加运算时，它增加的值是它所指向数据类型的长度，这个长度被称为比例因子。

对于 IBM PC，各种数据类型的长度如下：

字符类型　　　1 字节

短整型　　　　2 字节

整型　　　　　4 字节

长整型　　　　4 字节

浮点型　　　　4 字节

双精度型　　　8 字节

不同的系统，各数据类型所对应的字节数也不尽相同，可以用 sizeof 运算符来测试系统为不同类型数据所分配的字节数。如果 x 是变量，则 sizeof(x) 返回变量 x 所需的字节数。

指针运算规则如下：

指针变量可被分配另一个变量的地址；

指针变量可被分配另一个指针变量的值；

指针变量可初始化为 NULL 或者 0；

指针变量可进行自增、自减运算；

可对指针变量加或者减一个整型量；

当两个指针变量指向同一数组时，一个指针变量可减去另一个指针变量；

当两个指针指向同一个数据类型的对象，可用关系运算符对它们进行比较运算；

指针变量不能乘一个常量；

两个指针变量不能进行加运算；

&x = 10 是错误的。

9.6　指针和数组

9.6.1　指针和一维数组

当定义数组时，编译器会为数组的所有元素分配一块连续的内存单元。首地址是第 1 个元素的地址，习惯上被称为第 0 个元素(即下标为 0 的元素)的地址，编译器还规定一维数组名代表这块连续内存单元的基地址。每个数组元素按下标顺序占据着连续地址的内存单元。以 int 型数组 a[10]为例，如图 9-9 所示。

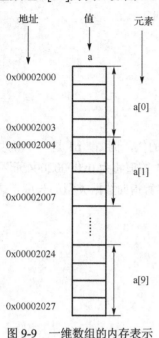

数组元素 a[0]到 a[9]所占用的空间均为连续的，每个数组元素占据内存空间的首地址就代表该数组元素的地址。

定义指向数组元素的指针变量的方法与定义指向变量的指针变量相同。

指向数组元素的指针变量定义的一般形式为：

数据类型说明符 *指针变量名;

其中数据类型说明符表示指针所指向数组元素的类型。

例如：

```
int a[10];
int *p;
p = &a[0];
```

注意：因为数组为 int 型，所以指针变量也为 int 型。

把元素 a[0]的地址赋给指针变量 p，也就意味着 p 等于 0x00002000，它指向一维数组 a 的第 0 个元素。

又因为数组名代表数组的首地址，因此，

```
p = &a[0] = a = 0x00002000;
```

图 9-9 一维数组的内存表示

指向一维数组的指针变量定义时还可以写成：

```
int a[10];
int *p = a;
```

从图 9-10 中可以看出存在以下关系。

(1) p、a、&a[0]均表示同一内存单元，既是一维数组 a 的首地址，又是元素 a[0]的地址。

(2) 需要注意的是：p 是变量，而 a、&a[0]都是常量，a、&a[0]不可变化，它们只能是 0x00002000，而 p 的值可改变。

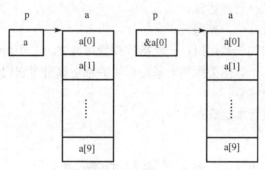

图 9-10 同一内存单元地址的表示

9.6.2 用指针引用数组元素

由 9.6.1 节可知：如果指针变量 p 已指向数组中的某一个元素，在不越界的情况下，则 p + 1 指向同一数组中的下一个元素，p − 1 指向同一数组中的上一个元素。

如果 p 的初值为 &a[0]，则：

p＋i 或 a＋i 均表示 a[i]的地址，指向一维数组 a 的第 i 个元素。*(p＋i)或 *(a＋i)就是 p＋i 或 a＋i 所指向的数组元素，即 a[i]，如*(p＋5)＝*(a＋5)＝a[5]。指向数组的指针变量也可以带下标，如 p[i]与*(p＋i)等价。

综上所述，引用一个数组元素有直接访问和间接访问两种方法：

(1)直接访问。用 a[i]或 p[i]带下标的形式访问数组元素，又称为下标法。

(2)间接访问。用*(a＋i)或*(p＋i)带指针运算符的形式访问数组元素，又称为指针法。其中 a 是数组名，p 是指向一维数组的指针变量，p＝a。

【例9-6】 输出数组中的全部元素(直接访问)。

```
/* exp9-6 */
#include "stdio.h"
int main( )
{
    int a[5], i;
    int *p=a;
    for(i = 0; i < 5; i++)
        p[i] = i;
    for(i = 0; i < 5; i++)
        printf("a[%d]=%d\n", i, p[i]);
    return 0;
}
```

程序运行结果：

【例9-7】 输出数组中的全部元素(间接访问)。

```
/* exp9-7 */
#include "stdio.h"
int main( )
{
    int a[10], i;
    for(i = 0; i < 10; i++)
        *(a + i)= i;
    for(i = 0; i < 10; i++)
        printf("a[%d]=%d\n", i, *(a + i));
    return 0;
}
```

程序运行结果：

【例9-8】 输出数组中的全部元素（间接访问）。

```
/* exp9-8 */
#include "stdio.h"
int main( )
{
    int a[10], i, *p;
    p = a;
    for(i = 0; i < 10; i++)
        *(p++)= i;
    p = a;   /* 使指针变量 p 重新指向一维数组 a 的首地址 */
    for(i = 0; i < 10; i++)
        printf("a[%d] = %d\n", i, *(p++));
    return 0;
}
```

程序运行结果：

```
a[0]=0
a[1]=1
a[2]=2
a[3]=3
a[4]=4
a[5]=5
a[6]=6
a[7]=7
a[8]=8
a[9]=9
Press any key to continue
```

程序分析：

(1)*p++，由于++和*优先级相同，结合方向自右向左，等价于*(p++)，但最好书写时带括号，以便于阅读。*(p++)与*(++p)作用不同。若 p 的初值为 a，则*(p++)等价于 a[0]，*(++p)等价 a[1]。

(2)数组名 a 是数组首地址，为一个常量，所以 a++是错误的，因为常量的值无法改变，无法实现自增或自减操作。

(3)数组中常用的指针表达式的意义如下。

*p++：先取*p 的值，再将 p 自增。

*++p：先将 p 自增，再取*p 的值。

*p−−：先取*p 的值，再将 p 自减。

*−−p：先将 p 自减，再取*p 的值。

(*p)++：先取*p 的值，再将此值加 1。

++(*p)：先将*p 的值加 1，再取出*p 的值。

(*p)−− ：先取*p 的值，再将此值减 1。

−−(*p)：先将*p 的值减 1，再取*p 的值。

为保证程序的可读性和稳定性，应尽可能添加括号，少采用复杂运算。

(4)如果 p 当前指向 a 数组中的第 i 个元素，则

*(p−−)等价于 a[i−−];

*(−−p)等价于 a[−−i];

*(++p)等价于 a[++i];

*(p++)等价于 a[i++];

9.6.3 指针和二维数组

1. 指向二维数组的一般指针

指针同样也可以用来处理二维数组，二维数组 a 的首地址是&a[0][0]。编译器同样为二维数组的所有元素分配连续的存储空间。并且是按行存放，即第二行的第一个元素存放在第一行的最后一个元素的后面，其他各行同此操作。

设有整型二维数组a[3][4] 定义如下：

```
0  1   2   3
4  5   6   7
8  9  10  11
```

假设数组 a 的首地址为 0x00002000，数组元素存放如图 9-11 所示。

若定义整型指针变量 p，并且初始化为&a[0][0]，则

$$a[i][j] = *(p+4*i+j)$$

例如，元素 a[2][3] = *(p+4*2+3) = *(p+11)，如果把 i 增加 1，i*4，p 就增加 4，4 代表每一行的元素个数。

这也就是为什么定义二维数组时，必须指定列数。以便于让编译器为数组进行存储映射。

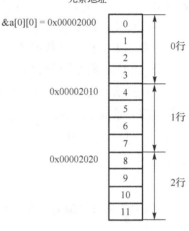

图 9-11 二维数组元素的存放

【例 9-9】 阅读程序并分析运行结果。

```c
/* exp9-9 */
#include "stdio.h"
int main( )
{
    int a[3][4] = {0, 1, 2, 3, 4, 5, 6, 7, 8, 9, 10, 11};
    int *p;
    printf("0x%x,0x%x,0x%x,0x%x\n", a,*a,a[0],&a[0]);
    printf("0x%x,0x%x,0x%x,0x%x\n\n",a+1,*a+1,a[1],&a[1]);
    printf("0x%x\t0x%x\n",a[0]+1,*(a+0)+1);
    printf("a[0][1]的值:%d,%d\n",*(a[0]+1),*(*(a+0)+1));
    p=&a[0][0];
    printf("a[0][1]的地址: 0x%x\n",(p+4*0+1));
    printf("a[0][1]的值:%d\n",*(p+4*0+1));
    return 0;
}
```

程序运行结果：

```
0x18ff18,0x18ff18,0x18ff18,0x18ff18
0x18ff28,0x18ff1c,0x18ff28,0x18ff28

0x18ff1c        0x18ff1c
a[0][1]的值: 1,1
a[0][1]的地址: 0x18ff1c
a[0][1]的值: 1
Press any key to continue_
```

程序分析：

(1) C语言允许把一个二维数组分解为多个一维数组来处理，因此数组 a 可分解为三个一

维数组，即 a[0]、a[1]、a[2]。每一个一维数组又含有 4 个元素，例如，数组 a[0]含有 a[0][0]、a[0][1]、a[0][2]、a[0][3] 4 个元素。

(2)从二维数组的角度来看，a 是二维数组名，它代表整个二维数组的首地址，也是二维数组第 0 行的首地址，其值为 0x18ff18。

(3)a[0]是第一个一维数组的数组名和首地址，因此也为 0x18ff18。*(a+0)或 *a 与 a[0]等效，都表示一维数组的首地址。因此，&a[0][0]、a、a[0]、*(a+0)、*a 的值是相等的。同理，&a[1][0]、a + 1、a[1]、*(a + 1)的值也是相等的。

由此可知：&a[i][0]、a+i、a[i]、*(a + i)的值同样是相等的。

注意：由于在二维数组中不存在元素 a[i]，不能把&a[i]理解为元素 a[i]的地址。

2．指向二维数组的行指针

在一维数组 a 中，表达式*(a + i)或者*(p + i)表示一维数组元素 a[i]。在二维数组中，二维数组的元素 a[i][j]可描述为：

$$*(*(a + i)+ j)$$

或者

$$*(*(p + i)+ j)$$

把二维数组 a 分解为一维数组 a[0]、a[1]、a[2]后，设 p 为指向二维数组的指针变量，可定义为：

```
int (*p)[4];
```

它表示 p 是一个数组指针，或称为行指针变量，它指向包含 4 个元素的一维数组。若指向第一个一维数组 a[0]，其值可等于 a 或 a[0]。而 p + i 则指向一维数组 a[i]。从前面的分析可得出*(p+i)+j 是二维数组第 i 行第 j 列的元素的地址，而*(*(p+i)+j)则是第 i 行第 j 列元素的值。

二维数组行指针变量说明的一般形式为：

```
类型说明符 （*指针变量名）[长度]；
```

其中"类型说明符"为所指向数组的数据类型。*表示其后的变量是指针类型。"长度"表示二维数组分解为多个一维数组时，一维数组的长度，也就是二维数组的列数。

注意："(*指针变量名)"两边的括号不能少。

图 9-12 阐明了用行指针是如何描述二维数组元素 a[i][j]的。由图 9-12 可看出，p + i 是指向第 i 行的指针，方向是指向行，水平的，而 *(p + i)是指向第 i 行第 1 个元素的指针，方向是指向列，垂直的。因此*(p+i)+j 也称为指向第 i 行第 j 个元素的列指针。注意，虽然 p + i 和*(p + i)的值相同，但含义不同。

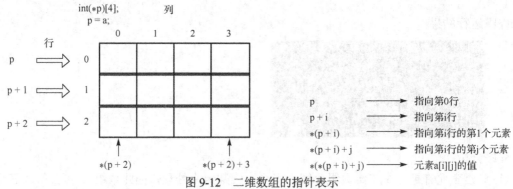

图 9-12　二维数组的指针表示

【例9-10】 阅读程序并分析运行结果。

```
/* exp9-10 */
#include "stdio.h"
int main( )
{
    int a[3][4] = {0, 1, 2, 3, 4, 5, 6, 7, 8, 9, 10, 11};
    int (*p)[4];
    printf("0x%x, 0x%x, 0x%x, 0x%x\n",  a,*a,a[0],&a[0]);
    printf("0x%x\t0x%x\n",a[0]+1,*(a+0)+1);
    printf("a[0][1]的值:%d,%d\n",*(a[0]+1),*(*(a+0)+1));
    p=a;
    printf("0x%x,%d\n\n",(p[0]+1),*(*(p+0)+1));
    printf("0x%x\t0x%x\n",(p+1),*(p+1));
    printf("0x%x\t0x%x\n",(p+1)+1,*(p+1)+1);
    return 0;
}
```

程序运行结果:

```
0x18ff18, 0x18ff18, 0x18ff18, 0x18ff18
0x18ff1c        0x18ff1c
a[0][1]的值:1,1
0x18ff1c,1

0x18ff28        0x18ff28
0x18ff38        0x18ff2c
Press any key to continue_
```

程序分析:

(1)int (*p)[4];定义了一个行指针变量,指向包含4个元素的一维数组,其值等于a。

(2)*(p[0]+1)、*(a[0]+1)、*(*(p+0)+1)和*(*(a+0)+1)表示数组元素a[0][1]的值。

(3)p[0]+1、a[0]+1 、*(p+0)+1 和 *(a+0)+1 表示数组元素a[0][1]的地址。

(4)因为p+i的方向是指向行,而*(p+i)的方向是指向列,可看出虽然p+1和*(p+1)的值相同,但从p+1到p+2地址变化是16个字节,而从*(p+1)到*(p+1)+1地址变化是4个字节。

【例9-11】 普通指针和数组指针。

```
/* exp9-11 */
#include "stdio.h"
int main( )
{
    char a[4];
    char (*pa)[4],*pb;
    pa = &a;
    pb = &a[0];
    printf("char 型数组指针pa所占用的内存大小为:%d\n",sizeof(*pa));
    printf("char 型    指针pb所占用的内存大小为:%d\n\n",sizeof(*pb));
    printf("pa = %u\t pa + 1 = %u\n",pa,pa+1);
    printf("pb = %u\t pb + 1 = %u\n",pb,pb+1);
    return 0;
}
```

程序运行结果：

```
char型数组指针pa所占用的内存大小为: 4
char型      指针pb所占用的内存大小为: 1

pa = 1638212      pa + 1 = 1638216
pb = 1638212      pb + 1 = 1638213
Press any key to continue
```

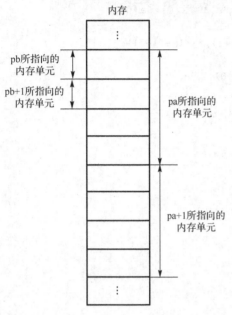

图 9-13　pa、pa+1 和 pb、pb+1 的内存结构

程序分析：

（1）在上面的代码中，&a 和&a[0]都表示 char 型数组 a 的首地址，但它们的类型并不相同，&a[0]仅仅表示数组中一个 char 型变量的地址，是普通的 char 型变量。

（2）&a 是一个 char *[4]型的指针，这是因为 char a[4]可变形为 char *(&a)[4]，所以必须定义一个数组指针 char（*pa）[4]来存放&a，指针 pa、pa+1、pb、pb+1 的内存结构如图 9-13 所示。

（3）通过图 9-13 可发现，数组指针 pa 和 pb 所指向的是同一个起始地址，但由于指针类型不同，所指向的内存单元大小也不一样，因此在指针运算时得到的结果也不相同。

（4）pb 到 pb+1 的变化大小由它所指向的类型决定，由于指针是字符指针，所以变化为 1 个字节，如果是整型指针，则变化为 4 个字节；而 pa 到 pa+1 的变化大小为 4 个字节，正好为 pa 指针所指向的类型 char *[4]，所以在做相应的指针运算时尤其要注意指针所指向的类型。

9.7　指针和字符串

9.7.1　指向字符的指针

指向字符的指针变量与指向字符串的指针变量的定义是相同的。只能按对指针变量的赋值不同来区别。对指向字符的指针变量应赋予该字符变量的地址。例如：

```
char c, *p = &c;
```

表示 p 是一个指向字符变量 c 的指针变量，而

```
char *s = "C Language";
```

则表示 s 是一个指向字符串的指针变量，把字符串的首地址赋予 s。

【例 9-12】　在输入的字符串中查找有无 k 字符。

```
/* exp9-12 */
#include "stdio.h"
int main( )
{
```

```
        char s[20], *ps;
        int i;
        printf("Please input a string:\n");
        ps = s;
        gets(s);
        for(i = 0; ps[i] != '\0'; i++)
            if(*(ps+i)== 'k')
            {
                printf("there is a 'k' in the string\n");
                break;
            }
        if(ps[i] == '\0')
            printf("There is no 'k' in the string\n");
        return 0;
    }
```

程序运行结果：

```
Please input a string:
I'm ok
there is a 'k' in the string
Press any key to continue_
```

9.7.2　指向字符串的指针

字符串存放在字符数组中，因此，它们被定义和初始化为 char str[8] = "china";。

编译器自动在最后一个字符后插入'\0'，C 语言支持使用指向字符的指针变量来定义字符串，例如：

```
    char *str = "china";
```

该语句会产生一个串，它的地址在指针变量 str 中，指针 str 指向串"china"的第一个字符，还可以实时分配地址给字符型指针变量，例如：

```
    char *str;
    str = "china";
```

可使用 printf( )函数或 puts( )函数来输出指针变量 str 所指向的内容，例如：

```
    printf("%s",str);
    puts(str);
```

注意：尽管 str 是指向字符串的指针，但它也是字符串的名字，所以输出时没有必要使用指针运算符*。和一维数组一样，可用指针来存取字符串中的单个字符。

【例 9-13】　利用指针求字符串的长度。

```
/* exp9-13 */
#include "stdio.h"
int main( )
{
    int length;
    char *cptr ;
    char *name = "Chinese";
    cptr = name;
    while(*cptr != '\0')
```

```
        {
            printf("%c is stored at address %u\n",*cptr,cptr);
            cptr++;
        }
        length = cptr - name;
        printf("\nlength of the string = %d \n",length);
    }
```

程序运行结果：

```
C is stored at address 4333652
h is stored at address 4333653
i is stored at address 4333654
n is stored at address 4333655
e is stored at address 4333656
s is stored at address 4333657
e is stored at address 4333658

length of the string = 7
Press any key to continue_
```

程序分析：

(1)指针变量本身是一个变量，用于存放字符串的首地址。所以，语句 char *cptr = name;定义 cptr 为指向字符的指针变量，并把 name 的第一个字符的地址作为 cptr 的初始值。

(2)语句 while(*cptr != '\0') 为真，表示访问直到串的最后一个字符'\0'为止。

(3)当 while 循环终止时，指针 cptr 包含空字符的地址，所以语句 length = cptr – name;将求出串 name 的长度。

注意：在 C 语言中，下列语句：

```
        char  name[30];
        name = "Chinese";
```

是不正确的，因为此处的 name 是数组名，为常量，不可为其赋值。

9.8 指针与函数

9.8.1 用指针变量作为函数参数

当数组名作为参数传递给函数时，仅仅传递数组第一个元素的地址，而不是数组元素实际的值。如果 a 是数组，当调用 f(a) 时，a[0]的地址被传递给了函数 f，类似的，可以将变量的地址作为参数传递给函数。

当给函数传递地址，接收地址的参数应该是指针变量。在函数调用过程中，使用指针传递变量的地址称为"引用传递"。

关于指针变量作函数参数的例子如例 9-14 所示。

【例 9-14】利用指针变量作函数参数，交换两个整数的值并输出。

```
        /* exp9-14 */
        #include "stdio.h"
        int main( )
        {
```

```
    void exchange(int *p1, int *p2);
    int a, b;
    int *pt_a, *pt_b;
    printf("Please input two integer: ");
    scanf("%d, %d", &a,&b);
    pt_a = &a;
    pt_b = &b;
    printf("before exchange: %d, %d\n", a, b);
    exchange(pt_a, pt_b);
    printf("after exchange: %d, %d\n", a, b);
    return 0;
}

void exchange(int *p1, int *p2)
{
    int n;
    n = *p1;
    *p1 = *p2;
    *p2 = n;
}
```

程序运行结果：

```
Please input two integer: 5,3
before exchange: 5, 3
after exchange: 3, 5
Press any key to continue_
```

程序分析：

(1)exchange( )函数的作用是交换两个指针变量所指向变量(a 和 b)的值，这两个指针变量是形参。程序运行时，main( )函数中指针变量 pt_a 和 pt_b 分别指向变量 a 和 b，此时 pt_a 和 pt_b 的值分别是&a 和&b。

(2)当调用 exchange( )函数时，pt_a 和 pt_b 作为实参将&a 和&b 传递给形参 p1 和 p2，此时实参 pt_a 和形参 p1 共同指向变量 a，pt_b 和 p2 共同指向变量 b。

(3)当执行 exchange( )函数体时，*p1 和*p2 交换，也就是变量 a 和 b 的值交换。

(4)调用结束后，p1 和 p2 被释放，但此时变量 a 和 b 的值已经交换，当 main( )函数中 printf( )函数输出 a 和 b 的值时，就是已经交换后的值，交换过程如图 9-14 所示。

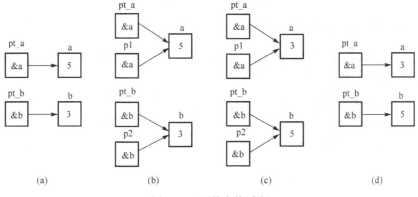

图 9-14　两数交换过程

程序中 exchange( )函数改为：

```
void exchange(int *p1, int *p2)
{
    int *n;
    n = p1;
    p1 = p2;
    p2 = n;
}
```

程序运行结果：

```
Please input two integer: 5,3
before exchange: 5, 3
after exchange: 5, 3
Press any key to continue_
```

程序分析：

（1）当执行 exchange( )函数时，形参指针变量 p1 和 p2 进行交换，即 p1 指向变量 b，p2 指向变量 a。

（2）调用结束后，p1 和 p2 被释放，此时变量 a 和 b 的值并没有发生交换，当 main( )函数中 printf( )函数输出 a 和 b 的值时，仍然是交换前的值，交换过程如图 9-15 所示。

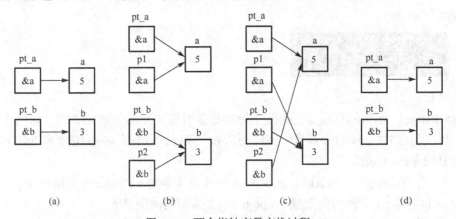

图 9-15　两个指针变量交换过程

注意："引用传递"提供了一种机制，通过该机制被调函数可改变主调函数里的值，这种机制也被称为"地址传递"或"指针传递"。

9.8.2　用指针变量作为函数返回值

在 C 语言中，使用指针存取数组元素非常普遍，如【例 9-8】使用指针遍历数组元素，还可以使用这种方法设计用户自定义函数。

函数类型是指函数返回值的类型。在 C 语言中允许函数的返回值是一个指针（即地址），这种返回指针值的函数称为指针型函数。定义指针型函数的一般形式为：

```
类型说明符  *函数名(形参表)
{
    …                     /* 函数体 */
}
```

其中函数名之前加了*，表明这是一个指针型函数，即返回值是一个指针。类型说明符表示返回的指针值所指向的数据类型，例如：

```
int *ap(int x,int y)
{
    …                       /* 函数体 */
}
```

表示 ap 是一个返回指针值的指针型函数，它返回的指针指向一个整型变量。

【例 9-15】 使用指针函数，输出两个数中的最大值。

```
/* exp9-15 */
#include "stdio.h"
int main( )
{
    int * max(int *p1, int *p2);
    int a = 10;
    int b = 20;
    int *p;
    p = max(&a, &b);
    printf("a = %d,b = %d\n",a,b);
    printf("The max is :%d\n", *p);
    return 0;
}

int *max(int *p1, int *p2)
{
    if(*p1>*p2)
        return p1;
    else
        return p2;
}
```

程序运行结果：

```
a = 10,b = 20
The max is :20
Press any key to continue_
```

程序分析：

(1)函数 max( )接收变量 a 和 b 的地址，使用指针变量 p1 和 p2 决定哪个变量值最大，并返回最大值的地址赋给指针变量 p。

(2)本例中，b 的地址被返回并赋给了指针变量 p，所以输出 b 的值为 20。

注意：

(1)int *p( )是函数说明，( )的优先级高于*，说明 p 首先是一个函数，其次，其返回值是一个指向整型数据的指针，*p 两边没有括号。

(2)max( )函数的返回值必须是主调函数中变量的地址，若返回被调函数中局部变量的地址，则是错误的。

9.8.3 指向函数的指针变量

函数和变量一样，也有类型和地址。在 C 语言中，一个函数总是占用一段连续的内存区域，函数名就是该函数所占内存区域的首地址。同样，可以定义一个指针变量，把函数的首地址(或称入口地址)赋给指针变量，使指针变量指向该函数。然后通过指针变量就可以找到并调用这个函数。这种指向函数的指针变量称为"函数指针变量"。

函数指针变量定义的一般形式为：

> 类型说明符　(*指针变量名)( );

其中"类型说明符"表示函数返回值的类型；"(* 指针变量名)"表示"*"后面的变量是定义的指针变量；最后的空括号表示指针变量所指的是一个函数。例如：

> int (*pf)( );

表示 pf 是一个指向函数入口的指针变量，该函数的返回值(函数值)是整型。

【例9-16】 用指针形式实现函数调用，求两个数的最大值。

```
/* exp9-16 */
#include "stdio.h"
int max(int a, int b)
{
    if(a > b)
        return a;
    else
        return b;
}

int main( )
{
    int max(int a, int b);
    int (*pmax)( );
    int x, y, z;
    pmax = max;
    x = 10;
    y = 20;
    z = (*pmax)(x, y);
    printf("max=%d\n", z);
    return 0;
}
```

程序运行结果：

```
max=20
Press any key to continue_
```

从上述程序可以看出，使用函数指针形式调用函数的步骤如下：

(1)先定义函数指针变量，如语句 int (*pmax)( );定义 pmax 为函数指针变量。

(2)把被调函数的入口地址(函数名)赋给该函数的指针变量，如语句 pmax = max;。

(3)用函数指针变量形式调用函数，如语句 z = (*pmax)(x, y);。

(4)调用函数的一般形式为(*指针变量名)(实参表)。

注意：

(1)函数指针变量不能进行算术运算，这是与数组指针变量不同的。数组指针变量加减一个整数可使指针移动指向后面或前面的数组元素，而函数指针的移动是毫无意义的。

(2)函数调用中"(*指针变量名)"两边的括号不可少,其中的"*"不应该理解为求值运算,在此处它只是一种表示符号。

(3)函数指针变量和指针型函数这两者在写法和意义上的区别如下。

如 int(*p)( )和 int *p( )是两个完全不同的量。

int (*p)( )是一个变量说明,说明 p 是一个指向函数入口的指针变量,该函数的返回值类型是整型,(*p)两边的括号不能少。

int *p( )是一个函数的说明,p 是函数名,该函数的返回值是一个指向整型量的指针。

9.9 二级指针和指针数组

9.9.1 二级指针

如果一个指针变量存放的又是另一个指针变量的地址,则称这个指针变量为指向指针的指针变量。在前面已经介绍过,通过指针访问变量称为间接访问。由于指针变量直接指向变量,所以又称为"单级间址"。如果通过指向指针的指针变量来访问变量则构成"二级间址"。

如图 9-16 所示,指针变量 p2 包含了指针变量 p1 的地址,p1 又包含了变量 a 的地址,所以可以通过 p2 访问到 p1,然后通过 p1 再访问到变量 a 的值,这就是多级间接寻址。二级指针的定义如下:

```
int **p2;
```

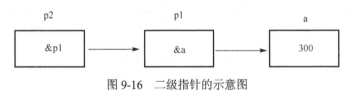

图 9-16　二级指针的示意图

该定义告诉编译器 p2 是一个指向整型变量的指针的指针。注意指针 p2 不是一个指向整型变量的指针,而是一个指向整型指针的指针。

对二级整型指针变量的引用如【例 9-17】所示。

【例 9-17】　利用二级指针变量访问变量。

```
/* exp9-17 */
#include "stdio.h"
int main( )
{
    int x, *p1, **p2;
    x = 10;
    p1 = &x;                   /* 用 x 的地址,对 p1 赋值 */
    p2 = &p1;                  /* 用 p1 的地址,对 p2 赋值 */
    printf("&x = 0x%d\n\n", &x);
    printf("p1 = 0x %d\n", p1);
    printf("&p1 = 0x %d\n", &p1);
    printf("*p1 = %d\n\n", *p1);
    printf("p2 = 0x %d\n", p2);
    printf("&p2 = 0x %d\n", &p2);
```

```
        printf("*p2 = 0x %d\n\n", *p2);
        printf("**p2 = %d\n", **p2);
        return 0;
    }
```

程序运行结果：

程序分析：

(1)定义整型变量 x，然后分别定义一个一级整型变量指针 p1 和二级指针 p2，将 x 的地址保存在指针变量 p1 中，再将一级指针变量 p1 的地址保存在 p2 中，二级指针变量 p2 同样有自己的地址。

如图 9-17 所示，通过一个*与 p2 结合可得到变量 p1 的值，因为 p2 中保存的是指针变量 p1 的地址，再与*结合即可取出变量 x 的值，因为 p1 中保存的是变量 x 的地址。

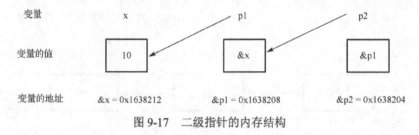

图 9-17　二级指针的内存结构

(2)虽然定义二级指针 p2 时使用了两个*，但是这并不意味着可以对 p2 使用两个取地址运算符&。两个*的意思仅仅是指定义的指针变量保存的是一个指针的地址，而不是一个普通变量的地址，当然也可以将相同类型二级指针变量的值赋值给它。

9.9.2　指针数组

指针数组是一组有序的指针的集合。每一个数组元素的值都是一个地址值。指针数组的所有元素都必须是具有相同存储类型和指向相同数据类型的指针变量。指针数组说明的一般形式为：

        类型说明符 *数组名[数组长度]

其中"类型说明符"为指针所指向的变量的类型。例如：

```
    int *pa[3];
```

表示 pa 是一个指针数组，它有三个数组元素，每个元素值都是一个指针，指向整型变量。

【例 9-18】　指向二维数组的指针数组。

```
    /* exp9-18 */
    #include "stdio.h"
```

```
int main( )
{
    int a[3][3] = {1, 2, 3, 4, 5, 6, 7, 8, 9};
    int *pa[3] = {a[0], a[1], a[2]};
    int *p = a[0];
    int i,j;
    printf("数组各元素的地址和值\n");
    for(i = 0; i < 3; i++)
    {
        for(j = 0;j < 3;j++)
            printf("地址: 0x%x, 值: %d\t", &a[i][j],a[i][j]);
        printf("\n");
    }
    printf("\n用 a 来输出数组各元素的地址和值\n");
    for(i = 0; i < 3; i++)
    {
        for(j = 0;j < 3;j++)
            printf("地址: 0x%x, 值: %d %d\t", a[i]+j,*a[i]+j,*(a[i]+j));
        printf("\n");
    }
    printf("\n用 pa 来输出数组各元素的地址和值\n");
    for(i = 0; i < 3; i++)
    {
        for(j = 0;j < 3;j++)
            printf("地址: 0x%x,值: %d%d\t", pa[i]+j,*pa[i]+j,*(pa[i]+j));
        printf("\n");
    }
    printf("\n用 p 来输出数组各元素的地址和值\n");
    for(i = 0; i < 3; i++)
    {
        for(j = 0;j < 3;j++)
            printf("地址: 0x%x, 值: %d %d\t", p+j,p[j],*(p+j));
        p+=3;           /* 让 p 向后跳三个元素 */
        printf("\n");
    }
    p = pa[0];
    printf("\n用 p 来输出数组各元素的地址和值\n");
    for(i = 0; i < 3; i++)
    {
        for(j = 0;j < 3;j++)
            printf("地址: 0x%x, 值: %d\t", p+i*3+j,*(p+i*3)+j );
        printf("\n");
    }
    printf("\npa 数组各元素的地址和值\n");
    for(i = 0; i < 3; i++)
        printf("pa[%d]的地址和值:  0x%x, 0x%x\n",i,&pa[i],pa[i]);
    return 0;
}
```

程序运行结果：

```
数组各元素的地址和值
地址：0x18ff24，值：1    地址：0x18ff28，值：2    地址：0x18ff2c，值：3
地址：0x18ff30，值：4    地址：0x18ff34，值：5    地址：0x18ff38，值：6
地址：0x18ff3c，值：7    地址：0x18ff40，值：8    地址：0x18ff44，值：9

用a来输出数组各元素的地址和值
地址：0x18ff24，值：1 1  地址：0x18ff28，值：2 2  地址：0x18ff2c，值：3 3
地址：0x18ff30，值：4 4  地址：0x18ff34，值：5 5  地址：0x18ff38，值：6 6
地址：0x18ff3c，值：7 7  地址：0x18ff40，值：8 8  地址：0x18ff44，值：9 9

用pa来输出数组各元素的地址和值
地址：0x18ff24，值：1 1  地址：0x18ff28，值：2 2  地址：0x18ff2c，值：3 3
地址：0x18ff30，值：4 4  地址：0x18ff34，值：5 5  地址：0x18ff38，值：6 6
地址：0x18ff3c，值：7 7  地址：0x18ff40，值：8 8  地址：0x18ff44，值：9 9

用p来输出数组各元素的地址和值
地址：0x18ff24，值：1 1  地址：0x18ff28，值：2 2  地址：0x18ff2c，值：3 3
地址：0x18ff30，值：4 4  地址：0x18ff34，值：5 5  地址：0x18ff38，值：6 6
地址：0x18ff3c，值：7 7  地址：0x18ff40，值：8 8  地址：0x18ff44，值：9 9

用p来输出数组各元素的地址和值
地址：0x18ff24，值：1    地址：0x18ff28，值：2    地址：0x18ff2c，值：3
地址：0x18ff30，值：4    地址：0x18ff34，值：5    地址：0x18ff38，值：6
地址：0x18ff3c，值：7    地址：0x18ff40，值：8    地址：0x18ff44，值：9

pa数组各元素的地址和值
pa[0]的地址和值：  0x18ff18，0x18ff24
pa[1]的地址和值：  0x18ff1c，0x18ff30
pa[2]的地址和值：  0x18ff20，0x18ff3c
Press any key to continue_
```

程序分析：

(1)本例中，pa 是一个指针数组，三个元素分别指向二维数组 a 的各行，然后用循环语句输出数组元素。

(2)其中 a[i]+j 表示第 i 行第 j 列元素的地址，＊a[i]+j 或者＊(a[i]+j) 表示第 i 行第 j 列的元素值。

(3)pa[i]表示第 i 行的首地址，pa[i]+j 表示第 i 行第 j 列元素的地址，＊pa[i]+j 或者＊(pa[i]+j) 表示第 i 行第 j 列的元素值。

(4)由于 p = a[0]，指向第 0 行的地址，当 p 增加 3 时，指向第 1 行的地址，故 p[j]或者 ＊(p＋j)表示某行的第 j 列的元素值。

读者可仔细领会元素值的各种不同的表示方法，应该注意指针数组和二维数组指针变量的区别。这两者虽然都可用来表示二维数组，但是其表示方法和意义是不同的。

二维数组指针变量是单个的变量，其一般形式中"(＊指针变量名)"两边的括号不可少。而指针数组类型表示的是多个指针(一组有序指针)，在一般形式中"＊指针数组名"两边不能有括号。例如：

```
int (*p)[3];
```

表示一个指向二维数组的指针变量，该二维数组的列数为 3。

```
int *p[3];
```

表示 p 是一个指针数组，有三个数组元素 p[0]、p[1]、p[2]，均为指针变量。

指针数组也常用来表示一组字符串，这时指针数组的每个元素被赋予一个字符串的首地址，指向字符串的指针数组的初始化更为简单。

【例 9-19】 使用指向指针的指针。

```c
/* exp9-19 */
#include "stdio.h"
int main( )
{
    char *name[ ] = {"One","Two","Three"};
    char **p;
    int i;
    printf("P 的地址\t\tP 的值\t\tP 指向的值\tchar*的字节数\n");
    for(i = 0; i < 3; i++)
    {
        p = name + i;
        printf("0x%x\t0x%x\t%s\t\t%u\n", &p,p,*p,sizeof(char *));
    }
    return 0;
}
```

程序运行结果：

P的地址	P的值	P指向的值	char*的字节数
0x18ff38	0x18ff3c	One	4
0x18ff38	0x18ff40	Two	4
0x18ff38	0x18ff44	Three	4
Press any key to continue_			

程序分析：

(1)本例中，name 数组元素的值实际上是字符串的地址，它的每一个元素都是一个指针型数据，name 被称为指针数组，其值为地址。

(2)p、name 和三个字符串之间的关系如图 9-18 所示，数组名 name 代表该指针数组的首地址。注意，数组元素的值是地址并且只能是地址。

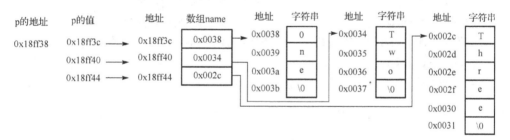

图 9-18　指向字符的二级指针

为此，设置一个二级指针变量 p，使它指向数组元素。p 的值就是数组元素的地址，即：char **p;。定义一个指向指针型数据的指针变量，p 前面有两个*，相当于*(*p)。显然*p 是指针变量的定义形式。现在，它的前面又有一个*，表示 p 是一个指向字符型指针变量的指针变量。

注意：由图 9-18 还可看出：

(1)字符串常量在内存中的分配可能连续也可能不连续。

(2)指向字符串常量的指针是连续排列在指针数组中的。

(3)在 32 位机器中，name 数组空间占 12 个字节，存放 3 个字符指针。

小 结

本章介绍了 C 语言中指向不同数据类型的指针、指针变量的多种运算，以及利用指针进行程序设计的方法。

指向不同数据类型的指针的含义如表 9-1 所示。

表 9-1 指针的定义及含义

定 义	含 义
int i;	定义整型变量 i
int *p	p 为指向整型数据的指针变量
int a[n];	定义整型数组 a，它有 n 个元素
int *p[n];	定义指针数组 p，它由 n 个指向整型数据的指针元素组成
int (*p)[n];	p 为指向含 n 个元素的一维数组的指针变量
int f( );	f 为返回整型函数值的函数
int *p( );	p 为返回一个指针的函数，该指针指向整型数据
int (*p)( );	p 为指向函数的指针，该函数返回一个整型值
int **p;	p 是一个指针变量，它指向一个指向整型数据的指针变量

习 题 9

一、选择题

1. 变量的指针，其含义是指该变量的_____。

    A) 值   B) 地址   C) 名   D) 一个标志

2. 若有语句 int *point, a = 4; 和 point = &a; 下面均代表地址的一组选项是_____。

    A) a, point, &a   B) &*a, &a, *point

    C) *&point, *point, &a   D) &a, &*point, point

3. 以下程序中调用 scanf( ) 函数给变量 a 输入数值的方法是错误的，其错误原因是_____。

```
#include "stdio.h"
int main( )
{
    int *p, *q, a, b;
    p = &a;
    printf("Please input a:");
    scanf("%d", *p);
    ...
    return 0;
}
```

    A) *p 表示的是指针变量 p 的地址

    B) *p 表示的是变量 a 的值，而不是变量 a 的地址

    C) *p 表示的是指针变量 p 的值

    D) *p 只能用来说明 p 是一个指针变量

4. 有以下程序，程序运行后的输出结果是_____。

```
#include "stdio.h"
int main( )
{
    int m = 1, n = 2, *p = &m, *q = &n, *r;
    r = p; p = q; q = r;
    printf("%d,%d,%d,%d\n", m, n, *p, *q);
    return 0;
}
```

A) 1,2,1,2   B) 1,2,2,1   C) 2,1,2,1   D) 2,1,1,2

5. 有变量定义和函数调用语句 int a = 25; print_value(&a);，下面函数的正确输出结果是_____。

```
void print_value(int *x)
{
    printf("%d\n", ++*x);
}
```

A) 23   B) 24   C) 25   D) 26

6. 若有以下定义，则对 a 数组元素的正确引用是_____。

```
int a[5], *p = a;
```

A) *&a[5]   B) a + 2   C) *(p + 5)   D) *(a + 2)

7. 若有以下定义，则 p + 5 表示_____。

```
int a[10], *p = a;
```

A) 元素 a[5] 的地址   B) 元素 a[5] 的值

C) 元素 a[6] 的地址   D) 元素 a[6] 的值

8. 有以下程序段，b 中的值是_____。

```
int a[10] = {1, 2, 3, 4, 5, 6, 7, 8, 9, 10}, *p = &a[3],b;
b = p[5];
```

A) 5   B) 6   C) 8   D) 9

9. 有以下程序段，则输出结果为_____。

```
#include "stdio.h"
int main( )
 {
    int x[] = {10,20,30};
    int *px = x;
    printf("%d,", ++*px);    printf("%d,", *px);
    px = x;
    printf("%d,", (*px)++);  printf("%d,", *px);
    px = x;
    printf("%d,", *px++);    printf("%d,", *px);
    px = x;
    printf("%d,", *++px);    printf("%d\n", *px);
    return 0;
}
```

A) 11,11,11,12,12,20,20,20   B) 20,10,11,10,11,10,11,10

C) 11,11,11,12,12,13,20,20   D) 20,10,11,20,11,12,20,20

10. 设有如下定义，则程序段的输出结果为_____。

```
int arr[ ]={6,7,8,9,10};
int *ptr;
ptr = arr;
*(ptr+2)+= 2;
printf("%d,%d\n", *ptr, *(ptr + 2));
```

A) 8,10   B) 6,8   C) 7,9   D) 6,10

11. 有说明和语句 int c[4][5], (*p)[5]; p = c;，以下能正确引用数组元素的是_____。

A) p + 1   B) *(p + 3)   C) *(p + 1)+3   D) *(p[0] + 2)

12. 有以下定义，不能给数组 a 输入字符串的语句是_____。

```
char a[10], *b = a;
```

A) gets(a)   B) gets(a[0])   C) gets(&a[0])   D) gets(b)

13. 下面程序段的运行结果是_____。

```
char *s = "abcde";
s += 2; printf("%d", s);
```

A) cde   B) 字符'c'   C) 字符'c'的地址   D) 无确定的输出结果

14. 设已有定义 char *st = "how are you";，下列程序段中正确的是_____。

A) char a[11], *p; strcpy(p = a + 1, &st[4]);

B) char a[11], *p; strcpy(++a, st);

C) char a[11], *p; strcpy(a, st);

D) char a[11], *p; strcpy(p = &a[1], &st + 2);

15. 以下程序的输出结果是_____。

```
#include "stdio.h"
int main( )
{
    char a[] = "programming", b[] = "language";
    char *p1, *p2;
    int i;
    p1 = a; p2 = b;
    for(i = 0; i < 7; i++)
    if(*(p1 + i)== *(p2 + i))
    printf("%c", *(p1 + i));
    return 0;
}
```

A) gm   B) rg   C) or   D) ga

16. 以程序运行后的输出结果是_____。

```
#include "stdio.h"
#include <string.h>
int main( )
{
    char str[][20] = {"One*World","One*Dream!"},*p = str[1];
    printf("%d,",strlen(p));
    printf("%s\n",p);
}
```

A) 10，One*Dream！ B) 9，One*Dream！

C) 9，One*World D) 10，One*World

17. 下面程序的运行结果是_____。

```c
#include "stdio.h"
#include "string.h"
int main( )
{
    char *s1 = "AbDeG";
    char *s2 = "AbdEg";
    s1 += 2;
    s2 += 2;
    printf("%d\n",strcmp(s1, s2));
    return 0;
}
```

A) 正数 B) 负数 C) 零 D) 不确定的值

18. 有以下程序，运行后的输出结果是_____。

```c
#include "stdio.h"
void f(int x, int y)
{
    int t;
    t = x;
    x = y;
    y = t;
}
int main( )
{
    int a[8] = {1,2,3,4,5,6,7,8}, i, *p, *q;
    p = a;
    q = &a[7];
    while(*p != *q)
    {
        f(p,q);
        p++;
        q++;
    }
    for(i=0; i < 8; i++)
    printf("%d", a[i]);
    return 0;
}
```

A) 8,2,3,4,5,6,7,1 B) 5,6,7,8,1,2,3,4

C) 1,2,3,4,5,6,7,8 D) 8,7,6,5,4,3,2,1

19. 定义以下函数，该函数的返回值是_____。

```c
fun(int *p)
{
    return *p;
}
```

A) 不确定的值 B) 形参 p 中存放的值

C) 形参 p 所指存储单元中的值 D) 形参 p 的地址值

20. 有以下程序，则程序运行结果是_____。

```c
#include "stdio.h"
int f(int b[][4])
{
    int i,j,s = 0;
    for(j = 0; j < 4; j++)
    {
        i = j;
        if(i > 2)
        i = 3 - j;
        s += b[i][j];
    }
    return s;
}
int main( )
{
    int a[4][4] = {{1,2,3,4},{0,2,4,5},{3,6,9,12},{3,2,1,0}};
    printf("%d\n", f(a));
    return 0;
}
```

A) 12   B) 11   C) 18   D) 16

21. 有以下程序，则程序运行结果是_____。

```c
#include "stdio.h"
void sum(int *a)
{a[0] = a[1];}
int main( )
{
    int aa[10] = {1,2,3,4,5,6,7,8,9,10},i;
    for(i = 2; i >= 0; i--)
    sum(&aa[i]);
    printf("%d\n", aa[0]);
    return 0;
}
```

A) 4   B) 3   C) 2   D) 1

22. 下段代码的运行结果是_____。

```c
#include "stdio.h"
#include "string.h"
#include "stdio.h"
int main( )
{
    char a;
    char *str = &a;
    strcpy(str, "hello");
    printf(str);
    return 0;
}
```

A) hello   B) null   C) h   D) 发生异常

23. 有以下程序，程序运行后的输出结果是_____。

```c
#include "stdio.h"
void fun(char *c, int d)
```

```
    {
        *c = *c + 1;
        d = d + 1;
        printf("%c,%c", *c, d);
    }
    int main( )
    {
        char a = 'A', b = 'a';
        fun(&b, a);
        return 0;
    }
```

A) B,a   B) a,B   C) A,b   D) b,B

24. 下面选项属于函数指针的是_____。

A) (int*) p (int, int)   B) int *p (int, int)

C) 两者都是   D) 两者都不是

25. 若有函数 max (a, b)，并且已使函数指针变量 p 指向函数 max，当调用该函数时，正确的调用方法是_____。

A) (*p) max (a ,b);   B) *pmax (a, b);

C) (*p) (a, b);   D) *p(a, b);

26. 对于语句 int *pa[5];，下列描述中正确的是_____。

A) pa 是一个指向数组的指针，所指向的数组是 5 个 int 型元素

B) pa 是一个指向某数组中第 5 个元素的指针，该元素是 int 型变量

C) pa[5] 表示某个元素的第 5 个元素的值

D) pa 是一个具有 5 个元素的指针数组，每个元素是一个 int 型指针

27. 若有以下程序，则程序运行结果是_____。

```
#include "string.h"
#include "stdio.h"
int main( )
{
    char *a[3] = {"I","love","China"};
    char **ptr = a;
    printf("%c %s", *(*(a + 1)+ 1),*(ptr + 1));
    return 0;
}
```

A) I l   B) o o   C) o love   D) I love

28. 下面程序的运行结果是_____。

```
#include "stdio.h"
#include "string.h"
#include <stdlib.h>
int fun(int n)
{
    int *p;
    p = (int*)malloc(sizeof(int));
    *p = n;
    return *p;
```

```
    }
main( )
{
    int a;
    a = fun(10);
    printf("%d\n",a + fun(10));
}
```

A) 0   B) 10   C) 20   D) error

29. 有以下程序:

```
#include "stdio.h"
#include "string.h"
int add(int a, int b)
{
    return (a +b);
}
int main( )
{
    int k,(*f)( ),a = 5,b = 10;
    f = add;
//…;
}
```

则以下函数调用语句错误的是_____。

A) k = f(a,b);   B) k = add(a,b);   C) k = (*f)(a,b);   D) k = *f(a,b);

30. 有以下程序(注：字符 a 的 ASCII 码值为 97)，程序运行后的输出结果是_____。

```
#include "stdio.h"
#include "string.h"
int main( )
{
    char *s = {"abc"};
    do
    {
        printf("%d",*s%10); ++s;
    }
    while (*s);
}
```

A) 789   B) abc   C) 7890   D) 979899

31. 以下函数的功能是_____。

```
int fun(char *x, char *y)
{
    int n = 0;
    while ((*x == *y)&& *x != '\0')
    {
        x++;
        y++;
        n++;
    }
```

```
    return n;
}
```

A)将 y 所指字符串赋给 x 所指存储空间

B)查找 x 和 y 所指字符串中是否有'\0'

C)统计 x 和 y 所指字符串中最前面连续相同的字符个数

D)统计 x 和 y 所指字符串中相同的字符个数

32. 以下程序的运行结果是_____。

```
#include "stdio.h"
#include "string.h"
#include <stdlib.h>
int main( )
{
    int *a,*b,*c;
    a = b = c = (int *)malloc(sizeof(int));
    *a = 1;
    *b = 2;
    *c = 3;
    a = b;
    printf("%d,%d,%d\n",*a,*b,*c);
    return 0;
}
```

A)1,1,3   B)2,2,3   C)1,2,3   D)3,3,3

33. 以下函数的功能是_____。

```
int fun(char *s)
{
    char *t = *s;
    while( *t++ );
    return (t - s);
}
```

A)计算 s 所指字符串占用内存字节的个数

B)比较两个字符串的大小

C)计算 s 所指字符串占用内存字节的个数

D)将 s 所指字符串复制到字符串 t 中

二、程序设计题

1. 编写一个函数，完成一个字符串的复制，要求用字符指针实现。在主函数中输入任意字符串，并显示原字符串，调用该函数之后输出复制后的字符串。

2. 编写一个函数，求一个字符串的长度，要求用字符指针实现。在主函数中输入字符串，调用该函数，输出其长度。

3. 在主函数中，从键盘输入 10 个数据存放到一维数组中，然后在主函数中调用 search( )函数找出数组中的最大值和最大值所对应元素的下标。要求调用子函数 search(int *pa, int n, int *pmax, int *pflag)完成，数组名作为实参，指针作为形参，最大值和下标在形参中以指针的形式返回。

4. 从键盘输入 10 个整数存放到一维数组中，将其中最小的数与第一个数交换，最大的数与最后一个数交换。要求将数据交换的处理过程编写成一个函数，函数中对数据的处理要用指针方法实现。

5. 利用指向行的指针变量求 5×3 数组各行元素之和。

6. 在主函数中输入 5 个字符串(每个字符串的长度不大于 20)，并输出这 5 个字符串。编写一个排序函数，对这些字符串按照字典顺序排序。然后在主函数中调用该排序函数，并输出这 5 个已排好序的字符串。要求用指针数组处理这些字符串。

7. 编写一个函数，函数的功能是移动字符串中的内容。移动的规则如下：把第 1 到第 m 个字符，平移到字符串的最后；再把第 $m+1$ 到最后的字符移动到字符串的前部。例如，字符串中原有的内容为 ABCDEFGHIJK，m 的值为 3，则移动后，字符串中的内容应该是 DEFGHIJKABC。在主函数中输入一个长度不大于 20 的字符串和平移的值 m，调用函数完成字符串的平移。要求用指针方法处理字符串。

第 10 章　结构体与共用体

前面各章中介绍了各种类型的数据及其处理方法。当处理单个数据时，可以将其定义为基本类型中的整型、实型、字符型数据；当处理一批具有相同类型的数据时，可以将其定义为数组。但在实际问题中，往往有很多不同数据类型、相互关联的一组数据，需要组合成一个有机整体使用，这就需要使用结构体来实现。

10.1　结构体引入

【例 10-1】　输入 30 个学生 C 语言课程的考试成绩，按由高到低的顺序排序并输出。

算法分析：需要定义一个实型数组 float score[30] 来记录 30 个学生的成绩，但为了准确定位是哪个学生的成绩，只有成绩是不够的，还需要有 30 个学生的学号 int num[30]、姓名 char name[30][20] 等属性。按照之前学过的排序方法实现这个程序如下：

```
/* exp10-1 */
/* 输入30个学生成绩并按由高到低的顺序排序并输出 */
#include "stdio.h"
#include "string.h"
int main( )
{
    int i, j, k, t1, t2;
    int num[30];                               /* 定义学号一维数组 */
    char name[30][20];                         /* 定义姓名二维数组 */
    char t3[20];                               /* 定义姓名一维数组作为交换变量 */
    float score[30];                           /* 定义成绩一维数组 */
    printf("please input 30 student's data:");         /* 提示输入信息 */
    for(i = 0; i < 30; i++)                            /* 循环 */
    {
        scanf("%d%s%f", &num[i], name[i], &score[i]);   /* 输入成绩 */
    }
    for (i = 0; i < 29; i++)                           /* 选择排序 */
    {
        k = i;
        for(j = i + 1; j < 30; j++)
        {
            if(score[k] < score[j])
                k = j;
        }
        if(k != i)
        {
            t1 = num[k];                       /* 交换学号 */
            num[k] = num[i];
            num[i] = t1;
            strcpy(t3 , name[k]);              /* 交换姓名 */
            strcpy(name[k], name[i]);
            strcpy(name[i], t3);
            t2 = score[k];                     /* 交换成绩 */
```

```
            score[k] = score[i];
            score[i] = t2;
        }
    }
    printf("学号\t\t姓名\t成绩\n");
    for(i = 0; i < 30; i++)                    /* 输出成绩 */
    {
        printf("%d\t\t%s\t%6.2f\n",num[i], name[i], score[i]);
    }
    return 0;
}
```

程序分析：程序中当需要处理一个学生的成绩时，必须将学号、姓名和成绩同时处理，这样才能保证信息的一致性。这三类信息存放在不同的数组中，当处理时，必须分别从不同的数组中提取，这样既不利于信息的表示，也不利于信息的存储和处理。在实际应用中将这三类信息进行组合，这正是 C 语言中"结构体"(struct)这种数据类型所能做到的。

结构体和其他基本数据类型的定义与使用相似，例如 int 类型、char 类型，只不过结构体可以将一些相关联的单个数据组合在一起，构造成一个新的数据类型，方便以后使用。在实际项目中，结构体是大量存在的。常使用结构体来封装一些相关联的数据组成新的类型。结构体在程序设计中的主要作用不是简便而是封装。封装的好处就是可以再次利用，并且在使用时不用关心它是什么，只要根据其定义使用即可。

10.2   结构体变量的使用

结构体是由一系列具有相同类型或不同类型的数据构成的数据集合，是一种派生类型。结构体类型的数据相当于其他高级语言中的记录，就像平时看到的二维表中的行，一个二维表中的每行就是一个结构体，二维表中的列则是结构体中的成员。每个成员可以是一个基本数据类型，或者又是一个结构体类型。结构体既然是一种由多个成员"构造"而成的数据类型，那么在使用之前就必须先定义。

10.2.1   结构体变量的定义

如同在调用函数之前要先定义函数一样，定义结构体变量前，需要先定义结构体类型。定义结构体变量有三种形式。例如，要处理学生 C 语言课程的成绩，则至少需要有学号(num，整型变量)、姓名(name，字符数组)、成绩(score，实型变量)三个成员，其结构体变量的三种定义形式如下。

(1)先定义结构体类型，再定义结构体变量。

```
struct stuscore                 /* struct 为关键字，定义结构体类型 stuscore */
{
    int num;
    char name[20];
    float score;
};
struct stuscore ss1,ss2;       /*定义结构体类型为 stuscore 的结构体变量 ss1,ss2 */
```

以上定义了两个变量 ss1 和 ss2 为 stuscore 的结构体类型，特别注意，定义变量语句的 struct stuscore 相当于定义整型变量 int x;时的 int，ss1 相当于 x。

这种形式定义的一般形式为：

```
struct 结构体类型名
{
    类型名   结构体成员名1;
    类型名   结构体成员名2;
    ...
    类型名   结构体成员名n;
};                              /* 分号不可少 */
struct 结构体类型名           变量名列表;
```

（2）在定义结构体类型的同时定义结构体变量。

```
struct stuscore
{
    int num;
    char name[20];
    float score;
} ss1, ss2;
```

这种形式定义的一般形式为：

```
struct 结构体类型名
{
    类型名   结构体成员名1;
    类型名   结构体成员名2;
    ...
    类型名   结构体成员名n;
}变量名表列;
```

（3）直接定义结构体变量。

```
struct
{
    int num;
    char name[20];
    float score;
} ss1, ss2;
```

这种形式定义的一般形式为：

```
struct
{
    类型名   结构体成员名1;
    类型名   结构体成员名2;
    ...
    类型名   结构体成员名n;
}变量名列表;
```

第三种定义形式与第二种定义形式的区别在于，第三种定义形式中省去了结构体类型名，直接给出结构体变量，如果后续还需要定义该结构体变量，则无法实现。三种定义形式中定义的 ss1、ss2 变量是结构体变量，其中都包含了三个成员，这三个成员虽然是不同的数据类型，但却构成了一个整体。在实际项目中，这样构造的数据，具有较高的可读性和清晰性，有利于数据的处理。

结构体变量定义后，编译系统便为结构体变量开辟一块地址连续的存储单元，其总长为结构体中各个成员的数据长度之和，结构体变量中的成员，按其定义的顺序依次存放在地址连续的存储单元中。

例如，上述结构体变量 ss1 在内存中的存储形式如图 10-1 所示。

num	name	score
4B	20B	4B
共计 28B		

图 10-1　结构体变量 ss1 的存储形式

结构体成员列表必须用一对花括号括起来，用于表示结构体中的各个成员的类型和名称，其数量和类型可根据实际需要而定，其类型可以是 C 语言提供的任意数据类型，同时包括结构体类型，即构成了嵌套的结构。假如程序中对 C 语言成绩需要增加考试日期的属性，则其定义如下：

```
struct date
{
    int year;
    int month;
    int day;
};
struct stuscore
{
    int num;
    char name[20];
    struct date examdate;
    float score;
} ss1, ss2;
```

首先定义结构体类型 date，它由 month（月）、day（日）、year（年）三个成员组成。在定义变量 ss1 和 ss2 时，其中的成员 examdate 被定义为 date 结构体类型。成员名可与程序中其他变量同名，互不干扰。

例如，上述结构体变量 ss1 在内存中的存储形式如图 10-2 所示。

num	name	examdate（12B）			score
4B	20B	year	month	day	4B
共计 40B					

图 10-2　结构体变量 ss1 的存储形式

10.2.2　结构体变量的引用

在程序中引用结构体变量时，一般不作为一个整体来引用。在 C 语言中除允许具有相同类型的结构体变量相互赋值以外，一般对结构体变量的引用，包括赋值、输入、运算、输出等，都是通过结构体变量的成员来实现的。

1．结构体变量名直接引用

结构体变量名可以直接引用。如果要实现两个结构体变量值的交换，则有：

```
struct stuscore ss1, ss2, temp;
...
```

```
temp = ss1;              /* 具有相同类型的结构体变量可相互赋值 */
ss1 = ss2;
ss2 = temp;
…
```

2. 结构体变量中成员的使用

表示结构体变量成员的一般形式为：

结构体变量名.成员名

例如：

```
ss1.num              表示一个学生的学号
ss1.name             表示一个学生的姓名
ss1.score            表示一个学生的成绩
```

如果结构体成员又是一个结构体，则必须逐级找到最低级的成员才能使用。例如：

```
ss1.examdate.month   表示一个学生的考试月份
```

结构体成员可以在程序中单独使用，与同类型的普通变量完全相同。例如：

```
int a; a = 2;                        /* 为整型变量赋值 */
struct stuscore ss1; ss1.num = 1001;  /* 为结构体变量成员赋值 */
```

10.2.3　结构体变量的初始化

结构体变量的初始化和前面提到的变量的初始化相似，可以在定义时初始化，如 int count=0;。数组可以在定义时初始化，如 int a[5]={1,2,3,4,5};。同样，结构体变量也可以在定义时赋初值，以实现对结构体变量中的各个成员的初始化。

【例 10-2】　定义结构体变量、初始化，并输出其数据。

```
/* exp10-2-1 */
/* 结构体变量定义并初始化 */
#include "stdio.h"
int main( )
{
    struct  stuscore
    {
        int  num;
        char  name[20];
        float  score;
    } ss1 = {1001, "ZhangSan", 89};
    printf("Num=%d\nName=%s\nScore=%f\n", ss1.num, ss1.name, ss1.score);
    return 0;
}

/* exp10-2-2 */
#include "stdio.h"
int main( )
{
    struct stuscore
    {
        int num;
        char name[20];
        float score;
```

```
        };
        struct stuscore ss1 = {1001, "ZhangSan", 89};
        printf("Num=%d\nName=%s\nScore=%f\n ", ss1.num, ss1.name, ss1.score);
        return 0;
    }
```

程序分析：这两种方式都将 1001 赋给结构体变量 ss1 的 num，将"zhangsan"赋给结构体变量 ss1 的 name，将 89 赋给结构体变量 ss1 的 score。由于结构体变量中的成员有着各自的数据类型，因此花括号中的初始化数据在个数、类型、顺序上应与结构变量中的成员保持一致，即使某一项暂时不赋值，其中的分隔符"，"也不能省略。

结构体变量的初始化也可以在先定义结构体变量后，在程序中通过赋值语句或输入语句来完成对其各成员的初始化。

【例 10-3】 给结构体变量赋值并输出其值。

```
/* exp10-3 */
/* 结构体变量赋值初始化 */
#include "stdio.h"
int main( )
{
    struct stuscore
    {
        int num;
        char *name;
        float score;
    } ss1,ss2;
    ss1.num = 1001;
    ss1.name = "ZhangSan";
    printf("please input score:\n");
    scanf("%f", &ss1.score);
    ss2 = ss1;                        /* 两个相同类型的结构体变量可以直接赋值 */
    printf("Num=%d\nName=%s\nScore=%f\n", ss2.num, ss2.name, ss2.score);
    return 0;
}
```

程序分析：程序中用赋值语句给 num 和 name 两个成员赋值，name 是一个字符串指针变量；用 scanf( )函数动态地输入 score 成员值，然后把 ss1 的所有成员的值整体赋给 ss2；最后分别输出 ss2 的各个成员值。本例表示了结构变量的赋值、输入和输出的方法。

10.2.4　结构体变量的使用

结构体变量的使用与其他普通变量的使用完全相同。程序中的定义、赋初值、运算、输出等操作对于结构体变量是通过结构体变量的成员来实现的。

【例 10-4】 定义学生成绩的结构体类型，输入三个学生的信息，并将三个学生的信息按照成绩由高到低的顺序输出。

```
/* exp10-4 */
/* 结构体变量的使用 */
#include "stdio.h"
int main( )
{
    struct stuscore
```

```
    {
        int num;
        char name[20];
        float score;
    } ss1, ss2, ss3, temp;
    printf("please input three student's num、name、score:\n");
    scanf("%d%s%f", &ss1.num, ss1.name, &ss1.score);
    scanf("%d%s%f", &ss2. num, ss2.name, &ss2.score);
    scanf("%d%s%f", &ss3. num, ss3.name, &ss3.score);
    if(ss1.score < ss2.score)
    {
        temp = ss1;
        ss1 = ss2;
        ss2 = temp;
    }
    if(ss1.score < ss3.score)
    {
        temp = ss1;
        ss1 = ss3;
        ss3 = temp;
    }
    if(ss2.score < ss3.score)
    {
        temp = ss2;
        ss2 = ss3;
        ss3 = temp;
    }
    printf("Num=%d\tName=%s\tScore=%f\n", ss1.num, ss1.name, ss1.score);
    printf("Num=%d\tName=%s\tScore=%f\n", ss2.num, ss2.name, ss2.score);
    printf("Num=%d\tName=%s\tScore=%f\n", ss3.num, ss3.name, ss3.score);
    return 0;
}
```

10.3　结构体数组

　　前面提到的是单个结构体变量的使用，一个结构体变量中可以存放一组相关联的数据(如前面提到的学号、姓名、成绩)。在实际应用中，与一般二维表对应的都是多行的数据，每一行应该是一个结构体变量，而且每行的数据类型都是相同的，所以可以将表中的每一行当成数组的一个元素，多行相同的结构体，就可以构成结构体数组来表示。结构体数组的每个元素都是具有相同结构体类型的下标结构体变量。在实际应用中，经常用结构体数组来表示具有相同数据结构的一个群体，如一个班的学生档案、一个车间职工的工资表等。

　　结构体数组的定义方法和结构体变量相似，只需说明为数组类型即可。在实际使用中，结构体数组与数组的用法相同，结构体数组中的每个成员都是结构体类型，结构体数组相当于一个二维构造，第一维是结构体数组元素，每个元素是一个结构体变量，第二维是结构体成员，结构体数组的成员也可以是数组类型。

```
struct stuscore
{
    int num;
    char *name;
```

```
        float score;
    } stus[30];
```

以上定义了一个结构体数组 stus，它共有 30 个元素，即 stus[0]~stus[29]。每个数组元素都是 struct stuscore 的结构体类型。

程序中的使用格式为：

```
结构体数组名[下标].成员项名
```

例如：

```
stus[2].num        表示下标为 2 的学生的学号
stus[2].name       表示下标为 2 的学生的姓名
stus[2].score      表示下标为 2 的学生的成绩
```

对结构体数组的初始化赋值。例如：

```
struct stuscore
{
    int  num;
    char *name;
    float score;
} stus[5] = {
            {1001, "ZhangSan", 85},
            {1002, "LiYing", 62.5},
            {1003, "LiuFang", 92.5},
            {1004, "Chenlin", 87},
            {1005, "Wanming", 58}
        };
```

当对全部元素做初始化赋值时，和前面学的数组初始化一样，也可不给出数组长度。数组的各元素的值如图 10-3 所示。

	num	name	score
stus[0] →	1001	ZhangSan	85
stus[1] →	1002	LiYing	62.5
stus[2] →	1003	LiuFang	92.5
stus[3] →	1004	ChenLin	87
stus[4] →	1005	WanMing	58

图 10-3　stus 结构体数组初始化后各元素的值

【例 10-5】 从键盘输入 30 个学生的成绩信息(包括学号、姓名、成绩)，按照成绩由高到低的顺序输出。

```
/* exp10-5 */
#include "stdio.h"
int main( )
{
    struct stuscore
    {
        int num;                              /* 学号 */
        char name[20];                        /* 姓名 */
        float score;                          /* 课程成绩 */
```

```
};
    struct stuscore stus[30];                  /* 声明一个结构体数组变量 */
    struct stuscore t;                         /* 声明一个结构体变量用于交换数据 */
    int i, j;
    printf("请输入学生信息:");
    for(i = 0; i < 30; i++)
    {
        printf("\n学号:");
        scanf("%d", &stus[i].num);
        printf("\n姓名:");
        scanf("%s", stus[i].name);
        printf("\n成绩:");
        scanf("%f", &stus[i].score);
    }
    /* 使用冒泡排序法对输入的 30 个学生信息按成绩由高到低排序 */
    for(i = 0; i < 30; i++)
    {
        for(j = 0; j < 30 - i - 1; j++)
        {
            if(stus[j].score < stus[j+1].score)     /* 比较相邻元素 */
            {
                t = stus[j];
                stus[j] = stus[j + 1];
                stus[j + 1] = t;
            }
        }
    }
    /* 输出排序后的学生成绩信息 */
    printf("\n学号\t姓名\t\t平均成绩");
    printf("\n");
    for (i = 0; i < 30; i++)
    {
        printf("%-10d", stus[i].num);
        printf("\t%-20s", stus[i].name);
        printf("\t\t%-10.1f", stus[i].score);
        printf("\n");
    }
    return 0;
}
```

　　程序分析：程序中定义了一个结构体数组，通过以前学过的知识对其进行初始化赋值，采用冒泡排序算法对其进行了运算，并且最后输出结构体数组中各个成员的信息。仔细阅读上面的程序会发现，在学习结构体变量时，要特别注意的是其写法，而算法都是前面讲过的内容。在学习过程中，要特别注意举一反三，将结构体的写法套用到前面学过的算法中，就可以很快掌握结构体类型变量和数组的使用。

10.4　结构体变量作为函数的参数和返回值

　　整型、实型、数组、指针等数据类型在 C 语言系统中已经预先定义，可以作为函数的参数，也可以作为函数的返回值。虽然结构体在 C 语言系统中没有预先定义，但当用户按照实际的需要，自行定义结构体数据类型之后，就具有了这种结构体的类型，其用法与其他类型的用法相同。当然，结构体数据也可以作为函数的参数或函数的返回值。

在实际项目中，为便于调试、维护，必须将程序按功能划分为若干模块，即函数，并在各模块之间传递数据，以实现数据的交流和沟通。当程序中含有结构体类型时，就需要在函数之间传递结构体类型的数据，以实现结构体类型数据的交流和沟通。

用结构体变量作为函数参数时，形参和实参必须具有相同的结构体，即必须保持数据类型的一致性。这种传递方式属于"值传递"，即将实参结构体变量各成员项的值一一对应赋给形参结构体变量的各成员项，实参结构体变量和形参结构体变量分别占有各自的存储空间。

结构体数组也可以整体作为函数的参数，在实际应用中与前面提到的数组作为函数的参数是一样的，只是要特别注意其写法。

返回结构体的函数是指函数的返回值是结构体类型的数据。

【例 10-6】 编写一个程序实现学生成绩管理（人数不超过 30 人），每个学生信息包括学号、姓名、课程成绩。要求：(1) 按照学生成绩由高到低的顺序排序；(2) 在排序后的学生成绩表中插入一个学生的信息，插入后仍然保持成绩表的顺序；(3) 输入指定的学生，从学生信息表中删除该学生，删除后仍然保持成绩表的顺序。

算法分析：程序中使用结构体保存每个学生的信息，包括学号、姓名、课程的成绩，使用结构体数组保存所有学生的信息。

需要实现以下函数：

```
单个学生信息的录入；
显示学生信息；                    /* 需要多次显示学生信息 */
排序；（按照成绩由高到低）
插入；（插入后保持有序）
删除；（删除后保持有序）
```

在主函数中调用以上函数，分别完成录入、排序、插入和删除功能，并显示排序前后的学生信息，以及插入、删除后的学生信息，程序如下：

```c
/* exp10-6 */
#include "stdio.h"
struct stuscore
{
    int  num;                      /* 学号 */
    char name[20];                 /* 姓名 */
    float score;                   /* 课程成绩 */
};
struct stuscore stus[30];          /* 声明一个结构数组 */
struct stuscore input( );          /* 输入学生成绩信息函数, 函数返回值为结构体变量 */
void display(struct stuscore stud[ ], int count);    /* 显示学生信息函数 */
void sort(struct stuscore stud[ ], int count);       /* 学生成绩排序函数 */
void insert(struct stuscore stud[ ], int count);     /* 插入函数 */
void del(struct stuscore stud[ ], int count);        /* 删除函数 */
int main( )
{
    int i, count;
    char ch;
```

```
        count = 20;
        printf("请输入学生成绩信息：");
        for (i = 0; i < count; i++)
        {
            stus[i] = input( );                 /* 调用录入信息函数 */
        }
        printf("\n 按成绩排序前的学生成绩信息如下：");
        display(stus, count);                   /* 调用显示信息函数 */
        sort(stus, count);                      /* 调用排序函数 */
        printf("\n 按成绩排序后的学生成绩信息如下：");
        display(stus, count);
        printf("\n\n 是否确认插入新学生信息?(y or n)");
        scanf("%c", &ch);
        if(ch == 'Y' || ch == 'y')
        {
            insert(stus, count);                /* 调用插入信息函数 */
            count++;
            printf("\n 插入新学生信息后的学生成绩信息如下：");
            display(stus, count);
        }
        printf("\n\n 是否要删除某个学生? (y or n)");
        scanf("%c", &ch);
        if(ch == 'Y' || ch == 'y')
        {
            del(stus, count);                   /* 调用删除信息函数 */
            count--;
            printf("\n 删除后学生成绩信息如下：");
            display(stus, count);
        }
        return 0;
}

struct stuscore input( )                        /* 录入学生成绩信息函数 */
{
    struct stuscore studn;
    printf("\n 学号：");
    scanf("%d", &studn.num);
    printf("\n 姓名：");
    scanf("%s", studn.name);
    printf("\n 成绩：");
    scanf("%f", &studn.score);
    return studn;
}

/* 显示学生成绩信息函数 */
void display(struct stuscore stud[ ], int count)
{
    int i;
    printf("\n 学号\t 姓名\t\t 成绩");
    printf("\n");
    for(i =0; i < count; i++)
    {
        printf("%-03d", stud[i].num);
        printf("\t%-15s", stud[i].name);
```

```c
            printf("\t%-10.1f", stud[i].score);
            printf("\n");
        }
    }

void sort(struct stuscore stud[ ], int count)          /* 排序函数 */
    {
        /* 冒泡排序法 */
        int i, j;
        struct stuscore t;
        for(i = 0; i < count; i++)
        {
            for(j = 0; j < count - i - 1; j++)              /* 比较相邻元素 */
            {
                if(stud[j].score < stud[j + 1].score)
                {
                    t = stud[j];
                    stud[j] = stud[j + 1];
                    stud[j + 1] = t;
                }
            }
        }
    }


void insert(struct stuscore stud[ ], int count)          /* 插入函数 */
    {
        /* 插入一个学生的信息，要求插入后的学生信息依然有序 */
        int i, j;
        struct stuscore t;
        printf("\n 请输入要插入的学生成绩信息\n");
        t = input( );
        for(i = 0; i < count; i++)
        {
            if(stud[i].score < t.score)
                break;
        }
        for(j = count; j >= i; j--)
        {
            stud[j + 1] = stud[j];
        }
        stud[i] = t;
    }


void del(struct stuscore stud[ ], int count)             /* 删除函数 */
    {
        int i, j, snum;
        printf("请输入要删除的学生的学号：");
        scanf("%d", &snum);
        for(i = 0; i < count; i++)
        {
            if(stud[i].num == snum)
                break;
        }
        for(j = i; j < count - 1; j++)
        {
```

```
            stud[j] = stud[j + 1];
        }
    }
```

程序分析：在 main（）函数中用 for 语句调用返回结构体变量的 input（）函数，初始化结构体数组元素的值，然后利用结构体数组作为参数的 display（）、sort（）、insert（）、del（）函数实现对结构体数组的操作。

10.5　结构体和指针

C 语言中提供了指针这种数据类型，指针可以指向任意类型的数据，当然也可以指向与结构体类型相关的变量或数组。一个结构体变量的起始地址就是这个结构体变量的指针，把一个结构体变量的起始地址存放在一个指针变量中，这个指针变量就是指向该结构体变量的指针。

10.5.1　指向结构体变量的指针

一个指针变量当用来指向一个结构体变量时，称之为结构体指针变量。结构体指针变量中的值是所指向的结构体变量的首地址。通过结构体指针即可访问该结构体变量，这与数组指针和函数指针的情况是相同的。

结构体指针变量定义的一般形式为：

```
struct 结构体类型名 *指针变量名
```

例如，在前面的例题中定义了 stuscore 这个结构体类型，如要定义一个指向 stuscore 的指针变量 stup，可写为：

```
struct stuscore *stup;
```

当然也可在定义 stuscore 结构体类型的同时定义指针变量 stup。与前面讨论的各类指针变量相同，结构体指针变量也必须先初始化后才能使用。

初始化结构体指针变量是把结构体变量的首地址赋值给指针变量，不能把结构体名赋给指针变量。如果 stus 是被定义为 stuscore 类型的结构体变量，则 stup=&stus 是正确的，stup=&stuscore 是错误的。结构体类型名和结构体变量是两个不同的概念。前面提到结构体类型名在程序中相当于"int x;"中的 int，而 x 才是变量名，指向整型的指针变量初始化时：p=&x。而 stup=&stuscore 相当于"p=∫"，因此这种写法是错误的，不可能去取一个结构体类型名的首地址，而是要取结构体变量的首地址。

有了结构体指针变量，就能更方便地使用结构体变量的各个成员。

结构体指针变量使用的一般形式为：

```
(*结构体指针变量).成员名
```

特别注意(*stup)两侧的括号不可少，因为结构体成员符"."的优先级高于"*"。如果去掉括号写为*stup.num，则是指先取 stup.num，然后再将此结构体成员作为指针变量，这显然是不正确的。为了书写方便和直观，同时也避免不小心出错，C 语言允许将"(*结构体指针变量).成员名"用"结构体指针变量->成员名"来代替。"结构体指针变量->成员名"表示结构体指针变量指向的结构体变量中的成员的值。例如：

```
    (*stup).num                /* 取结构体中的 num 这个成员的值 */
```

或

```
    stup->num
```

在编写程序的过程中，首先要牢记上述的写法，然后结合以前提到的指针的使用方法和学过的算法，就可以灵活地使用指向结构体的指针变量。下面用例子来说明指向结构体的指针的使用方法。

【例 10-7】 通过结构体指针变量输出结构体变量。

```
/* exp10-7 */
#include "stdio.h"
struct stuscore
{
    int num;
    char *name;
    float score;
} ss1={1001, "ZhangSan", 78.5}, *stup;
int main( )
{
    stup = &ss1;                    /* 将指向结构体变量的指针初始化 */
    /* 直接输出结构体变量的成员 */
    printf("Num=%d\n", ss1.num);
    printf("Name=%s\n", ss1.name);
    printf("Score=%f\n", ss1.score);
    /* 使用指向结构体变量的指针的第一种写法输出结构体变量的成员 */
    printf("Num=%d\n", (*stup).num);
    printf("Name=%s\n", (*stup).name);
    printf("Score=%f\n", (*stup).score);
    /* 使用指向结构体变量的指针的第二种写法输出结构体变量的成员 */
    printf("Num=%d\n", stup->num);
    printf("Name=%s\n", stup->name);
    printf("Score=%f\n", stup->score);
    return 0;
}
```

程序分析：程序定义了一个结构体类型 stuscore，它定义了 stuscore 类型的结构体变量 ss1，并且在定义的同时对变量进行了初始化；还定义了一个指向 stuscore 类型结构体的指针变量 stup。在 main( ) 函数中，stup 初始化赋值为 ss1 的地址，因此 stup 指向 ss1。然后在 printf 语句中，使用了三种形式输出 ss1 的各个成员值。

由上例可以看出，在使用指向结构体变量的指针时，先掌握好其书写方式，然后再按照前面章节中提到的指针变量的概念去理解指针变量的使用，就可以很快理解指向结构体变量的指针变量的使用，并且对于指向结构体数组的指针变量也会很快掌握。

10.5.2 指向结构体数组的指针

指针变量可以指向一个结构体数组，这时结构体指针变量的值是整个结构体数组的首地址。结构体指针变量也可指向结构体数组的一个元素，这时结构体指针变量的值是该结构体数组中的一个元素的地址。

假设 ps 为指向结构体数组的指针变量，则 ps 指向该结构体数组下标为 0 的元素，ps+1 指向下标为 1 的元素，ps+i 指向下标为 i 的元素。这与普通数组的情况是一致的，即指针加 1 并不是单纯的数值为 1，而是指向数组的下一个元素的地址。

【例 10-8】 用指针变量输出结构体数组。

```c
/* exp10-8 */
#include "stdio.h"
struct stuscore
{
    int num;
    char *name;
    float score;
} stus[5] = {
                {1001, "ZhangSan", 85},
                {1002, "LiYing", 62.5},
                {1003, "LiuFang", 92.5},
                {1004, "Chenlin", 87},
                {1005, "Wanming", 58}
            };
int main( )
{
    struct stuscore *ps;
    printf("Num\tName\tScore\n");
    for(ps = stus; ps < stus + 5; ps++)
    {
        printf("%d\t%s\t%f\n", ps->num, ps->name, ps->score);
    }
    return 0;
}
```

程序分析：程序中定义了 stuscore 结构体类型的数组 stus，并做了初始化赋值。在 main( ) 函数内定义 ps 为指向 stuscore 类型的指针。在 for 循环中先将 ps 的初值赋值为 stus，数组名即为数组的首地址，图 10-4 中，最上面的 ps 是数组的第 0 个元素的地址，在第 1 次循环中输出 stus[0]各个成员的值，然后执行 ps++，使 ps 自增 1，将 ps 指向结构体数组的下一个元素即 stus[1]；在第 2 次循环中将输出结构体数组的第二个元素的各个成员的值；当循环到第 5 次时，将输出 stus[4]各个成员的值，而此时 ps 的值将变为 stus+5，循环条件不成立，结束循环。

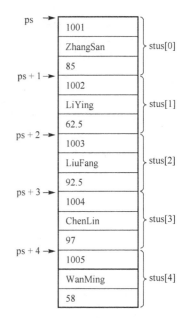

图 10-4 结构体指针 ps

程序中，要特别注意对于结构体指针变量初始化时的写法。一个结构体指针变量可以用来访问结构体变量或结构体数组元素的成员，但不能取一个成员的地址来对其进行初始化，因此对于指向结构体变量的指针，不允许取一个成员的地址来赋值。例如，"ps=&stus[0].num;"这种用法是错误的，而"ps=stus;"或"ps=&stus[0];"这种用法是正确的。在【例 10-8】中，如果将 for 循环语句改为如下两种写法，那么哪一种改法是正确的呢？

第一种写法：

```
for(ps = stus; ps < stus + 5;)
    printf("%d\t%s\t%f\n", (ps++)->num, (ps++)->name, (ps++)->score);
```

第二种写法：

```
for(ps = stus; ps < stus + 5;)
    printf("%d\t%s\t%f\n", (++ps)->num, (++ps)->name, (++ps)->score);
```

上面两种写法最重要的是考虑了 (ps++)->num 和 (++ps)->num 的区别。如果自增 1 在后，则先取 ps 的值，输出结构体数组 stus[0] 的成员 num 的值，然后再将 ps 加 1；如果自增 1 在前，则先将 ps 加 1，然后再取 ps 的值，第一次输出的将是结构体数组 stus[1] 的成员 num 的值。因此，第二种写法是错误的。

10.5.3 指向结构体变量的指针作为函数参数

前面讲述了单个结构体变量，结构体数组作为函数参数，而用结构体变量作为函数参数是值传递，即要将整个结构体变量的全部成员的值逐个传递。当结构体成员为数组时，将会使传递的时间和所占用的内存增大，降低程序的执行效率。所以结构体变量作为函数参数最好的方法是，使用指向结构体变量的指针作为函数参数进行传递。这时由实参传向形参的只是地址，从而减少了参数传递的时间和程序运行时占用的内存。

【例 10-9】 计算学生的平均成绩。要求使用结构体指针变量作为函数参数。

```
/* exp10-9 */
#include "stdio.h"
struct stuscore
{
    int  num;
    char *name;
    float score;
} stus[5] = {
            {1001, "ZhangSan", 85},
            {1002, "LiYing", 62.5},
            {1003, "LiuFang", 92.5},
            {1004, "Chenlin", 87},
            {1005, "Wanming", 58}
          };
int main( )
{
    struct stuscore *ps;
    void ave(struct stuscore *ps);          /* 声明函数 */
    ps = stus;                              /* ps 指向结构体数组的首地址 */
    ave(ps);                                /* 形参为结构体指针变量 */
    return 0;
}

void ave( struct stuscore *ps)             /* 定义求平均值函数 */
{
    int i;
    float average, s = 0;
    for(i = 0; i < 5; i++)
```

```
    {
        s += (ps++)->score;
    }
    printf("s=%f\n", s);
    average = s / 5;
    printf("average=%f\n", average);
}
```

程序分析：程序中定义了函数 ave( )，其形参为结构体指针变量 ps。stus 被定义为外部结构体数组，在整个源程序中有效。在 main( ) 函数中定义了结构体指针变量 ps，将 ps 的值初始化为 stus 的首地址，使 ps 指向 stus 数组。然后以 ps 作为实参调用函数 ave，在函数 ave 中完成计算平均成绩并输出结果。

如果这个程序中使用结构体数组作为函数的实参，则将采用值传递方式，在 ave( ) 函数运行过程中，结构体数组将重新创建一次，并占用内存；而采用指针变量作为函数的实参，则采用地址传递方式，不会在 ave( ) 函数运行过程中重新创建结构体，因此采用指向结构体变量的指针作为函数参数将减少内存的占用，提高程序运行效率。

10.5.4 函数返回值为指向结构体变量的指针

在前面提到了函数返回值可以是结构体变量或结构体数组，但函数返回值也可以是指向结构体变量的指针变量。

【例 10-10】 编写程序，首先将输入的学生信息包括学号、姓名、联系电话，保存在通讯录中（类型为结构体），然后输入一个学生姓名，输出其学号、姓名、联系电话。

```
/* exp10-10 */
#include "stdio.h"
#include "string.h"
struct student
{
    int num;
    char name[20];
    char phone[20];
};
int main( )
{
    struct student stu[30];
    struct student *pstu;
    struct student *search(char *sname, struct student *pstu);
    int i;
    char sname[20];
    for(i = 0; i < 30; i++)
    {
        printf("input %d num:\n", i);
        scanf("%d", &stu[i]);
        printf("input %d name:\n", i);
        gets(stu[i].name);
        printf("input %d phone:\n", i);
        gets(stu[i].phone);
```

```
    }
    printf("please input name:\n");
    gets(sname);
    pstu = search(sname, stu);          /* 返回值类型为指向结构体的指针 */
    if(pstu != NULL)                     /* 输出该学生的信息 */
    {
        printf("student Num:%d\n", pstu->num);
        printf("Name:%s\nPhone:%s\n", pstu ->name, pstu ->phone);
    }
    else
    {
        printf("not found");
    }
    return 0;
}

struct  student *search(char *sname, struct student *pstu) /* 查找子函数 */
{
    struct student *pstu1;
    for(pstu1 = pstu; pstu1 < pstu + 30; pstu1++)      /* 遍历结构数组 */
    {
        if(strcmp(sname, pstu1->name)== 0)                 /* 判断名字是否相同 */
            return(pstu1);                                  /* 找到返回结构指针 */
    }
    return NULL;                                             /* 没找到返回空指针 */
}
```

程序分析：程序中 search()函数是返回值为指向结构体的指针变量，其参数为指向字符的指针变量和指向结构体的指针变量。

10.6　动态内存分配与链表

C 语言中定义了 4 个内存区间：代码区，全局变量与静态变量区，局部变量区即栈区，动态存储区即堆(heap)区或自由存储区(free store)。在前面的各章节中，介绍的各种数据类型(如整型、实型、字符型、数组、指针)一经定义，系统则为此变量开辟相应字节的内存单元，用以存放此变量的数值，在变量的生存期内此变量都将占有此内存单元，直至生存期结束后，系统回收相应的内存单元，这种内存分配称为静态存储分配。在这种方式中，内存的分配和回收工作由系统进行。而在实际应用中，有一些数据事先是难以确定的，像前面例子中的学生人数，一般情况下是难以确定的，因此在设计时如果使用结构体数组表示全班每个学生的基本信息时，要将结构体数组定义得足够长，否则如果使用中出现了超出长度的情况，就无法存储和处理，显然这将浪费存储空间。另外，数组在内存中需要开辟大量地址连续的存储空间，当数组较长或结构数组中的信息较多时，需要的连续存储空间则较长，这势必会增加内存的压力，同时造成内存中一些离散的较小存储空间的浪费。例如，数组的长度是预先定义好的，在整个程序中固定不变。C 语言中不允许动态数组类型，例如，int n=5; int a[n];用变量表示长度，要实现对数组的大小做动态声明，这是错误的。

但是在实际的编程中，往往会发生这种情况，即所需的内存空间取决于实际输入的数据而无法预先确定。对于这种问题，无法用数组解决。为了解决上述问题，C 语言提供了一些内存管理函数，这些内存管理函数可以按需要动态地分配内存空间，也可把不再使用的空间回收待用，为有效地利用内存资源提供手段。有些操作对象只在程序运行时才能确定，这样编译时就无法为它们预先分配存储空间，只能在程序运行时，系统根据运行时的要求进行内存分配，这种方法称为动态存储分配。动态存储分配都在堆区中进行。当程序运行到需要一个动态分配的变量或对象时，必须向系统申请取得堆中的一块所需大小的存储空间，用于存储该变量或对象。当不再使用该变量或对象时，要显式释放所占用的存储空间，这样系统就能对该堆空间进行再次分配，做到重复使用有限的资源。在 C++中，申请和释放堆中分配的存储空间，分别使用 new 和 delete 两个运算符来完成。

10.6.1　动态内存函数

动态内存的分配和回收允许程序在其执行的过程中，根据实际需要适时地向系统提出申请，使用相应字节的内存空间。当获得了相应字节的内存空间后，即可使用此空间进行数据的存储和处理，使用完毕，及时地将此空间归还系统，做到"好借好还，再借不难"，这样既可提高整个内存的使用效率，又可满足用户的实际需要。

C 语言提供了一些动态内存的分配和释放函数，它们包含在库函数 stdlib.h 或 malloc.h 中，因此当程序需要使用动态内存的分配和释放函数时，应按如下方式包含头文件：

```
#include "stdlib.h"
```

或

```
#include "malloc.h"
```

常用的内存管理函数有以下三个。

1. 分配内存空间函数 malloc( )

malloc( )函数调用的一般形式为：

```
void *malloc(unsigned int size)
```

malloc( )函数的作用是向系统申请长度为 size 字节的存储空间。如果申请成功，则函数返回此段存储空间的起始地址；如果申请不成功(如内存缺乏足够的可以分配的内存空间)，则返回空地址 NULL。

说明：(1)函数的形参是无符号整型。(2)函数的返回值是指针，而且是指向 void 类型的指针。如果需要利用此段空间存储其他类型的数据，则必须将其强制转换为其他类型的指针。

例如，(float *)malloc(4) 申请 4B 的存储空间，并将其转换为浮点类型的指针。(double *)malloc(8) 申请 8B 的存储空间，并将其转换为双精度类型的指针。

2. 分配内存空间函数 calloc( )

calloc( )函数调用的一般形式为：

```
void *calloc(unsigned int n , unsigned int size)
```

calloc( )函数的作用是向系统申请 n 个长度为 size 字节的存储空间。如果申请成功，则函数返回此段存储空间的起始地址；如果申请不成功(例如内存缺乏足够的可以分配的内存空间)，则返回空地址 NULL。

说明：(1)calloc( )函数的形参有 2 个。(2)calloc( )函数的返回值也是指向 void 类型的指针。如果需要利用此段空间存储其他类型的数据，则必须将其强制转换为其他类型的指针。

3. free( )函数

free( )函数调用的一般形式为：

```
void free (void *p)
```

free( )函数的作用是将指针变量 p 指向的存储空间归还系统，函数无返回值。

说明：(1)指针变量 p 指向的存储空间归还系统后，系统即可将此空间分配给其他变量。(2)指针变量 p 指向的存储空间不能是任意的地址，只能是在程序的执行过程中利用 malloc( )函数或 calloc( )函数获得的返回地址。

【例 10-11】 分配一段内存空间，保存一个学生的信息。

```
/* exp10-11 */
#include "stdio.h"
#include "stdlib.h"              /* 包含 malloc 的头文件 */
int main( )
{
    struct stuscore
    {
        int num;
        char *name;
        float score;
    } *ps;
    ps = (struct stuscore *)malloc(sizeof(struct stuscore));
    ps -> num = 1001;
    ps -> name = "ZhangSan";
    ps -> score = 62.5;
    printf("Number=%d\nName=%s\nScore=%f", ps->num, ps->name, ps->score);
    free(ps);
    return 0;
}
```

程序分析：首先定义了结构体类型 stuscore，定义了 stuscore 类型指针变量 ps；然后分配一段可以存储 stuscore 类型数据的内存区，并把首地址赋予 ps，使 ps 指向该区域；再以 ps 为指向结构体的指针变量对各成员初始化，并用 printf( )函数输出各成员值；最后用 free( )函数释放 ps 指向的内存空间。

10.6.2 用指针处理链表

在【例 10-11】中采用了动态分配的办法为一个结构体分配内存空间。每次分配一段空间可用来存放一个学生的数据，每一个空间也称为一个节点。有多少个学生就应该申请分配多少段内存空间，也就是说要建立多少个节点。用结构体数组也可以实现上述功能，但在学生人数不定的情况下，无法确定数组大小，并且当学生人数有变动时也不能将该学生占用的空间从数组中释放出来。例如要编程存储、处理一个班学生的信息，定义数组大小为 50，但如果是一个年级的学生或者是一个学校的学生，利用数组就很难确定其大小了。要解决这个问题，最好的方法就是使用动态存储。有一个学生就分配一个节点，无须预先确定学生的准确人数，在学生人数发生变化时，可以动态创建和释放该学生所占用的存储空间，从而达到节约内存资源的目的。另外，用数组来实现则需要占用一段连续的内存空间，这样当学生数量太大时用数组将会导致内存溢出的错误。使用动态存储时，每个节点所占用的空间可以是不连续的，不需要一次性地分配足够大的连续内存空间，动态存储节点之间的联系可以用指向结构体的指针变量来实现。在结构体中需要存放一个指向结构体的指针变量来存放下一个节点的地址，在第一个节点的最后一个成员定义一个指向结构体的指针变量，该指针变量存放第二个节点的地址，在第二个节点的最后一个成员指向第三个节点的地址。以此类推，就可以将所有的节点串接起来，最后一个节点因无后续的节点，使其最后一个成员的指针变量可以为"空地址"，即 NULL，如图 10-5 所示。

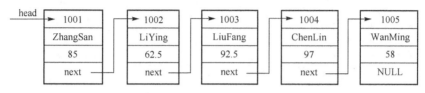

图 10-5　简单链表的示意图

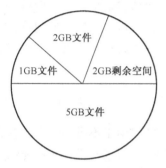

图 10-6　磁盘上文件存储示意图

采用这样的方式将数据组织在一起，在数据结构中称为"链表"。链表是一种重要的数据结构，在实际应用中经常用到。文件在磁盘上的存储，就是采用链表来存储的。例如，一个磁盘有 10GB 的存储空间，现在已经存放了 1GB、2GB、5GB 大小的三个文件，如图 10-6 所示。磁盘现在还有 2GB 的剩余空间，而现在有一个 3GB 大小的文件要存放到该磁盘上，这就需要将那个 1GB 大小的文件删除，这样磁盘就留下了 3GB 的空间。最后，这个 3GB 大小的文件存放在不连续的剩余的 3GB 空间中，所以文件在磁盘上的存储是采用"链表"的方式来存放的。磁盘上的节点也可以称为"簇"，每个簇的最后都存放有下一个簇所在的位置，通过找到文件的首簇来访问磁盘上的文件。这种存储方式就如同铁链一样，一环套一环，中间是不能断开的。链表的存储首先要有其第一个节点的首地址，然后才能依次找到其每一个节点，如果其中一个节点丢失，则其节点后面的数据将全部丢失，无法访问。

图 10-5 中，head 头节点存放第一个节点的首地址，没有数据，只是一个指针变量。后面的每个节点都分为两个域。一个是数据域，存放各种实际的数据，如学号 num、姓名 name、成绩 score 等；另一个域为指针域，存放下一个节点的首地址，如 next。链表由若干节点组成，每一个节点可以分布在内存中的任意位置。在程序的执行过程中，用户可以根据实际的需要，随时通过 malloc( )函数向系统申请一定数量的内存空间，将数据存放在相应的内存空间中，接着再申请空间存放其他的数据，这一部分空间称为节点的数据域（Data）。由于内存的使用情况是随机的，因此用户的数据按照这种方式组织后，就分散地存放在内存中，各节点数据之间的联系是由其最后一个成员来链接的，称为节点的指针域(Next)，这样顺着这个指针即可存取在这根链上的每一个节点，从而实现对链表的访问。

图 10-7　链表的节点

链表节点的结构如图 10-7 所示。

按照上述方式将各个数据分散地存放在内存中，并将各个节点之间用链指针串接起来，而且最后一个节点(尾节点)的指针域存放一个空地址(NULL)，表示链表到此结束。

在链表中，第一个节点的地址非常重要，因为链表的操作一定要特别注意"头指针"，然后才能顺藤摸瓜，实现对链表的依次遍历，从而实现对节点中数据的处理。

10.6.3　链表的定义

根据上述说明，如果用链表处理学生信息，数据信息中含有学生的学号、姓名和成绩三个数据项，那么可定义链表结构如下：

```
struct stuscore
{
    int num;
    char *name;
    floag score;
    struct stuscore *next;          /* 指针域 */
};
struct stuscore *head;              /* 头指针 */
```

在上面定义的结构体类型中，每一个节点含有 4 个成员，前三个成员是数据域，最后一个成员 next 是指针域。next 既是结构体类型中的一个成员，同时又是指向该结构体类型的数据指针。这就可以实现链表的定义。head 是指向该结构体的指针变量，并用此指针代表头节点的地址即头指针。

10.6.4　链表的基本操作

链表的基本操作主要包括链表的创建、查找、插入、删除等。链表由于不需要一个足够大的连续空间，因而内存的利用率高。但由于占用内存空间的不连续性，所以在操作时不能像数组一样直接指定要访问的某个元素。如果需要存取链中的某个节点，则必须从"头指针"开始，依次地访问到想要访问的节点。

对链表的基本操作有以下几种。

(1)创建链表。

(2)链表的查找与输出。

(3)链表插入。

(4)链表删除。

【例 10-12】　创建一个单向链表，并对其进行查找、插入、删除操作。

算法分析：为了实现单向链表的基本操作，可以将其基本操作分别用函数来实现，在主函数中可以调用各函数，实现其常用的基本操作。

```
/* exp10-12 */
/* 链表基本操作的主函数 */
#include "stdio.h"
#include "string.h"
#include "stdlib.h"                  /* 包含 malloc 的头文件 */
#define LEN sizeof (struct stuscore)
struct stuscore                      /* 定义链表结构类型 */
{
    int num;
    char  name[20];
```

```
    float score;                          /* 定义链表结构数据域 */
    struct stuscore *next;                /* 定义链表结构指针域 */
};

int main()                                /* 主函数 */
{
    struct stuscore *creat(struct stuscore *head);    /* 创建链表函数 */
    void *search(struct stuscore *head);              /* 查找链表函数 */
    struct stuscore *insert(struct stuscore *head);   /* 插入链表函数 */
    struct stuscore *del(struct stuscore *head);      /* 删除链表函数 */
    void output(struct stuscore *head);               /* 输出链表函数 */
    struct stuscore *head;                            /* head 为链表的头指针 */
    int c, flag = 1;
    head = NULL;
    while(flag)
    {
        /* 在屏幕上画一个主菜单 */
        printf("/* *********链表的基本操作********* */\n\n");
        printf("  1:  creat\n\n");
        printf("  2:  search\n\n");
        printf("  3:  insert\n\n");
        printf("  4:  delete\n\n");
        printf("  5:  output\n\n");
        printf("  0:  exit\n\n");
        printf("/* ****************************** */\n\n");
        printf("please select:");
        scanf("%d", &c);                    /* 输入选择项 */
        switch(c)
        {
            case 1: head = creat(head); break;
            case 2: search(head); break;
            case 3: head = insert(head); break;
            case 4: head = del(head); break;
            case 5: output(head); break;    /* 调用输出函数 */
            default: flag = 0;              /* 改变标志变量的值，退出循环 */
        }
    }
    return 0;
}
```

1. 创建链表

算法分析：链表的创建根据新创建节点的位置的不同可采用两种方法。"头插法"，即每次创建的节点总是在第一个，最后一个创建的节点为头节点；"尾插法"，即每次创建的节点总是在最后一个，第一个创建的节点为头节点。下面以"尾插法"为例，说明其生成过程。

(1)定义链表的数据结构。

(2)创建一个空表。

(3)利用 malloc()函数创建一个节点。

(4)将新节点的指针成员赋值为空。若是空表，则将新节点连接到表头；若是非空表，则将新节点接到表尾。

(5)判断是否有后续节点要接入链表，若有，则转到步骤(3)，否则结束。

```
struct stuscore *creat(struct stuscore *head)  /* 尾插法生成链表子函数 */
{
    struct stuscore *p1, *p2;
    /* 申请新节点 */
    p1 = p2 = (struct stuscore *)malloc(LEN);
    printf("Please input num:\n");
    scanf("%d", &p1->num);
    printf("Please input name:\n");
    gets(p1->name);
    printf("Please input score:\n");
    scanf("%f", &p1->score);                    /* 输入节点的值 */
    p1->next = NULL;                            /* 将新节点的指针域置为空 */
    while(p1->num != 0)                         /* 输入节点的数值不等于 0 */
    {
        if(head == NULL)
            head = p1;                          /* 空表，接入表头 */
        else
            p2->next = p1;                      /* 非空表，接到表尾 */
        p2 = p1;
        p1 = (struct stuscore *)malloc(LEN);    /* 申请下一个新节点 */
        printf("Please input num:\n");
        scanf("%d", &p1->num);
        printf("Please input name:\n");
        gets(p1->name);
        printf("Please input score:\n");
        scanf("%f", &p1->score);                /* 输入节点的值 */
    }
    return head;                                /* 返回链表的头指针 */
}
```

2. 查找链表

算法分析：实现链表中查找数据首先从链表的头节点开始(p=head)。如果此节点存在(p!=NULL)，则判断此节点的数据信息，如果相等则结束，否则节点指针后移(p=p->next)，指向下一个节点，直至节点的指针域为空(p==NULL)，结束循环，进而结束子函数。操作步骤如下。

(1)输入待查找的数据信息，如学号。

(2)从链表的头节点的后继节点开始(p=head->next)。

(3)如果此节点的数据信息与待查找的数据信息不同，且此节点存在后继节点，则节点指针后移(p=p->next)，指向下一个节点，继续查找。

(4)循环结束后，如果找到，则输出相关的数据信息；如果查找完毕仍没有找到，则输出"not found"。

查找链表的函数代码如下：

```
void search(struct stuscore *head)
{
    struct stuscore *p;
    int x;
    printf("Please input search num:\n");
    scanf("%d", &x);                            /* 输入待查找的数据 */
    p = head;
```

```
    while (p != NULL && p->num != x)              /* 在链表中查找 */
    {
        p = p->next;                              /* 接着查找下一个节点 */
    }
    if(p->next == NULL)                           /* 在整个链表中没有找到 */
    {
        printf("Not found\n");
    }
    else
    {
        printf("num=%d,name=%s,score=%f\n", p->num, p->name, p->score);
    }
}
```

3. 插入链表

算法分析：对有序的一组数据，数组的插入需要找到合适的位置，然后将后面的数据从后往前依次向后移动，最终实现插入后仍然保持有序。而链表的插入相对数组的插入要容易得多，首先找到合适的插入位置，然后处理此位置的两个节点指针域即可，不需要对其他元素进行移动操作。操作步骤如下。

(1) 输入待插入的数据信息，如学号。

(2) 从链表的头节点开始(p=head)。

(3) 如果此点存在后继节点，且此点的后继节点的数据信息小于待插入的数据信息，则节点指针后移(p=p->next)，指向下一个节点，继续查找。

(4) 如果节点 p 的数据信息小于待插入的数据信息，而节点 p->next 的数据信息大于待插入的数据信息，则应将新节点 q 插在节点 p 和节点 p->next 之间。

(5) 生成新节点 q，将节点 p 的原后继节点链在新节点 q 之后，而节点 p 的新后继节点为新节点 q，其插入过程如图 10-8 所示。

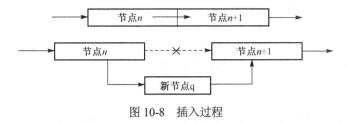

图 10-8　插入过程

插入节点的函数代码如下：

```
struct stuscore *insert(struct stuscore *head)
{
    struct stuscore *p, *p1, *q;
    int x;
    char name1[20];
    float score1;
    printf("Please input num:\n");
    scanf("%d", &x);
    printf("Please input name:\n");
    gets(name1);
    printf("Please input score:\n");
    scanf("%f", &score1);                         /* 输入新节点数据 */
```

```c
        q = (struct stuscore *)malloc(LEN);    /* 创建新节点 */
        q->num = x;
        strcpy(q->name, name1);
        q->score = score1;                          /* 对新节点数据域赋值 */
        if (head == NULL)                           /* 若为空链表，则新节点插到表头 */
        {
            head = q;
            q->next = NULL;
        }
        else
        {
            p = head;
            while ( p->next != NULL && p->num < x)   /* 查找插入位置 */
            {
                p1 = p;
                p = p->next;
            }
            if (p->num >= x)                         /* 查找到插入的位置 */
            {
                if(p == head)                        /* 新节点插到链表头 */
                {
                    head = q;
                    q->next = p;
                }
                else                                 /* 插入链表中 */
                {
                    p1->next = q;
                    q->next = p;                     /* 将新节点插到节点 p 之前 */
                }
            }
            else                                     /* 插到链表尾 */
            {
                p->next = q;
                q->next = NULL;
            }
        }
        return(head);      /* 返回链表的头指针 */
    }
```

4．删除链表

算法分析：链表的删除操作要先查找到删除的节点。只需将节点 p 的后继指针改为其后继的后继，删除节点后必须及时地释放被删除节点的空间，其删除过程如图 10-9 所示。

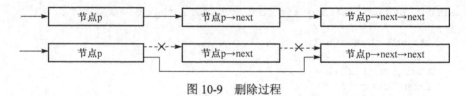

图 10-9　删除过程

删除节点的函数代码如下：

```c
struct stuscore *del( struct stuscore *head)
{
    struct stuscore *p, *p1;
```

```
    int x;
    p = head;
    if (head == NULL)
    {
        printf("\nList is null!\n");
    }
    else
    {
        printf("Please input num:\n");
        scanf("%d", &x);                      /* 输入待删除的学生学号 */
        while(p->num != x && p->next != NULL) /* 查找删除的学生 */
        {
            p1 = p;
            p = p-> next;
        }
        if(p->num == x)
        {
            if(p == head)                     /* 删除头节点 */
            {
                head = head-> next;
                free(p);
            }
            else
            {
                p1->next = p->next;
                free(p);
            }
        }
        else
            printf("\nNo find student!\n");
    }
    return(head);
}
```

5. 输出链表

算法分析：实现链表输出，首先从链表的头节点开始(p=head)；如果此节点存在(p!=NULL)，则输出此节点的数据信息，否则节点指针后移(p=p->next)，指向下一个节点，直至节点的指针域为空(p==NULL)，结束循环，进而结束函数。

输出链表的函数代码如下：

```
void output(struct stuscore *head)
{
    struct stuscore *p;
    printf("Num\t\tName\t\tScore\n");
    p = head;
    while (p != NULL)                      /* 判断是否到链表尾部 */
    {
        printf("%d\t\t%s\t\t%f\n", p->num, p->name, p->score);
        p = p->next;                       /* 指向下一个节点 */
    }
}
```

10.7　共用体类型

在一些特殊应用中有时需要把不同类型的变量存放到同一段内存单元中，或对同一段内存单元中的数据按不同类型处理，此时需要使用"共用体"类型。例如，将三个不同类型的变量(分别为整型、实型、字符型)放在同一个地址开始的内存单元中。各变量占用内存单元的字节数不同，几个变量互相覆盖。这种使几个变量共同占用同一段内存单元的结构称为"共用体"类型。

10.7.1　共用体类型的定义

共用体是指将不同的数据项组织成一个整体，在内存中占用同一段存储单元，是一种派生型数据类型。共用体在使用前，必须定义类型。类型定义的一般形式为：

```
union 共用体名
{
    数据类型 1 成员 1;
    数据类型 2 成员 2;
    ...
    数据类型 n 成员 n;
};
```

要把一个整型变量、一个字符型变量、一个实型变量放在由同一个地址开始的内存单元中。共用体类型的定义为：

```
union data
{
    int i;
    char ch;
    float x;
};
```

它定义了一个名为 data 的共用体类型，其中含有三个成员，分别为整型 i、字符型 ch、浮点型 x，共用体变量所占内存长度等于最长成员的长度，因此共用体类型 data 所占用内存为 4 字节。从内存单元的角度比较共用体和结构体，可以得出以下结论。

(1)"共用体"各成员占相同的起始地址，所占内存长度等于最长的成员所占内存。

(2)"结构体"各成员占不同的地址，所占内存长度等于全部成员所占内存之和。

10.7.2　共用体变量的定义

共用体类型定义后，即可利用已经定义的共用体类型定义共用体变量。与结构体变量的定义相同，共用体变量的定义分为三种形式。

(1)在定义共用体类型的同时，定义共用体变量。例如：

```
union data
{
    int i;
    char ch;
    float x;
} a,b,c;
```

(2) 在定义共用体类型之后，定义共用体变量。例如：

```
union data
{
    int i;
    char ch;
    float x;
};
union data a,b,c;
```

(3) 利用无名共用体类型，直接定义共用体变量。例如：

```
union
{
    int i;
    char ch;
    float x;
} a,b,c;
```

10.7.3 共用体变量的使用

共用体在实际使用中只能引用共用体变量的成员，其成员在使用时的写法为：共用体变量名.成员名。与结构体变量的使用相同，在程序中一定不能直接使用共用体类型名，而是要使用共用体变量名。例如，"data.i;"这种用法是错误的，正确的用法为 a.i。

例如：

```
union data a, *p;
p = &a;
```

则可以使用：

```
a.i = 100;
a.ch ='A';
p->x =3.14;
```

共用体变量虽然可以取多个值，但是某一时刻只能使用最后赋的值，经过上述三条赋值语句后，共用体变量最终的取值为 3.14。

共用体在类型定义和变量引用时都和结构体有着很多相似之处，但也有本质的区别。共用体类型主要有如下特点。

(1) 共用体变量不能在定义时初始化。

(2) 共用体虽然可以用来存放几种不同类型的成员，但共用体的成员不可能同时起作用，在某一时刻只能有一个成员起作用，其他的成员不起作用，起作用的成员是最后一次存放的成员，在存入一个新成员后，原有成员就失去作用。

(3) 共用体变量的地址和各成员的地址都是同一地址。

(4) 不能把共用体变量作为函数参数，也不能使函数返回共用体类型，但可以使用指向共用体变量的指针。

(5) 共用体类型可以出现在结构体类型的定义中，也可以定义共用体数组。反之，结构体也可以出现在共用体类型的定义中，数组也可以作为共用体的成员。

10.7.4 共用体实例

共用体是指多个成员占用同一存储单元，其作用主要是为了节省内存，在实际应用中主要是作为结构体中的成员，这个成员是以不同形式存在的。例如，根据不同的情况，选择不同类型的数据。

【例 10-13】 在计算机等级考试的报名表中，有姓名、年龄、类别、证件号码等内容，如果类别选择军人，则证件号码输入的是军官证号，否则需要输入的是身份证号。

```c
/* exp10-13 */
#include "stdio.h"
#include "stdlib.h"
struct exam                              /* 定义结构体类型 */
{
    char name[20];
    int age;
    char class1;                         /* 是否军人，Y 表示军人 */
    union                                /* 定义共用体类型 */
    {
        char idcard[18];
        char armycard[8];
    }cate;
} exams[30];                             /* 定义结构体数组 */

int main( )
{
    int i;
    for(i = 0; i < 30; i++)
    {
        printf("please enter name:");
        gets(exams[i].name);             /* 输入姓名 */
        printf("please enter age:");
        scanf("%d",&exams[i].age);       /* 输入年龄 */
        printf("Is an armyman Please enter(Y/N):");
        scanf("%c",&exams[i].class1);
        if(exams[i].class1 == 'Y' || exams[i].class1 == 'y')
        {
            printf("please enter armyman card:");
            gets(exams[i].cate.armycard); /* 输入军官证号 */
        }
        else
        {
            printf("please enter idcard:");
            gets(exams[i].cate.idcard);    /* 输入身份证号 */
        }
    }
    for(i = 0; i < 30; i++)                /* 输出信息 */
    {
        printf("%10s\n",exams[i].name);
        printf("%4d\n",exams[i].age);
        putchar(exams[i].job);
        if(exams[i].class1 == 'Y' || exams[i].class1 == 'y')
            printf("%s\n",exams[i].cate.armycard);
```

```
        else
            printf("%s\n",exams[i].cate.idcard);
    }
    return 0;
}
```

程序分析：程序中定义了一个结构体数组，每个结构体数组元素都有 4 个成员项：姓名、年龄、类别，证件号码。类别成员如果选择军人，则证件号码输入军官证号，否则输入身份证号，因此将 cate 成员定义为共用体。

10.8　枚　举　类　型

在实际问题中，存在这样一类数据，其取值范围非常有限，只能在几个数据中取值。例如，星期信息只能在星期一到星期日中取一个值，月份信息只能在 1 月到 12 月中取一个值，交通灯的颜色信息只能在红色、黄色、绿色中取一个值。为了更好地描述这些离散数据的特性，并将其约束在特定的范围之内，C 语言提供了适合这类数据的数据类型，称为枚举类型。枚举类型的变量的取值被限定在一个有限的范围内。在枚举类型的定义中列举出所有可能的取值，枚举类型的变量取值不能超过定义的范围，枚举类型在程序中也可以使用整型来实现。使用枚举类型主要是为了增加程序的可读性。但在实际应用中，并非所有可以列举出来数据的变量都适合使用枚举类型，如果一个变量的取值超过了 20 个，就不适合使用枚举类型了。

10.8.1　枚举类型的定义

枚举类型用罗列一组枚举常量作为枚举类型数据的可能取值范围，枚举类型的变量只能在这个范围内取一个值。枚举类型数据的用法与结构体类型的数据的用法基本相同，也必须先定义枚举类型，再定义枚举类型的变量。在程序中要使用枚举类型的变量，而不能使用枚举类型的类型名。

枚举类型定义的一般形式为：

```
enum 枚举类型名{枚举常量列表};
```

enum 是枚举定义的标识，是 C 语言的关键字，后面紧跟一个枚举类型名，枚举类型名是一个合法的 C 语言标识符，enum 与枚举类型名两者合起来共同组成枚举类型名。枚举常量列表可以是 C 语言允许的合法标识符，并没有固定的含义，只是一个符号。为了增强程序的可读性，通常按照其表示的原意进行命名。枚举常量不是字符串，每个枚举常量都是有值的，系统自动赋值为 0,1,2,3,…。用户也可以根据实际的需要，改变系统的默认值，其后的值则顺延。

```
enum weekday{mon, tue, wed, thu, fri, sat, sun}; /* 定义枚举类型 weekday */
enum color{red = -3, yel, gre};                   /* 定义枚举类型 color */
```

weekday 为枚举类型名，其枚举值是一周中的七天，共有七个枚举值，其枚举值都由系统自动赋值，mon 的值为 0，后面依次增 1。color 为枚举类型名，其枚举值是三种颜色，共有三个枚举值，其第一个枚举值 red 指定为–3，则其后的值依次增 1，yel 为–2，gre 为–1。在程序中不能使用枚举类型名 weekday 和 color。

10.8.2　枚举变量的定义

枚举类型定义后，即可利用已经定义的枚举类型定义枚举类型的变量。如同结构体和共用体一样，枚举变量也可用不同的方式定义，即先定义类型后定义变量，同时定义类型和变量，或直接定义变量。

定义枚举变量的三种形式如下。

(1)在定义枚举类型的同时，定义枚举变量。例如：

```
enum color{red, yel, gre} x, y;
```

(2)在定义枚举类型之后，定义枚举变量。例如：

```
enum color{red, yel, gre};
enum color  x, y;
```

(3)直接定义枚举变量。例如：

```
enum {red, yel, gre} x, y;
```

又如，设将变量 a, b, c 定义为 weekday 类型，那么可采用下述任意一种形式：

```
enum weekday{sun,mou,tue,wed,thu,fri,sat};
enum weekday a, b, c;
```

或

```
enum weekday{sun,mou,tue,wed,thu,fri,sat} a, b, c;
```

或

```
enum {sun,mou,tue,wed,thu,fri,sat} a, b, c;
```

10.8.3　枚举变量的赋值和使用

定义枚举变量后，就可在程序中使用枚举变量。枚举变量的使用有以下规定。

(1)枚举元素是常量而不是变量，不能在程序中用赋值语句再赋值。例如，"sun=5;"是错误的。

(2)枚举元素不是字符常量也不是字符串常量，使用时不要加单引号、双引号。

(3)枚举变量的值只能取几个枚举常量之一，如"x=red;"。

(4)枚举变量不能直接取一个整数值，如果需要将枚举常量对应的整数值赋给枚举变量，必须使用强制类型转换，将整数值强制转换为枚举类型，如"x=(enum color)1;"。

(5)枚举变量可以进行比较，按照对应的整数值进行比较即可，如 if (x>red)。

(6)枚举变量可以进行++或--运算，常用作循环控制变量，如"x++;"和"y--;"。

【例 10-14】 定义枚举变量，赋值并输出其值。

```
/* exp10-14 */
/* 枚举变量的定义、赋值、输出 */
#include "stdio.h"
int main( )
{
    enum weekday {sun, mon, tue, wed, thu, fri, sat} a, b, c;
    a = sun;
```

```
        b = mon;
        c = tue;
        printf("\na=%d,b=%d,c=%d\n", a, b, c);
        return 0;
    }
```

【例 10-15】 由键盘任意输入一个 1～7 之间的数字，输出其对应的是星期几。

```
/* exp10-15 */
#include "stdio.h"
int main( )
{
    enum weekday {sun, mon, tue, wed, thu, fri, sat} week;
    int x;
    printf("Please input data:");
    scanf("%d", &x);
    week = (enum weekday)x;             /* 将输入的整型强制转换为枚举类型变量 */
    switch(week)
    {
        case mon: printf("\n Today is Monday\n"); break;
        case tue: printf("\n Today is Tuesday\n"); break;
        case wed: printf("\n Today is Wednesday\n"); break;
        case thu: printf("\n Today is Thursday\n"); break;
        case fri: printf("\n Today is Friday\n"); break;
        case sat: printf("\n Today is Saturday\n"); break;
        case sun: printf("\n Today is Sunday\n"); break;
        default: printf("\n input data error\n");
    }
    return 0;
}
```

10.9 自定义类型

C 语言不仅提供了丰富的数据类型，而且还允许用户自己定义新类型，并为新数据类型取名。自定义新类型使用 typedef 完成。例如，有整型量 x，其说明如下："int x;"，其中 int 是整型变量的类型说明符。int 的完整写法为 integer，为了增加程序的可读性，可把整型说明符用 typedef 定义为 typedef int INTEGER，这里的 INTEGER 就是用户自己定义的新类型，在程序中可以使用 INTEGER 来代替 int 定义整型变量。因此，"INTEGER x;"与"int x;"是等价的。

用 typedef 可以定义复杂的数据类型，可以将数组、指针、结构体等类型组合在一起，为程序提供方便，增强程序的可读性。typedef 定义的一般形式为：

        typedef 原类型名 新类型名

其中原类型名中含有定义部分，新类型名一般用大写表示，以便于区别。例如：

```
        typedef char STR[40];
        STR str1, str2;
```

STR 是用户自定义的新类型名，代表一个含有 40 个字符的字符数组，然后用 STR 定义了两个字符数组 str1 和 str2。

```
        typedef struct stuscore
```

```
    {
        int num;
        char name[20];
        float score;
    } STU;
```

STU 是用户自定义的一个类型名，代表 stuscore 的结构体类型。在程序中可以使用 STU 来定义结构体变量，例如 STU stu1,stu2;。

小　　结

本章介绍了结构体、共用体、枚举和用户自定义四种数据类型；通过一个综合实例详细介绍了链表的生成、查找、插入、删除、输出等常见操作。通过本章的学习，在设计程序时，可以将一些有着一定关系的数据有机地组织在一起，形成一个完整的结构体，以便于数据的处理；利用共用体可以将几种不同类型的数据存储在一段起始地址相同的内存单元中。

习　题　10

一、选择题

1. 有如下定义，sizeof(x) 的值为_____。

```
    struct  data
    {
        int a;
        float  b;
        char  c;
    } x;
```

A) 1　　　　　　B) 2　　　　　　C) 4　　　　　　D) 9

2. 有如下定义，sizeof(x) 的值为_____。

```
    union  data
    {
        int a;
        float  b;
        char  c;
    } x;
```

A) 1　　　　　　B) 2　　　　　　C) 4　　　　　　D) 7

3. 有如下定义，以下合法的引用为_____。

```
    struct  student
    {
        char  name[20];
        int  age;
        char  addr[20];
    } zhang, *p;
    p = &zhang;
```

A) p.age   B) p->age   C) zhang->age   D) *p.age

4. 有如下定义，以下合法的引用为_____。

```
struct  student
{
    char  name[20];
    struct
    {
        int  year;
        int  month;
        int  day;
    } birthday;
} zhang, *p;
p = &zhang;
```

A) zhang.birthday.year   B) birthday.year   C) zhang.year   D) p->year

5. 以下的定义中正确的定义是_____。

A) struct student   B) student
```
{ char name [20] ;
  int age;
  char addr [20] ;
} zhang;
```
```
{ char name [20] ;
  int age;
  char addr [20] ;
} zhang;
```

C) struct student   D) struct
```
{ char name [20] ;
  int age;
  char addr [20] ;
}
  struct zhang;
```
```
{ char name [20] ;
  int age;
  char addr [20] ;
}
  struct zhang;
```

6. 有如下定义，以下不合法的引用为_____。

```
struct  student
{
    char  name[20];
    int  age;
} zhang, *p;
p = &zhang;
```

A) student.age   B) p->age   C) zhang.age   D) (*p) .age

7. 有如下定义，以下正确使用的为_____。

```
enum  day{mon=1, tue, wed, thu, fri, sat, sun};
enum  day  date;
```

A) date = "tue";   B) date = (enum day) 8;   C) date = 2;   D) date = (enum day) 2;

8. 有如下定义，以下叙述不正确的是_____。

```
struct  student
{
    char  name[20];
    int  age;
} zhang;
```

A) struct 是结构体类型的关键字   B) struct   student 是用户定义的结构体类型名

C) student 是用户定义的结构体类型名　　　　　　　D) age 是结构体中的成员

9. 有如下定义，则枚举常量 wed 的值是_____。

```
enum  day{mon=1,tue,wed,thu,fri,sat,sun};
```

A) 0　　　　　　　　　　B) 1　　　　　　　　　　C) 2　　　　　　　　　　D) 3

10. 有如下定义，以下正确的使用为_____。
```
typedef  struct
{
    int month;
    int day;
    int year;
} DATE;
```

A) DATE birthday;　　　　　　　　　　　　　B) typedef struct birthday;

C) struct DATE birthday;　　　　　　　　　　D) typedef birthday;

二、填空题

1. 一个结构体变量，系统为其分配内存单元的数量是_____。

2. 一个共同体变量，系统为其分配内存单元的数量是_____。

3. 数组在内存中占用地址_____的内存单元，链表在内存中可以占用地址_____的内存单元。

4. 阅读程序，写出程序的运行结果。

```
#include "stdio.h"
int main( )
{
    struct data
    {
        int m;
        int n;
    }xy[2]={1,2,3,4};
    printf("xy[0].m=%d, xy[1].n=%d\n", xy[0].m, xy[1].n);
    return 0;
}
```

则程序的运行结果是_____。

5. 阅读程序，写出程序的运行结果。
```
#include "stdio.h"
int main(void)
{
    struct data
    {
        int x;
        int y;
    }xy[2]={{1, 2}, {3, 4}};
    struct data *pxy;
    pxy = xy;
    printf("%d,%d", ++pxy->x, ++pxy->y);
    return 0;
}
```

则程序的运行结果是_____。

三、程序设计题

1. 编写通讯录管理程序，用结构体实现下列功能。

    (1)通讯录含有姓名、电话、地址 3 项内容，建立含有上述信息的通讯录。

    (2)输入姓名，查找此人的电话号码及地址。

    (3)插入某人的信息。

    (4)输入姓名，删除某人的号码。

    (5)列表显示姓名、电话、地址等内容。

    (6)将以上功能用子函数实现，编写主函数，可以根据用户的需要，调用相应的子函数。

2. 已知学生成绩包括：姓名、数学成绩、英语成绩、语文成绩、平均成绩 5 个成员，要求输入 5 个学生的信息，并按平均成绩排序输出。

3. 设有 3 个候选人，每次输入一个得票的候选人名字，要求最后输出各候选人的得票结果。

4. 统计一个以 head 为头节点的单向链表中节点的个数。

5. 请编程建立一个带有头节点的单向链表，链表节点中的数据通过键盘输入，当输入数据为–1 时，表示输入结束(链表头节点的 data 域不放数据)。

第11章 位 运 算

前面几章介绍了 C 语言的多种运算，如算术运算、关系运算、逻辑运算、指针运算等。这些运算中，各种运算的操作数是作为一个整体进行的，如 3×2 这个式子，3 和 2 是作为一个完整的数值出现的。但在将一个数作为一个整体无法满足要求的时候，可以通过位运算直接对整数在内存中的二进制位进行操作。位运算可以直接对内存数据进行操作，不需要转成十进制数，因此处理速度非常快。

11.1 位运算符概述

位运算是指将一个数拆分成具体的二进制位，对其中的某个或某些二进制位进行运算。C 语言提供了对二进制数中的某个位或某几位进行操作的运算符，这就是位运算。

位运算不再将数据作为一个整体进行运算，而是对数据中的某个或某几个二进制位进行的运算，也正是因为 C 语言提供了位运算功能，才使得 C 语言有别于其他的高级语言，可以直接用于编写系统程序，常用在检测和控制领域。

C 语言提供的 6 种位运算符如下：

&	按位与
|	按位或
^	按位异或
～	取反
<<	左移
>>	右移

前面 4 个运算符称为逻辑位运算符，后面 2 个运算符称为移位位运算符。

11.1.1 与运算

按位与运算符 "&" 是双目运算符。其功能是参与运算的两数各对应的二进位相与。只有对应的两个二进位均为 1 时，结果位才为 1，否则为 0。参与运算的数以补码方式出现。

例如，9 & 5 可写算式如下：

```
    00001001        （9 的二进制补码）
&   00000101        （5 的二进制补码）
    00000001        （1 的二进制补码）
```

因此，可以得到 9 & 5=1。

按位与运算通常用来对某些位清 0 或保留某些位。例如，把 a 的高八位清 0，保留低八位，可进行 a&255 运算（255 的二进制数为 0000000011111111）。

【例 11-1】 编程计算两数进行与运算的结果。

```
/* exp11-1 */
#include "stdio.h"
int main( )
{
    int a = 9, b = 5,c;
    c = a & b;
    printf("a=%d\nb=%d\nc=%d\n", a, b, c);
    return 0;
}
```

程序运行结果：

```
a=9
b=5
c=1
Press any key to continue
```

【例 11-2】 两数进行与运算，保留一个整型数据的低 4 位，其他位清 0。

```
/* exp11-2 */
#include "stdio.h"
int main( )
{
    int x,y;
    x = 12345;
    y = x & 0x0f;
    printf("x=%d,%o,%x\n", x, x, x);
    printf("y=%d,%o,%x\n", y, y, y);
    return 0;
}
```

程序运行结果：

```
x=12345, 30071, 3039
y=9, 11, 9
Press any key to continue
```

数据 12345 的二进制数表示为：   0011 0000 0011 1001
与数据 0x0f 相与为：   0011 0000 0011 1001

$$\begin{array}{r} \& \quad 0000\ 0000\ 0000\ 1111 \\ \hline 0000\ 0000\ 0000\ 1001 \end{array}$$

得到十进制数据为 9。

按位与运算符 "&" 也常用来检测特定位为 0 还是 1，见【例 11-3】。

【例 11-3】 检测变量 flag 的第 4 位是 1 还是 0。

```
/* exp11-3 */
#include "stdio.h"
#define TEST 8  /* 表示00…01000 */
int main( )
{
    int flag;
    flag = 13;
    //…
```

```
        if((flag & TEST)!= 0)  /* 检测第 4 位 */
            printf("Fourth bit is set\n");
        else
            printf("Fourth bit is zero\n");
        return 0;
    }
```

程序运行结果：

```
Fourth bit is set
Press any key to continue_
```

按位与运算符"&"还可用来检测给定数是奇数还是偶数，见【例 11-4】。

【例 11-4】 检测给定数是奇数还是偶数。

```
/* exp11-4 */
#include "stdio.h"
int main( )
{
    int test = 1;
    int number;
    printf("Input a number \n");
    scanf("%d",&number);
    while(number != -1)
    {
        if(number & test)
            printf("Number is odd\n");
        else
            printf("Number is even\n");

        printf("Input a number \n");
        scanf("%d",&number);
    }
    return 0;
}
```

程序运行结果：

```
Input a number
18
Number is even
Input a number
19
Number is odd
Input a number
-1
Press any key to continue_
```

11.1.2 或运算

按位或运算符"|"是双目运算符。其功能是参与运算的两数各对应的二进制位进行"或"运算。只要对应的两个二进制位有一个为 1 时，结果位就为 1。参与运算的两个数均以补码出现。

例如，9|5可写算式如下：

```
    00001001
|   00000101
    00001101          （十进制值为13）
```

因此，可以得到9|5=13。

【例11-5】 编程计算两数进行或运算的结果。

```
/* exp11-5 */
#include "stdio.h"
int main( )
{
    int a = 9, b = 5, c;
    c = a | b;
    printf("a=%d\nb=%d\nc=%d\n", a, b, c);
    return 0;
}
```

程序运行结果：

```
a=9
b=5
c=13
Press any key to continue
```

【例11-6】 编程计算两数进行或运算的结果。

```
/* exp11-6 */
#include "stdio.h"
int main( )
{
    int x, y;
    x = 32766;
    y = x | 0x0f;
    printf("x = %d,%o,%x\n", x, x, x);
    printf("y = %d,%o,%x\n", y, y, y);
    return 0;
}
```

程序运行结果：

```
x = 32766,77776,7ffe
y = 32767,77777,7fff
Press any key to continue
```

数据32766的二进制数表示为：   1111 1111 1111 1110
与数据0x0f相或为：   1111 1111 1111 1110
| 0000 0000 0000 1111
                            1111 1111 1111 1111

得到十进制数据为 32767，十六进制数据为 0x 7fff。

按位或运算符 "|" 还可用来给特定位置 1，见【例 11-7】。

【例 11-7】 置变量 flag 的第 4 位为 1。

```c
/* exp11-7 */
#include "stdio.h"
#define SET 8                    /* 表示 00…01000 */
int main( )
{
    int flag;
    flag = 3;
    //…
    flag = flag|SET;             /* 置第 4 位为 1 */
    if((flag & SET)!= 0)         /* 检测第 4 位是否为 1 */
    {
        printf("%x\n",flag);
        printf("Fourth bit is set \n");
    }
    else
        printf("Fourth bit is zero\n");
    return 0;
}
```

程序运行结果：

```
b
Fourth bit is set
Press any key to continue
```

11.1.3 异或运算

按位异或运算符 "^" 是双目运算符。其功能是参与运算的两数各对应的二进制位相异或，当两对应的二进制位相异时，结果为 1。参与运算数仍以补码出现，如 9^5 可写成算式如下：

```
   00001001
^  00000101
   00001100        （十进制值为 12）
```

【例 11-8】 编程计算两数进行异或运算的结果。

```c
/* exp11-8 */
#include "stdio.h"
int main( )
{
    int a = 9;
    a = a ^ 5;
    printf("a=%d\n", a);
    return 0;
}
```

程序运算结果：

```
a=12
Press any key to continue
```

【例 11-9】 不使用临时变量实现两个变量的交换。

```
/* exp11-9 */
#include "stdio.h"
int main( )
{
    int x, y;
    x = 0x78;
    y = 0xab;
    x = x ^ y;
    y = y ^ x;
    x = x ^ y;
    printf("x = %x\n", x);
    printf("y = %x\n", y);
    return 0;
}
```

程序运算结果：

```
x = ab
y = 78
Press any key to continue
```

11.1.4　取反运算

取反运算符"～"为单目运算符，具有右结合性。其功能是对参与运算的数的各二进制位按位取反。例如，～9 的运算为～(0000000000001001)，结果为 1111111111110110。

【例 11-10】 编程对数据进行按位取反。

```
/* exp11-10 */
#include "stdio.h"
int main( )
{
    int x, y;
    x = 12;
    y = -12;
    printf("x = %d,%o,%x\n", x, x, x);
    printf("~x = %d,%o,%x\n", ~x, ~x, ~x);
    printf("y = %d,%o,%x\n", y, y, y);
    printf("~y = %d,%o,%x\n", ~y, ~y, ~y);
    return 0;
}
```

程序运行结果：

```
x = 12,14,c
~x = -13,37777777763,fffffff3
y = 12,14,c
~y = 11,13,b
Press any key to continue
```

11.1.5　移位运算

1. 左移位运算

左移运算符"<<"是双目运算符。其功能是把"<< "左边的运算数的各二进制位全部左

移若干位，由"<<"右边的数指定移动的位数，高位丢弃，低位补 0。例如，a<<4 是把 a 的各二进制位向左移动 4 位。如 a=00000011（十进制值为 3），左移 4 位后为 00110000（十进制值为 48）。

2．右移位运算

右移运算符">>"是双目运算符。其功能是把">>"左边的运算数的各二进制位全部右移若干位，">>"右边的数指定移动的位数。例如，设 a = 15，则 a >> 2 表示把 000001111 右移为 00000011（十进制值为 3）。

应该说明的是，对于有符号数，在右移时，符号位将随同移动。当为正数时，最高位补 0，而为负数时，符号位为 1，最高位是补 0 或是补 1 取决于编译系统的规定。

【例 11-11】 编程对数据进行移位运算。

```
/* exp11-11 */
#include "stdio.h"
int main( )
{
    unsigned a, b;
    printf("Please input a number:   ");
    scanf("%d", &a);
    b = a >> 5;
    b = b & 15;
    printf("a=%d\tb=%d\n", a, b);
    return 0;
}
```

程序运行结果：

```
input a number:    200
a=200    b=6
Press any key to continue
```

【例 11-12】 编程对数据进行移位运算。

```
/* exp11-12 */
#include "stdio.h"
int main( )
{
    char a = 'a', b = 'b';
    int p, c, d;
    p = a;
    p = (p << 8)| b;
    d = p & 0xff;
    c = (p & 0xff00)>> 8;
    printf("a=%d\nb=%d\nc=%d\nd=%d\n", a, b, c, d);
    return 0;
}
```

程序运行结果：

```
a=97
b=98
c=97
d=98
Press any key to continue
```

11.2　位运算赋值运算符

C 语言允许算术运算符和赋值运算符结合组成算术赋值运算符,如+=、—=、*=、/=、%=。同样 C 语言也允许位运算符和赋值运算符结合组成位运算赋值运算符,位运算赋值运算符及其含义如表 11-1 所示,其用法与算术赋值运算符相同。

表 11-1　位运算赋值运算符及其含义

运　算　符	含　　义	举　　例	等　价　于
&=	位与赋值	a &= b	a = a & b
|=	位或赋值	a |= b	a = a | b
^=	位异或赋值	a ^= b	a = a ^ b
~=	取反赋值	a~=b	a=a~b
>>=	右移赋值	a >>= b	a = a>> b
<<=	左移赋值	a <<= b	a = a<< b

以上介绍了 4 个逻辑位运算符和 2 个移位位运算符,其中取反位运算符是单目运算符,其他都为双目运算符,使用时应注意它们的优先级。

(1)取反位运算的优先级高于算术运算符、关系运算符、逻辑运算符和其他位运算符。

(2)移位运算符的优先级低于算术运算符,高于关系运算符。

(3)按位与、按位或、按位异或运算符的优先级低于关系运算符,高于逻辑运算符。

(4)位运算赋值运算符的优先级较低,与算术赋值运算符相同。

11.3　位域(位段)

有些信息在存储时,并不需要占用一个完整的字节,而只需占用一位或几位二进制位。例如,在存放一个开关量时,只有 0 和 1 两种状态,用一位二进制位即可。为了节省存储空间,并使处理简便,C 语言又提供了一种数据结构,称为"位域"或"位段"。

所谓"位域",指把一个字节中的二进制位划分为几个不同的区域,并说明每个区域的位数。每个域有一个域名,允许在程序中按域名进行操作。这样就可以把几个不同的对象用 1 字节的二进制位域来表示。

11.3.1　位域的定义和位域变量的说明

位域定义与结构定义相似,其形式为:

```
struct 位域结构名
    { 位域列表 };
```

其中位域列表的形式为:

```
类型说明符 位域名:位域长度
```

例如:

```
struct bs
{
```

```
    int a:8;
    int b:2;
    int c:6;
};
```

位域变量的定义与结构体变量说明的方式相同。可采用先定义后说明、同时定义说明或者直接说明三种方式。例如：

```
struct bs
{
    int a:8;
    int b:2;
    int c:6;
}data;
```

说明 data 为 bs 变量，共占 2 字节。其中位域 a 占 8 位，位域 b 占 2 位，位域 c 占 6 位。

对于位域的定义有以下几点说明。

(1) 一个位域必须存储在同一字节中，不能跨两字节。如一字节所剩空间不够存放另一位域时，应从下一单元起存放该位域。也可以有意使某位域从下一单元开始。例如：

```
struct bs
{
    unsigned a:4
    unsigned :0                /* 空域 */
    unsigned b:4               /* 从下一单元开始存放 */
    unsigned c:4
}
```

在这个位域定义中，a 占第一字节的 4 位，后 4 位填 0 表示不使用，b 从第二字节开始，占用 4 位，c 占用 4 位。

(2) 由于位域不允许跨两字节，因此位域的长度不能大于一字节的长度，也就是说不能超过 8 位二进位。

(3) 位域可以无位域名，这时它只用作填充或调整位置。无名的位域是不能使用的，例如：

```
struct k
{
    int a:1
    int  :2                    /* 该 2 位不能使用 */
    int b:3
    int c:2
};
```

从以上分析可以看出，位域在本质上就是一种结构类型，不过其成员是按二进制位分配的。

11.3.2　位域的使用

位域的使用和结构成员的使用相同，其一般形式为：

位域变量名·位域名

位域允许用各种格式输出。

【例 11-13】 位域使用示例。

```
/* exp11-13 */
#include "stdio.h"
int main( )
{
    struct bs
    {
        unsigned a:1;
        unsigned b:3;
        unsigned c:4;
    } bit, *pbit;
    bit.a = 1;
    bit.b = 7;
    bit.c = 15;
    printf("%d,%d,%d\n", bit.a, bit.b, bit.c);
    pbit = &bit;
    pbit -> a = 0;
    pbit -> b &= 3;
    pbit -> c |= 1;
    printf("%d,%d,%d\n", pbit -> a, pbit -> b, pbit -> c);
    return 0;
}
```

程序运行结果：

上例程序中定义了位域结构 bs，其三个位域分别为 a、b、c，说明了 bs 类型的变量 bit 和指向 bs 类型的指针变量 pbit，这表示位域也是可以使用指针的。程序的第 11、12、13 这三行分别给三个位域赋值（应注意赋值不能超过该位域的允许范围）。程序第 14 行以整型格式输出三个域的内容。第 15 行把位域变量 bit 的地址送给指针变量 pbit。第 16 行用指针方式给位域 a 重新赋值，赋为 0。第 17 行使用了复合的位运算符 "&="，该行相当于：

```
pbit -> b = pbit -> b & 3
```

位域 b 中原有值为 7，与 3 进行按位与运算的结果为 3（111&011=011，十进制值为 3）。同样，程序第 18 行中使用了复合位运算符 "|="，该行相当于：

```
pbit -> c = pbit -> c | 1
```

其结果为 15。程序第 19 行用指针方式输出了这三个域的值。

【例 11-14】 位域使用示例。

```
/* exp11-14 */
#include "stdio.h"
int main( )
{
    struct exam1
    {
        short int a:4;
```

```
        short int b:4;
        short int c:2;
    } x;
    x.a = 7;
    x.b = 2;
    x.c = 1;
    printf("%d %d %d\n", x.a, x.b, x.c);
    return 0;
}
```

程序运行结果：

```
7 2 1
Press any key to continue_
```

【例 11-15】 将十六进制数据以二进制数的形式输出。

```
/* exp11-15 */
#include "stdio.h"
int main( )
{
    short i, num, bit;
    unsigned short mask;
    mask = 0x8000;
    printf("Please input:  ");
    scanf("%x", &num);
    for(i = 1; i <= 16; i++)
    {
        bit = (mask & num)? 1 : 0;
        printf("%d", bit);
        if(i % 4 == 0)
            printf(" ");
        mask = mask >> 1;
    }
    return 0;
}
```

程序运行结果：

```
Please input  abcd
1010 1011 1100 1101
Press any key to continue
```

程序分析：为取出数据中的某个二进制位，关键在于掩码 mask 的构造。本例首先设掩码 mask 为 0x8000，即 1000 0000 0000 0000，将掩码 mask 与数据 num 按位与，其最高位保留了原值，而其余各为均为 0，再利用三目运算符，取出此位，接着将掩码 mask 右移 1 位，即 0100 0000 0000 0000，即可取出第 2 位，循环 16 次，依次取出了其中的每一位。

【例 11-16】 翻转一个数据的指定 4 位，如倒数第 5、6、7、8 位。

```
/* exp11-16 */
#include "stdio.h"
int main( )
{
    unsigned num1, num2;
    unsigned short mask;
```

```
        mask = 0x000000f0;
        printf("Please input:");
        scanf("%x", &num1);
        num2 = num1 ^ mask;
        printf("num1=%x\n", num1);
        printf("num2=%x\n", num2);
        return 0;
    }
```

程序运行结果：

```
Please input:1234abcd
num1 = 1234abcd
num2 = 1234ab3d
Press any key to continue
```

程序分析：为翻转一个数据的指定 4 位，关键仍然在掩码 mask 的构造。本例设掩码 mask 为 0x000000f0，即需要的 4 位为 1，其他的位为 0，接着将数据与掩码做按位异或运算，与 1 按位异或后，实现翻转；与 0 按位异或后，保持原值，从而实现对指定位翻转的操作。

小　　结

本章介绍了 C 语言提供的 4 种逻辑位运算符和 2 种移位位运算符，位运算经常与其他数据配合使用，主要实现清 0、置位、取若干位、翻转等多种操作。

通过本章的学习，读者可以有针对性地选择一些基本类型组合成一个结构进行操作，也可以不对这个数据操作，而对数据中的某位或某几位二进制位进行操作，实现数据的拆分和组合。

习　题　11

一、选择题

1. 表达式 0x13 ^ 0x17 的值是_____。

   A) 0x04　　　　　　B) 0x13　　　　　　C) 0xE8　　　　　　D) 0x17

2. 设有语句 char x = 3, y = 6, z; z = x ^ y << 2;，则 z 的二进制值是_____。

   A) 00010100　　　　B) 00011011　　　　C) 00011100　　　　D) 00011000

3. 在位运算中，操作数左移一位，其结果相当于_____。

   A) 操作数乘以 2　　B) 操作数除以 2　　C) 操作数除以 4　　D) 操作数乘以 4

4. 在位运算中，操作数右移一位，其结果相当于_____。

   A) 操作数乘以 2　　B) 操作数除以 2　　C) 操作数乘以 4　　D) 操作数除以 4

5. 以下程序的输出结果是_____。

```
#include "stdio.h"
int main( )
{
    char x = 040;
    printf("%o\n",x << 1);
    return 0;
}
```

A) 100   B) 80   C) 64   D) 32

6. 已知 int a=1,b=3;，则 a^b 的值为 _____ 。

   A) 3   B) 1   C) 2   D) 4

7. 下面程序段的输出为_____。

```
#include "stdio.h"
int main( )
{
    printf("%d\n",12 << 2);
    return 0;
}
```

   A) 0   B) 47   C) 48   D) 24

8. 下面程序段的输出为_____。

```
#include "stdio.h"
int main( )
{
    int a = 8,b;
    b = a | 1; b >>= 1;
    printf("%d,%d\n", a, b);
    return 0;
}
```

   A) 4,4   B) 4,0   C) 8,4   D) 8,0

二、填空题

1. 设二进制数 A 是 00101101，若想通过异或运算 A^B 使 A 的高 4 位取反，低 4 位不变，则二进制数 B 应是_____。

2. 若已知 a = 10，b = 20，则表达式 !a < b 的值为_____。

3. 有定义"char a,b;"，若想通过 & 运算符保留 a 的第 3 位和第 6 位的值，则 b 的二进制数应是_____。

4. 设"int a,b=10;"，执行"a = b << 2 + 1;"后 a 的值是_____。

5. 若有"int a = 1; int b = 2;"，则 a | b 的值为_____。

第12章 文　　件

前面几章介绍的很多程序都是在内存中运行的，一旦程序运行结束，那些数据也就不存在了。但在实际应用中，大量的数据都是要保存下来的，因此，必须将这些数据保存在外存(磁盘、U 盘)中，在使用时再调入内存中，这就需要使用磁盘文件来实现。

12.1　文 件 概 述

文件是指记录在介质(磁盘、磁带、光盘、U 盘等)上的相关数据的集合。每个数据集都有一个名称，称为文件名，它是访问文件的标识。

存储在磁盘文件中的数据可以永久保存，重复使用。例如，将待处理的 100 个学生的数据存放在磁盘文件中，程序从磁盘文件中读取数据，不需要用户反复从键盘输入；将 100 个学生数据的排序结果也存放在磁盘文件中，用户可以随时查看结果文件，而不需要反复地运行才能查看结果。所以，当有大量数据需要输入时，可通过编辑工具事先建立数据文件，并存储在磁盘上；程序运行时，可通过专门的输入函数从磁盘文件中读取数据进行处理，处理结束后通过专门的输出函数将结果写到磁盘文件中。

从文件编码的方式来看，文件可分为 ASCII 码文件和二进制码文件两种。ASCII 文件也称为文本文件，这种文件在磁盘中存放时，每个字符对应一字节，用于存放对应的 ASCII 码值。ASCII 码文件可在屏幕上按字符显示的，例如源程序文件就是 ASCII 文件，由于是按字符显示，因此可以识别。二进制文件是按二进制的编码方式来存放文件的，二进制文件虽然也可在屏幕上显示，但其内容显示为乱码。C 语言在处理这些文件时，并不区分类型，都视为字符流，按字节进行处理。

12.2　文件指针的定义

在 C 语言中用一个指针变量指向一个文件，这个指针称为文件指针。通过文件指针就可对所指的文件进行各种操作。

定义文件指针变量的一般形式为：

```
FILE *指针变量标识符;
```

其中，FILE 应为大写，它是由系统已经事先定义的一个结构体类型，该结构体中含有文件名、文件状态和文件当前位置等信息。

```
typedef struct
{
    short level;
    unsigned flags;
    char fd;
    unsigned char hold;
```

```
    short bsize;
    unsigned char *buffer;
    unsigned char *curp;
    unsigned istemp;
    short token;
} FILE;
```

FILE 数据结构已经定义在 stdio.h 头文件中，在程序中只要引用了 stdio.h，就可以直接使用 FILE 来定义文件指针变量。例如：

```
FILE *fp;
```

表示 fp 是指向 FILE 结构的指针变量，通过 fp 可对文件进行操作。因此 fp 也称为指向一个文件的指针变量。

12.3 文件的基本操作

文件的基本操作主要包括文件打开、读、写、定位及文件的关闭。文件基本操作的第一步就是打开文件，最后一步是关闭文件。打开文件，就是建立文件的各种有关信息，并使文件指针指向该文件，以便进行其他操作。关闭文件则断开指针与文件之间的联系，也就禁止再对该文件进行操作。

对文件的操作可以分为以下三步。

(1) 打开文件。

(2) 对文件进行读、写等操作。

(3) 关闭文件。

在 C 语言中，文件操作都是由库函数来完成的。下面依次介绍文件的操作函数。

12.3.1 文件打开函数

文件的打开需要调用系统的标准函数 fopen( ) 来实现。打开文件的一般形式为：

```
FILE *fp;
fp = fopen(文件名, 文件使用方式);
```

按指定的方式打开指定的文件，并请求系统为此文件分配相应的文件缓冲区，函数返回包含文件缓冲区信息的 FILE 结构体地址，保存到文件指针变量 fp 中；如果发生一些意外的情况（如文件不存在），导致文件无法正常打开，则函数返回 NULL。

定义一个指向 E:\chp12\exp1.c 文件指针的方法如下：

```
FILE *fp;
fp = fopen("E:\chp12\exp1.c", "r");
```

上面的语句表示打开 E 盘 chp12 文件夹下的 exp1.c 文件，打开方式 "r" 表示以只读方式打开，并使 fp 指向该文件。其中两个反斜线 "\" 是转义字符，表示路径的分隔符 "\"。上面的打开语句中，如果 E:\chp12\exp1.c 文件不存在，则会影响到后面程序对文件的读写操作，因此在实际应用中，要加上判断语句，以增强程序可靠性，具体写法如下：

```
FILE *fp;
if ((fp = fopen("E:\chp12\exp1.c", "r"))== NULL)        /* 如果打开文件失败 */
```

```
    {
        printf("\nOpen file error!\n");
        return 1;  /* 结束程序 */
    }
```

注意：(fp = fopen("E:\chp12\exp1.c", "r"))外面的圆括号必不可少，如果不要这对圆括号，由于==的优先级高于=的优先级，因此打开程序的条件语句将会出现不可预知的结果。fopen( )函数的第一个参数表示要打开的文件，第二个参数表示文件打开后的使用方式。在一般情况下文件的使用方式有 12 种，如表 12-1 所示。

表 12-1　文件的使用方式

使用方式	意　义
r	只读打开一个文本文件，只允许读数据
w	只写打开或建立一个新的文本文件，只允许写数据
a	追加打开一个文本文件，并在文件末尾写数据
rb	只读打开一个二进制文件，只允许读数据
wb	只写打开或建立一个新的二进制文件，只允许写数据
ab	追加打开一个二进制文件，并在文件末尾写数据
r+	读写打开一个文本文件，允许读和写
w+	读写打开或建立一个新的文本文件，允许读和写
a+	读写打开一个文本文件，允许读，或在文件末尾追加数据
rb+	读写打开一个二进制文件，允许读和写
wb+	读写打开或建立一个新的二进制文件，允许读和写
ab+	读写打开一个二进制文件，允许读，或在文件末尾追加数据

对于文件的 12 种使用方式在实际使用过程中要注意以下几点。

(1)用 r 打开一个文件时，该文件必须已经存在，否则将会出错。

(2)用 w 打开的文件只能向该文件写入。若打开的文件不存在，则以指定的文件名建立该文件；若打开的文件已经存在，则将该文件删去，重建一个新文件。

(3)若要向一个已存在的文件追加新的信息，则只能用 a 方式打开文件。该文件必须是存在的，否则将会出错。

(4)在打开一个文件时，如果出错，fopen 将返回一个空指针值 NULL。在程序中可以用这一信息来判别是否完成打开文件的工作，并做相应的处理。

(5)把一个文本文件读入内存时，要将 ASCII 码转换成二进制码，而把文件以文本方式写入磁盘中时，也要把二进制码转换成 ASCII 码，因此文本文件的读写要花费较多的转换时间。对二进制文件的读写不存在这种转换。

12.3.2　文件关闭函数

文件使用完毕，要用关闭文件函数 fclose( )把文件关闭，以避免文件的数据丢失等错误。调用关闭文件函数的一般形式为：

```
    fclose(文件指针);
```

正常完成关闭文件操作时，fclose( )函数的返回值为 0。如果返回值非零，则表示有错误发生。

12.3.3　文件检测函数

文件检测是指对文件操作时文件是否结束、文件读写是否出错等的检测。C 语言中常用的文件检测函数有以下几个。

(1) 文件结束检测函数

feof ( ) 函数调用的一般形式为:

```
feof(文件指针);
```

功能: 判断文件是否处于文件结束位置。如果文件结束, 则返回值为 1, 否则为 0。

(2) 读写文件出错检测函数

ferror ( ) 函数调用的一般形式为:

```
ferror(文件指针);
```

功能: 检查文件在用各种输入/输出函数进行读写时是否出错。如果 ferror 的返回值为 0, 则表示未出错, 否则表示有错。

(3) 文件出错标志和文件结束标志置 0 函数

clearerr ( ) 函数调用的一般形式为:

```
clearerr(文件指针);
```

功能: 用于清除出错标志和文件结束标志, 并置 0 值。

12.3.4　文件定位函数

文件打开时, 文件指针指向文件首, 文件的读写是针对文件指针的当前位置进行的, 每完成一次读写操作, 文件指针自动下移一个位置, 下一次的读写是在下一个位置进行的, 这就是文件的顺序读写。文件除可以顺序读写外, 还可以随机读写, 即可以指定任意一个位置, 然后进行读写, 不按照文件的顺序进行。为了实现文件的随机读写, 必须能够改变文件指针的当前位置。C 语言提供了一些函数, 用以改变文件指针的当前位置, 进而可以实现文件的随机读写。

移动文件位置指针的函数主要有两个, 即 rewind ( ) 函数和 fseek ( ) 函数。

rewind ( ) 函数用来把文件指针移到文件首, 其调用的一般形式为:

```
rewind(文件指针);
```

fseek ( ) 函数用来移动文件指针到指定的位置, 其调用的一般形式为:

```
fseek(文件指针, 位移量, 起始点);
```

其中, "文件指针"指向被移动的文件。"位移量"表示移动的字节数, 要求位移量是 long 型数据, 以便在文件长度大于 64KB 时不会出错。当用常量表示位移量时, 要求加后缀 "L"。"起始点"表示从何处开始计算位移量, 规定的起始点有三种: 文件首、当前位置和文件尾。其表示方法如表 12-2 所示。

表 12-2　起始点的三种表示方法

起　始　点	表 示 符 号	数 字 表 示
文件首	SEEK_SET	0
当前位置	SEEK_CUR	1
文件尾	SEEK_END	2

例如:

```
fseek(fp, 100L, 0);
```

表示把位置指针移到离文件首 100 个字节处。

注意：fseek( )函数一般用于二进制文件。在文本文件中由于要进行转换，往往计算的位置会出现错误。

12.3.5 字符读写函数

文件中字符读写函数是以字符(字节)为单位的读写函数。每次可从文件读出或向文件写入一个字符。

1. 从文件中读字符函数 fgetc( )

fgetc( )函数的功能是从指定的文件中读一个字符，函数调用的一般形式为：

```
字符变量 = fgetc(文件指针);
```

例如：

```
ch = fgetc(fp);
```

其功能是从打开的文件 fp 中读取一个字符并赋给 ch 变量。

对于 fgetc( )函数的使用有以下说明。

(1)在 fgetc( )函数调用中，读取的文件必须是以读或读写方式打开的。

(2)读取字符的结果也可以不向字符变量赋值。

(3)在文件内部有一个位置指针，用来指向文件的当前读写字节。在文件打开时，该指针总是指向文件的第一字节。使用 fgetc( )函数后，该位置指针将自动向后移动一字节。连续多次使用 fgetc( )函数，可读取多个字符。应注意文件指针和文件内部的位置指针不是一回事。文件指针是指向整个文件的，须在程序中定义说明，只要不重新赋值，文件指针的值就是不变的。文件内部的位置指针用以指向文件内部的当前读写位置，每读写一次，该指针均向后移动，其不需要在程序中定义，而由系统自动设置。

【例 12-1】 打开文件 E:\chp12\exp1.dat，并将其内容在屏幕上输出。

```
/* exp12-1 */
#include "stdio.h"
#include "conio.h"
int main( )
{
    FILE *fp;
    char ch;
    if((fp = fopen("E:\chp12\exp1.dat", "r"))== NULL)      /* 打开文件 */
    {
        printf("\nCannot open file!");
        getch( );
        return 1;
    }
    printf("文件内容：\n");
    ch = fgetc(fp);              /* 从文件开始位置读取字符 */
    while(ch != EOF)             /* 判断文本文件是否结束 */
    {
        putchar(ch);             /* 输出到屏幕上 */
        ch = fgetc(fp);          /* 接着读下一个字符 */
    }
```

```
        fclose(fp);
        return 0;
    }
```

程序分析：程序的功能是从文件中逐个读取字符，在屏幕上显示。程序定义了文件指针 fp，以只读文本文件方式打开文件 E:\chp12\exp1.dat，并使 fp 指向该文件。如果打开文件出错，则给出提示并退出程序。程序中第一个 fgetc( )函数先读出第一个字符，然后进入循环，只要读出的字符不是文件结束标志(每个文件末尾都有一个结束标志 EOF)，就把该字符显示在屏幕上，再读入下一字符。每读一次，文件内部的位置指针向后移动一个字符，文件结束时，该指针指向 EOF。执行程序，屏幕上将显示 E:\chp12\exp1.dat 文件的内容。

2. 向文件写字符函数

fputc( )函数的功能是把一个字符写入指定的文件中，其函数调用的一般形式为：

    fputc(字符量，文件指针);

例如：

    fputc('a',fp);

功能：把字符常量 a 写入 fp 所指向的文件中。

对于 fputc( )函数的使用，有以下说明。

(1)被写入的文件可以用写、读写、追加方式打开，用写或读写方式打开一个已存在的文件时，将清除原有的文件内容，写入字符从文件首开始。如需保留原有文件内容，希望写入的字符从文件末尾开始存放，则必须以追加方式打开文件。被写入的文件若不存在，则创建该文件。

(2)每写入一个字符，文件内部位置指针便向后移动一字节。

(3)fputc 函数有一个返回值，如写入成功则返回写入的字符，否则返回一个 EOF。可用此来判断写入是否成功。

【例 12-2】 打开 E:\chp12\exp1.dat 文件，并将其内容加密(原文件中每个字符加 1)后写入文件 E:\chp12\exp11.dat 中，并且显示在屏幕上。

```
/* exp12-2 */
#include "stdio.h"
#include "conio.h"
int main( )
{
    FILE *fp, *fp1;
    char ch;
    if((fp = fopen("E:\chp12\exp1.dat", "r"))== NULL)
    {
        printf("Cannot open exp1.dat file!");
        getch( );
        return 1;
    }
    if((fp1 = fopen("E:\chp12\exp11.dat", "w+"))== NULL)
    {
        printf("Cannot create exp11.dat file!");
        getch( );
        return 1;
    }
```

```
        printf("Old exp1.dat file content: \n");
        ch = fgetc(fp);                    /* 从文件开始位置读取字符 */
        while(ch != EOF)                   /* 判断文本文件是否结束 */
        {
            putchar(ch);                   /* 输出到屏幕 */
            fputc(ch + 1, fp1);            /* 将字符加 1 存放到 exp11.dat 文件 */
            ch = fgetc(fp);                /* 接着读下一个字符 */
        }
        printf("\n\nNew exp11.dat file content: \n");
        rewind(fp1);                       /* fp1 回到 exp11.dat 文件首 */
        ch = fgetc(fp1);                   /* 从文件开始位置读取字符 */
        while(ch != EOF)                   /* 判断文本文件是否结束 */
        {
            putchar(ch);                   /* 输出到屏幕 */
            ch = fgetc(fp1);               /* 接着读下一个字符 */
        }
        printf("\n");
        fclose(fp);
        fclose(fp1);
        return 0;
    }
```

　　程序分析：程序通过 fgetc( ) 与 fputc( ) 函数及简单的加密算法，将每个字符加 1，实现将文本文件加密。程序中打开第二个文件的方式为 w+，是可读写的。如果只是 w，则只能写入文件 fp1，而不能从文件 fp1 读出字符，那么在后面将无法直接显示 fp1 指向文件的内容。首先从文件 fp 读出一个字符，输出到屏幕上，然后将其加 1 写入新文件 fp1 中，每写入一个字节，文件内部位置指针向后移动一个字节。写入完毕，该指针已指向文件末尾。如果要再从头读取文件，须把指针移向文件首，rewind( ) 函数用于把 fp1 所指向文件的内部位置指针移到文件首，然后再利用 fgetc( ) 函数将加密后的新文件内容输出到屏幕上。文本加密后的内容存入 exp11.dat 文件中，这样打开 exp11.dat 文件将无法看懂内容。如果需要知道原文内容，则需要做一个解密的程序，打开 exp11.dat 文件才能看懂这个文件的内容。

　　假设文件 exp1.dat 的内容为 "This is a C encrypt programm."，则程序运行结果如下：

```
Old exp1.dat file content:
This is a C encrypt programm.

New exp11.dat file content:
Uijt!jt!b!D!fodszqu!qsphsbnn/
Press any key to continue_
```

【例 12-3】 从键盘输入一些字符，逐个写入磁盘文件，如果输入#，则结束。

```
/* exp12-3 */
#include "stdio.h"
#include "conio.h"
int main( )
{
    FILE *fp;
    char ch;
    char filename[20];                     /* 文件名 */
    printf("Please input filename\n");
    scanf("%s", filename);                  /* 从键盘输入文件名 */
```

```
    if ((fp = fopen(filename, "w"))== NULL)              /* 创建新文件 */
    {
        printf("Cannot create file %s\n", filename);
        return 1;
    }
    ch = getchar( );
    while(ch != '#')                                     /* 从键盘读入字符,直到#为止 */
    {
        fputc(ch, fp);
        putchar(ch);
        ch = getchar( );
    }
    fclose(fp);  /* 关闭文件 */
    return 0;
}
```

【例 12-4】 通过命令行参数，实现文件复制功能。

```
/* exp12-4 */
#include "stdio.h"
#include "conio.h"
int main(int argc, char *argv[ ])                        /* 带参数的main( )函数 */
{
    FILE *fp1, *fp2;
    char ch;
    if(argc != 3)
    {
        printf("Please input two file name!");
        getch( );
        return 1;
    }
    if((fp1 = fopen(argv[1], "r"))== NULL)
    {
        printf("Cannot open %s\n", argv[1]);
        getch( );
        return 1;
    }
    if((fp2 = fopen(argv[2], "w+"))== NULL)
    {
        printf("Cannot create %s\n", argv[2]);
        getch( );
        return(1);
    }
    while((ch = fgetc(fp1))!= EOF)
    {
        fputc(ch, fp2);
    }
    fclose(fp1);
    fclose(fp2);
    return 0;
}
```

程序分析：文件复制需要三个参数，程序在运行时，首先判断命令行参数的个数是否为三个，第一个为可执行程序，第二个为源文件名，第三个为目标文件名。以只读方式打开源文件，以写方式创建目标文件，按字节读源文件，写入目标文件，最后关闭两个文件。

12.3.6 字符串读写函数

文件中的字符串读写函数是以字符串为单位的读写函数。每次可从文件读出或向文件写入一个指定长度的字符串。

1. 读字符串函数 fgets( )

fgets( )函数的功能是从指定的文件中读一个字符串到字符数组中，其调用的一般形式为：

```
fgets(字符数组名, n, 文件指针);
```

其中，n 是一个正整数，表示从文件中读出的字符串不超过 n–1 个字符。在读入的最后一个字符后加上字符串结束标志\0。例如：

```
fgets(str, n, fp);
```

是从 fp 所指向的文件中读出 n–1 个字符并送入字符数组 str 中。

【例 12-5】 从 exp12-1.dat 文件中读出一个含 10 个字符的字符串。

```c
/* exp12-5 */
#include "stdio.h"
#include "conio.h"
int main( )
{
    FILE *fp;
    char strs[11];
    if((fp = fopen("exp12-1.dat", "r"))== NULL)
    {
        printf("\nCannot open file!");
        getch( );
        return 1;
    }
    fgets(strs, 11, fp);
    printf("\n%s\n", strs);
    fclose(fp);
    return 0;
}
```

程序分析：程序要求读出含 10 个字符的字符串，字符串实际长度为 11，因此定义了一个字符数组 strs 共 11 字节。首先，在以读文本文件方式打开文件 exp12-1.dat 后，读出 10 个字符送入 strs 数组，数组最后一个元素为\0，然后在屏幕上显示输出 strs 数组。

注意：

(1)在读出 n–1 个字符之前，如果遇到了换行符或 EOF，则读出结束。

(2)fgets( )函数的返回值是字符数组的首地址。

2. 写字符串函数 fputs( )

fputs( )函数的功能是向指定的文件写入一个字符串，其调用的一般形式为：

```
fputs(字符串, 文件指针);
```

其中，字符串可以是字符串常量，也可以是字符数组名或指针变量。例如：

```
fputs("abcd", fp);
```

把字符串 abcd 写入 fp 所指向的文件中；而

```
char strs[11];
fputs(strs, fp);
```

把字符数组 strs 写入 fp 所指向的文件中。

【例 12-6】 在 exp12-1.dat 文件中追加一个字符串。

```
/* exp12-6 */
#include "stdio.h"
#include "conio.h"
int main( )
{
    FILE *fp;
    char ch, strs[20];
    if((fp = fopen("exp12-1.dat", "a+"))== NULL)
    {
        printf("Cannot open exp12-1.dat file!");
        getch( );
        return 1;
    }
    printf("Please input a string:\n");
    scanf("%s", strs);
    fputs(strs, fp);
    rewind(fp);                    /* 将文件指针 fp 移至文件首 */
    ch = fgetc(fp);
    while(ch != EOF)               /* 判断是否到文件尾 */
    {
        putchar(ch);
        ch = fgetc(fp);
    }
    printf("\n");
    fclose(fp);
    return 0;
}
```

程序分析：程序要求在 exp12-1.dat 文件末尾加写字符串，因此，首先以追加读写文本文件的方式打开文件 exp12-1.dat，然后输入字符串 strs，并用 fputs( ) 函数把该字符串写入文件 exp12-1.dat 中。写入字符串后，文件指针一定要使用 rewind( ) 函数把文件位置指针移到文件首，然后逐个显示写入字符串后的文件全部内容。

12.3.7　格式化读写函数

fscanf( ) 函数和 fprintf( ) 函数与前面使用的 scanf( ) 函数和 printf( ) 函数的功能相似，都是格式化读写函数。两者的区别在于 fscanf( ) 函数和 fprintf( ) 函数的读写对象不是键盘和显示器，而是磁盘文件。

格式化读写函数调用的一般形式为：

```
fscanf(文件指针，格式字符串，输入表列);
fprintf(文件指针，格式字符串，输出表列);
```

例如：

```
FILE *fp;
int i;
fscanf(fp, "%d", &i);
fprintf(fp, "%d", i);
```

fscanf( )、fprintf( )函数和 scanf( )、printf( )函数在使用时的主要区别在于：fscanf( )、fprintf( )函数增加了文件指针，作为第一个参数，其余两个参数和对应函数的参数的写法是一样的。

【例 12-7】 从键盘输入两个学生的成绩信息，用 fscanf( )和 fprintf( )函数实现将这些数据写入文件中，再从文件读出显示在屏幕上。

```
/* exp12-7 */
#include "stdio.h"
#include "conio.h"
struct stuscore
{
    int num;
    char name[20];
    float score;
} stus1[2], stus2[2], *p1, *p2;

int main( )
{
    FILE *fp;
    int i;
    p1 = stus1;
    p2 = stus2;
    if((fp = fopen("exp12-2.dat", "w+"))== NULL)
    {
        printf("Cannot open file exp12-2.dat!");
        getch( );
        return 1;
    }
    printf("\nPlease input student score data\n");
    for(i = 0; i < 2; i++, p1++)
    {
        scanf("%d%s%f", &p1->num, p1->name, &p1->score);
    }
    p1 = stus1;
    for(i = 0; i < 2; i++, p1++)
    {
        fprintf(fp, "%d\n%s\n%f\n", p1->num, p1->name, p1->score);
    }
    rewind(fp);
    for(i = 0; i < 2; i++, p2++)
    {
        fscanf(fp, "%d\n%s\n%f\n", &p2->num, p2->name, &p2 ->score);
    }
    printf("\n\nnum\tname\tscore\n");
    p2 = stus2;
    for(i = 0; i < 2; i++, p2++)
    {
        printf("%d\t%s\t%f\t", p2->num, p2->name, p2->score);
    }
```

```
            fclose(fp);
            return 0;
    }
```

程序分析：程序中 fscanf( ) 和 fprintf( ) 函数每次只能读写一个结构体数组元素，因此采用了循环语句来读写全部数组元素。还要注意指针变量 p1 和 p2，由于循环改变了 p1 和 p2 的值，在输出前分别重新赋予了数组的首地址。

12.3.8 数据块读写函数

C 语言除提供字符、字符串读写、格式化读写函数外，还提供了用于整块数据的读写函数，可用来读写一组数据，如一个数组元素、一个结构体变量的值等。

(1)读数据块函数调用的一般形式为：

```
fread(buffer, size, count, fp);
```

(2)写数据块函数调用的一般形式为：

```
fwrite(buffer, size, count, fp);
```

其中，buffer 是一个指针，在 fread( ) 函数中，表示存放输入数据的首地址。在 fwrite( ) 函数中，表示存放输出数据的首地址。size 表示数据块的字节数。count 表示要读写的数据块块数。fp 表示文件指针。例如：

```
FILE *fp;
float a[10];
fread(a, 4, 2, fp);
```

从 fp 所指向的文件，每次读出 4 字节送入实型数组 a 中，共读两个实数到 a 中。而

```
fwrite(a, 4, 2, fp);
```

将实数数组 a 中的前两个实数写入 fp 所指向的文件中。

【例 12-8】 从键盘输入两个学生的成绩信息，写入一个文件中，再从文件中读出这两个学生的数据显示在屏幕上。

```
/* exp12-8 */
#include "stdio.h"
#include "conio.h"
struct stuscore
{
    int num;
    char name[20];
    float score;
} stus1[2], stus2[2], *p1, *p2;

int main( )
{
    FILE *fp;
    int i;
    if((fp = fopen("exp12-2.dat", "wb+"))== NULL)
    {
        printf("Cannot open file exp12-2.dat!");
        getch( );
```

```
        return 1;
    }
    printf("\nPlease input student score data\n");
    p1 = stus1;
    for(i = 0; i < 2; i++, p1++)
    {
        scanf("%d%s%f", &p1->num, p1->name, &p1->score);
    }
    p1 = stus1;
    fwrite(p1, sizeof(struct stuscore), 2, fp);
    rewind(fp);
    p2 = stus2;
    fread(p2, sizeof(struct stuscore), 2, fp);
    p2 = stus2;
    printf("\n\nnumber  nanme  score \n");
    for(i = 0; i < 2; i++, p2++)
    {
        printf("%d  %s  %f\n", p2->num, p2->name, p2->score);
    }
    fclose(fp);
    return 0;
}
```

程序分析：程序中定义了一个结构体类型 stuscore，说明了两个结构体数组 stus1 和 stus2 以及两个结构体指针变量 p1 和 p2。p1 指向 stus1，p2 指向 stus2。程序先以读写方式打开文件 exp12-2.dat，输入两个学生成绩数据之后，写入该文件中，然后把文件内部位置指针移到文件首，读出文件中的两个学生的数据后，在屏幕上显示。

12.4　综合程序设计

【例 12-9】 编写一个程序实现从文件 scorein.dat 中读入学生的成绩信息(每个学生信息包括学号、姓名、课程成绩)并输出到屏幕上，再按照课程成绩由高到低的顺序排序并输出到屏幕上，计算学生平均成绩以及高于平均成绩和低于平均成绩的人数，并输出到 scoreout.dat 文件中。

```
/* exp12-9 */
#include "stdio.h"
#include "conio.h"
struct stuscore
{
    int num;                   /* 学号 */
    char name[20];             /* 姓名 */
    float score;               /* 课程成绩 */
};

struct stuscore stus[100];     /* 定义一个结构数组，为全局变量 */
int filein( );                 /* 声明输入信息函数，返回值为总人数 */
void display(int count);       /* 声明显示学生信息函数 */
void sort(int count);          /* 声明成绩排序函数 */

int main( )
{
```

```
    FILE *outfp;
    int i, count, count1, count2;
    float sum, ave;
    char ch;
    count = filein( );                  /* 调用读入信息函数 */
    printf("\n 按成绩排序前的学生成绩信息如下：\n");
    display(count);                     /* 调用显示信息函数 */
    sort(count);                        /* 调用排序函数 */
    printf("\n 按成绩排序后的学生成绩信息如下：\n");
    display(count);                     /* 调用输出信息函数 */
    sum = 0;
    for(i = 0; i < count; i++)
    {
        sum += stus[i].score;
    }
    ave = sum / count;
    count1 = 0;

    count2 = 0;
    for(i = 0; i < count; i++)
    {
        if( stus[i].score > ave)
        {
            count1++;
        }
        else
        {
            count2++;
        }
    }
    printf("\n\n 总人数为：%-5d 人，平均成绩为：%6.2f\n", count, ave);
    printf("\n 其中高于平均成绩的人数为：%-5d 人；", count1);
    printf("\n   低于平均成绩的人数为：%-5d 人。", count2);
    if((outfp = fopen("scoreout.dat", "w+"))== NULL)
    {
        printf("Cannot create file scoreout.dat!");
        getch( );
        return 1;
    }
    fprintf(outfp, "\n\n 学生总人数：%-5d 人，平均成绩为：%6.2f\n", count, ave);
    fprintf(outfp, "\n 其中高于平均成绩的人数为：%-5d 人；", count1);
    fprintf(outfp, "\n   低于平均成绩的人数为：%-5d 人。", count2);
    fclose(outfp);
    return 0;
}

int filein( )                           /* 从文件输入学生成绩信息函数 */
{
    int i;
    FILE *infp;
    if((infp = fopen("scorein.dat", "r+"))== NULL)
    {
        printf("Cannot open file scorein.dat!");
        getch( );
        return 0;
```

```
        }
        i = 0;
        while (!feof(infp))
        {
            fscanf(infp, "%d\n%s\n%f\n",&stus[i].num, stus[i].name, &stus[i].score);
            i++;
        }
        fclose(infp);
        return i;
    }

    void display(int count)                    /* 显示学生成绩信息函数 */
    {
        int i;
        printf("\n 学号\t 姓名\t\t 成绩");
        printf("\n");
        for(i =0; i < count; i++)
        {
            printf("%-03d", stus[i].num);
            printf("\t%-20s", stus[i].name);
            printf("\t%-10.2f", stus[i].score);
            printf("\n");
        }
    }

    void sort(int count)                       /* 排序函数 */
    {
        /* 选择排序法 */
        int i, j, k;
        struct stuscore t;                     /* 定义一个结构体变量用于交换数据 */
        for (i = 0; i < count - 1; i++)   /* 选择法排序 */
        {
            k = i;
            for(j = i + 1; j < count; j++)
            {
                if(stus[k].score < stus[j].score)
                    k = j;
            }
            if(k != i)
            {
                t = stus[k];                   /* 交换数据 */
                stus[k] = stus[i];
                stus [i] = t;
            }
        }
    }
```

【例 12-10】 以文件的方式保存录入的学生通讯录信息(包括姓名、性别、住址、联系电话、电子邮件等)，并且实现通讯录的基本功能。

算法分析：通讯录管理系统的基本功能包括，对通讯录数据的录入、保存、删除、修改以及查找功能。通讯录数据以文件形式存储在磁盘上，根据实际需要定义文件的存储格式；在程序运行中需要对文件进行读取操作。

程序主要包括以下三个模块。

(1)输入输出模块：包括程序界面显示、用户输入响应、结果输出等。

(2)管理模块：管理模块从输入/输出模块读取用户命令并进行相应的操作，包括录入、删除、修改、查找、列表等。

(3)文件操作模块：进行存储文件的读写。

```c
/* exp12-10 */
#include "stdio.h"
#include "conio.h"
#include "string.h"
struct  strecord                          /* 定义链表结构类型 */
{
    char  name[20];
    int sex;                              /* 0代表男，1代表女 */
    char address[100];
    char phone[100];
    char email[100];
};
struct strecord stu[500];                 /* 最大容量500人 */
int count;                                /* 当前人数 */

int main( )                               /* 主函数 */
{
    int load( );                          /* 声明从文件读入函数 */
    void app( );                          /* 声明添加操作函数 */
    void search( );                       /* 声明查找操作函数 */
    void del( );                          /* 声明删除操作函数 */
    void edit( );                         /* 声明修改操作函数 */
    void display( );                      /* 声明列表显示函数 */
    int save( );                          /* 声明文件写入函数 */
    int chose, flag = 1;

    count = load( );                      /* 调用从文件读数据到结构体数组函数 */
    while(flag)
    {
        /* 在屏幕上画一个主菜单 */
        printf("/* ********通讯录管理******** */\n\n");
        printf(" 1:  Append\n\n");
        printf(" 2:  Search\n\n");
        printf(" 3:  Delete\n\n");
        printf(" 4:  Edit\n\n");
        printf(" 5:  List\n\n");
        printf(" 0:  Exit\n\n");
        printf("/* ***************************** */\n\n");
        printf("please select:");
        scanf("%d", &chose);              /* 输入选择项 */
        switch(chose)
        {
            case 1: app( ); break;
            case 2: search( ); break;
            case 3: del( ); break;
            case 4: edit( ); break;
            case 5: display( ); break;
            default:save( );              /* 将数据写入文件 */
```

```
                    flag = 0;                    /* 改变标志变量的值退出循环 */
            }
        }
        return 0;
}

int load( )                                      /* 从文件读入已有学生通讯录数据 */
{
        int i;
        FILE *fp;
        if((fp = fopen("sturecord.dat", "r+"))== NULL)
        {
            printf("Cannot open file sturecord.dat!");
            getch( );
            return -1;
        }
        i = 0;
        while (!feof(fp))
        {
            fscanf(fp, "%s\n%d\n", stu[i].name, &stu[i].sex);
            fscanf(fp, "%s\n%s\n%s\n", stu[i].address, stu[i].phone, stu[i].email);
            i++;
        }
        fclose(fp);
        return i;
}

void app( )
{
        /* 通讯录中插入学生信息 */
        char ch;
        if(count == 500)
        {
            printf("\n通讯录已满! ");
            getch( );
        }
        else
        {
            while(1)
            {
                printf("\n请输入要插入的学生通讯录信息\n");
                printf("\n序号: %d", count);
                printf("\n姓名: ");
                gets(stu[count].name);
                printf("\n性别(0: 男, 1: 女): ");
                scanf("%d", &stu[count].sex);
                printf("\n住址: ");
                gets(stu[count].address);
                printf("\n电话: ");
                gets(stu[count].phone);
                printf("\n电子邮箱: ");
                gets(stu[count].email);
                count++;
                printf("是否继续录入? (Y/N)");
```

```c
            ch = getch( );
            if(ch != 'Y' && ch != 'y')
            {
                break;
            }
        }
    }
}

void search( )                                    /* 按姓名和电话查找 */
{
    int i, flag;
    char ch;
    char name[20], phone[100];
    while(1)
    {
        printf("\n请选择查找方式(0：姓名，1：电话)：");
        scanf("%d", &flag);
        if(flag)
        {
            printf("\n请输入电话：");
            scanf("%s", phone);
            for(i = 0; i < count; i++)
            {
                if(strcmp(phone, stu[i].phone)== 0)
                    break;
            }
        }
        else
        {
            printf("\n请输入姓名：");
            scanf("%s", name);
            for(i = 0; i < count; i++)
            {
                if(strcmp(name, stu[i].name)== 0)
                    break;
            }
        }
        if(i == count)                            /* 没有找到 */
        {
            printf("Not found!");
        }
        else                                      /* 第 i 个人为找到的人 */
        {
            printf("\n学生通讯录信息：");
            printf("\n姓名：%s", stu[i].name);
            if(stu[i].sex == 0)
                printf("\n性别：男");
            else
                printf("\n性别：女");
            printf("\n住址：%s", stu[i].address);
            printf("\n电话：%s", stu[i].phone);
            printf("\n电子邮箱：%s", stu[i].email);
        }
```

```c
        printf("是否继续查找？(Y/N)");
        ch = getch( );
        if(ch != 'Y' && ch != 'y')
        {
            break;
        }
    }
}

void del( )                                 /* 按序号删除 */
{
    int i, recno;
    char ch;
    while(1)
    {
        printf("\n请输入序号：");
        scanf("%d", &recno);
        if(recno < 0 || recno > count)
        {
            printf("序号输入不正确！\n");
        }
        else
        {
            for(i = recno; i < count - 1; i++)
            {
                stu[i] = stu[i+1];
            }
            count--;
            printf("是否继续删除？(Y/N)");
            ch = getch( );
            if(ch != 'Y' && ch != 'y')
            {
                break;
            }
        }
    }
}

void edit( )                                /* 按序号修改 */
{
    int chose, recno;
    char ch;
    while(1)
    {
        printf("\n请输入序号：");
        scanf("%d", &recno);
        if(recno < 0 || recno > count)
        {
            printf("序号输入不正确！\n");
        }
        else
        {
            printf("\n学生通讯录信息：");
            printf("\n序号：%d", recno);
            printf("\n姓名：%s", stu[recno].name);
```

```c
if(stu[recno].sex == 0)
{
    printf("\n性别：男");
}
else
{
    printf("\n性别：女");
}
printf("\n住址：%s", stu[recno].address);
printf("\n电话：%s", stu[recno].phone);
printf("\n电子邮箱：%s", stu[recno].email);
printf("\n\n请选择修改内容(1:姓名，2：性别，3：住址，");
printf("4:电话，5：电子邮箱)：");
scanf("%d", &chose);
switch(chose)
{
    case 1:
    {
        printf("\n请输入新的姓名：");
        gets(stu[recno].name);
        break;
    }
    case 2:
    {
        printf("\n请选择新的性别(0：男，1：女)：");
        scanf("%d", & stu[count].sex);
        break;
    }
    case 3:
    {
        printf("\n请输入新的住址：");
        gets(stu[recno].address);
        break;
    }
    case 4:
    {
        printf("\n请输入新的电话：");
        gets(stu[recno].phone);
        break;
    }
    case 5:
    {
        printf("\n请输入新的电子邮箱：");
        gets(stu[recno].email);
        break;
    }
    default:
```

```
                    {
                        printf("\n 选择错误！");
                    }
                }
                printf("是否继续修改？(Y/N)");
                ch = getch( );
                if(ch != 'Y' && ch != 'y')
                {
                    break;
                }
            }
        }
    }

void display( )
{
    /* 显示学生通讯录信息 */
    int i;
    for(i = 0; i < count; i++)
    {
        printf("\n 第%d 个学生通讯录信息: ", i+1);
        printf("\n 姓名: %s", stu[i].name);
        if(stu[i].sex == 0)
            printf("\n 性别: 男");
        else
            printf("\n 性别:  女");
        printf("\n 住址:  %s", stu[i].address);
        printf("\n 电话:  %s", stu[i].phone);
        printf("\n 电子邮箱: %s", stu[i].email);
        if((i + 1)% 4 == 0)
            getch( );                               /* 显示四个学生信息后暂停 */
    }
}

int save( )                                 /* 将学生通讯录数据写入文件 */
{
    int i;
    FILE *fp;
    if((fp = fopen("sturecord.dat", "w+"))== NULL)
    {
        printf("Cannot create file sturecord.dat!\n");
        getch( );
        return -1;
    }
    for(i = 0; i < count; i++)
    {
```

```
            fprintf(fp, "%s\n%d\n", stu[i].name, stu[i].sex);
            fprintf(fp,"%s\n%s\n%s\n",stu[i].address,stu[i].phone,stu[i].email);
        }
        fclose(fp);
        return 0;
    }
```

小　结

本章介绍了文件的概念、特点及文件的使用，文件应按照打开、读写、修改和关闭文件的步骤进行。文件的操作是本章的重点内容。C 语言提供了各种文件读写函数，文件的读写有顺序和随机两种方式，并通过一些实例详细介绍了文件的使用方法。

习　题　12

一、选择题

1. 如果调用 fopen( )函数打开文件时出错，则函数的返回值是_____。

    A)地址 　　　　　　　 B)非 0 　　　　　　　 C)NULL 　　　　　　　 D)EOF

2. 如果调用 fclose( )函数关闭文时件出错，则函数的返回值是_____。

    A)地址 　　　　　　　 B)非 0 　　　　　　　 C)NULL 　　　　　　　 D)EOF

3. 当文件已经读到尾部时，调用 feof( )函数，则函数的返回值是_____。

    A)NULL 　　　　　　　 B)1 　　　　　　　 C)0 　　　　　　　 D)EOF

4. 如果调用 fopen( )函数打开一个新的二进制文件，文件既要能读，又要能写，应选择的打开方式是_____。

    A)rb 　　　　　　　 B)wb 　　　　　　　 C)rb+ 　　　　　　　 D)wb+

5. fgetc( )函数的作用是从文件中读取_____。

    A)一个字符 　　　　 B)一串字符 　　　　 C)一个整数 　　　　 D)一个结构

6. fgets( )函数的作用是从文件中读取_____。

    A)一个字符 　　　　 B)一串字符 　　　　 C)一个整数 　　　　 D)一个结构

7. rewind( )函数的作用是_____。

    A)使文件指针定位在文件首部 　　　　　　 B)使文件指针定位在文件尾部

    C)使文件指针定位在文件中的指定位置 　　 D)使文件指针自动下移一个数据单元

8. fseek( )函数的作用是_____。

    A)使文件指针定位在文件首部 　　　　　　 B)使文件指针定位在文件尾部

    C)使文件指针定位在文件中的指定位置 　　 D)使文件指针自动下移一个数据单元

9. fwrite( )函数的调用形式是_____。

    A)fwrite(buffer, size, count, fp); 　　　　　 B)fwrite(fp, size, count, buffer);

    C)fwrite(buffer, count, size, fp); 　　　　　 D)fwrite(buffer, fp, size, count);

10. fseek( )函数的调用形式是_____。

A) fseek（fp,起始点,位移量）；   B) fseek（位移量,fp,起始点）；

C) fseek（位移量,起始点,fp）；   D) fseek（fp,位移量,起始点）；

二、填空题

1. 文件的使用步骤是_____、_____、_____。

2. 有文本文件和二进制文件，可以用"记事本"进行查看和修改的文件是_____。

3. 下面的程序用来统计文件中字符的个数，请填空。

```c
#include "stdio.h"
#include "conio.h"
int main( )
{
    FILE *fp;
    long num = 0L;
    if((fp = fopen("fname.dat", "r"))== NULL)
    {
        pirntf("Open error\n");
        return 1;
    }
    while(_____)
    {
        fgetc(fp);
        num++;
    }
    printf("num=%ld\n",num-1);
    _____;
    return 0;
}
```

4. 程序中用户由键盘输入一个文件名，然后输入一串字符(用#结束输入)存放到此文件中，建立文本文件，并将字符的个数写到文件尾部，请填空。

```c
#include "stdio.h"
#include "conio.h"
int main( )
{
    FILE  *fp;
    char str[100];
    int i = 0;
    if((fp = fopen("text.txt",_____)== NULL)
    {
        printf("Can't create this file.\n");
        return 1;
    }
    printf("Please input a string:\n");

    while(ch = getchc( ))!= '#')        /* 判断输入是否结束 */
    {
        fput(_____)                   /* 写入文件 */

    }
    fclose(fp);
    return 0;
}
```

5. 下面程序是将 old.txt 文件的内容复制到 new.txt 的新文件中，请填空。

```c
#include "stdio.h"
#include "conio.h"
int main( )
{
    FILE *fp1, *fp2;
    char ch;
    if((fp1 = fopen("old.txt", "r"))== NULL)
    {
        pirntf("Open error\n");
        return 1;
    }
    if((fp2 = fopen("new.txt", "w"))== NULL)
    {
        pirntf("Create error\n");
        return 1;
    }
    while(_____!= EOF)
    {
        fputc(ch, fp2);
    }
    fclose(fp1);
    _____;
    return 0;
}
```

三、程序设计题

1. 统计一个文本文件中英文字母的个数。

2. 已知一个文件中存放了 10 个整型数据，将其排序后存入另一个文件。

3. 已知一个文件中存放了 10 个整型数据，将其以二进制数据的形式存入另一个文件。

4. 设两个文本文件中的字符数量相等，比较两个文本文件中的内容是否一致；如果不同，请输出首次不同字符的位置。

5. 从文件中读取 10 个学生的通讯录数据(姓名、住址、联系电话等)，并将其存放到链表。

附录 A 常用字符与 ASCII 码对照表

十进制	十六进制	字符	十进制	十六进制	字符	十进制	十六进制	字符	十进制	十六进制	字符
0	0	NUL	32	20	space	64	40	@	96	60	`
1	1	SOH	33	21	!	65	41	A	97	61	a
2	2	STX	34	22	"	66	42	B	98	62	b
3	3	ETX	35	23	#	67	43	C	99	63	c
4	4	EOT	36	24	$	68	44	D	100	64	d
5	5	ENQ	37	25	%	69	45	E	101	65	e
6	6	ACK	38	26	&	70	46	F	102	66	f
7	7	BEL	39	27	'	71	47	G	103	67	g
8	8	BS	40	28	(	72	48	H	104	68	h
9	9	TAB	41	29	)	73	49	I	105	69	i
10	0a	LF	42	2a	*	74	4a	J	106	6a	j
11	0b	VT	43	2b	+	75	4b	K	107	6b	k
12	0c	FF	44	2c	,	76	4c	L	108	6c	l
13	0d	CR	45	2d	–	77	4d	M	109	6d	m
14	0e	SO	46	2e	.	78	4e	N	110	6e	n
15	0f	SI	47	2f	/	79	4f	O	111	6f	o
16	10	DLE	48	30	0	80	50	P	112	70	p
17	11	DC1	49	31	1	81	51	Q	113	71	q
18	12	DC2	50	32	2	82	52	R	114	72	r
19	13	DC3	51	33	3	83	53	S	115	73	s
20	14	DC4	52	34	4	84	54	T	116	74	t
21	15	NAK	53	35	5	85	55	U	117	75	u
22	16	SYN	54	36	6	86	56	V	118	76	v
23	17	ETB	55	37	7	87	57	W	119	77	w
24	18	CAN	56	38	8	88	58	X	120	78	x
25	19	EM	57	39	9	89	59	Y	121	79	y
26	1a	SUB	58	3a	:	90	5a	Z	122	7a	z
27	1b	ESC	59	3b	;	91	5b	[	123	7b	{
28	1c	FS	60	3c	<	92	5c	\	124	7c		
29	1d	GS	61	3d	=	93	5d	]	125	7d	}
30	1e	RS	62	3e	>	94	5e	^	126	7e	~
31	1f	US	63	3f	?	95	5f	_	127	7f	DEL

说明:

① 0～32 之间及 127(共 34 个)的 ASCII 码是计算机使用的控制字符或通信专用字符,有些不能直接显示。

② 大小写字母的 ASCII 码值差为 32,数字字符'0'～'9'的 ASCII 码值为 48～57。

附录 B 扩展 ASCII 码对照表

十进制	十六进制	字符	十进制	十六进制	字符	十进制	十六进制	字符	十进制	十六进制	字符
128	80	€	160	A0	á	192	C0	└	224	E0	α
129	81	ü	161	A1	í	193	C1	┴	225	E1	β
130	82	é	162	A2	ó	194	C2	┬	226	E2	Γ
131	83	â	163	A3	ú	195	C3	├	227	E3	π
132	84	ä	164	A4	ñ	196	C4	─	228	E4	Σ
133	85	à	165	A5	Ñ	197	C5	┼	229	E5	σ
134	86	å	166	A6	a	198	C6	╞	230	E6	μ
135	87	ç	167	A7	o	199	C7	╟	231	E7	τ
136	88	ê	168	A8	¿	200	C8	╚	232	E8	Φ
137	89	ë	169	A9	⌐	201	C9	╔	233	E9	Θ
138	8A	è	170	AA	¬	202	CA	╩	234	EA	Ω
139	8B	ï	171	AB	1/2	203	CB	╦	235	EB	δ
140	8C	î	172	AC	1/4	204	CC	╠	236	EC	∞
141	8D	ì	173	AD	¡	205	CD	═	237	ED	φ
142	8E	Ä	174	AE	«	206	CE	╬	238	EE	ε
143	8F	Å	175	AF	»	207	CF	╧	239	EF	∩
144	90	É	176	B0	░	208	D0	╨	240	F0	≡
145	91	æ	177	B1	▒	209	D1	╤	241	F1	±
146	92	Æ	178	B2	▓	210	D2	╥	242	F2	≥
147	93	ô	179	B3	│	211	D3	╙	243	F3	≤
148	94	ö	180	B4	┤	212	D4	Ô	244	F4	⌠
149	95	ò	181	B5	╡	213	D5	╒	245	F5	⌡
150	96	û	182	B6	╢	214	D6	╓	246	F6	÷
151	97	ù	183	B7	╖	215	D7	╫	247	F7	≈
152	98	ÿ	184	B8	╕	216	D8	╪	248	F8	≈
153	99	Ö	185	B9	╣	217	D9	┘	249	F9	·
154	9A	Ü	186	BA	║	218	DA	┌	250	FA	·
155	9B	¢	187	BB	╗	219	DB	█	251	FB	√
156	9C	£	188	BC	╝	220	DC	▄	252	FC	ⁿ
157	9D	¥	189	BD	╜	221	DD	▌	253	FD	²
158	9E	Pts	190	BE	╛	222	DE	▐	254	FE	■
159	9F	ƒ	191	BF	┐	223	DF	▀	255	FF	

说明：

① 由于标准 ASCII 字符集字符数目有限，无法满足实际应用，因此国际标准化组织制定了将 ASCII 字符集扩充为 8 位代码的规定，并且最高位为 1，称为扩展 ASCII 码。

② 扩充字符从 128 到 255 共 128 个字符，这些字符是用来表示框线、音标和其他欧洲非英语系的字母。其中 179～218 是制表符。

附录 C　C 语言关键字

auto	break	case	char	const
continue	default	do	double	else
enum	extern	float	for	goto
if	int	long	register	return
short	signed	sizeof	static	struct
switch	typedef	union	unsigned	void
volatile	while			

附录 D C 语言的 9 种控制语句

(1) if (表达式) 语句

或者

if (表达式) 语句 1

else 语句 2

又或者

if (表达式 1) 语句组 1

else if (表达式 2) 语句组 2

…

else if (表达式 3) 语句组 n

else 语句组 $n+1$

(2) while (表达式) 语句

(3) do 语句

while (表达式);

(4) for (表达式 1; 表达式 2; 表达式 3)

语句

(5) switch (表达式)

{

    case 常量表达式 1: 语句 1;

    case 常量表达式 2: 语句 2;

       …

    case 常量表达式 n: 语句 n;

    default: 语句 $n+1$;

}

(6) break 语句

(7) continue 语句

(8) return 语句

(9) goto 语句

附录 E C 语言运算符的优先级与结合性

优先级	运 算 符	含 义	使 用 形 式	结 合 方 向	运算对象个数
1	[]	数组下标	数组名[常量表达式]	自左到右	
	( )	圆括号	(表达式)/函数名(形参表)		
	.	成员选择(对象)	对象.成员名		
	->	成员选择(指针)	对象指针->成员名		
2	-	负号运算符	-表达式	自右到左	单目运算符
	(类型标识符)	强制类型转换	(数据类型)表达式		
	++	自增运算符	++变量名/变量名++		
	- -	自减运算符	- -变量名/变量名- -		
	*	取值运算符	*指针变量		
	&	取地址运算符	&变量名		
	!	逻辑非运算符	!表达式		
	~	按位取反运算符	~表达式		
	sizeof	长度运算符	sizeof(表达式)		
3	/	除	表达式/表达式	自左到右	双目运算符
	*	乘	表达式*表达式		
	%	余数(取模)	整型表达式/整型表达式		
4	+	加	表达式+表达式	自左到右	双目运算符
	-	减	表达式-表达式		
5	<<	左移	变量<<表达式	自左到右	双目运算符
	>>	右移	变量>>表达式		
6	>	大于	表达式>表达式	自左到右	双目运算符
	>=	大于等于	表达式>=表达式		
	<	小于	表达式<表达式		
	<=	小于等于	表达式<=表达式		
7	==	等于	表达式==表达式	自左到右	双目运算符
	!=	不等于	表达式!=表达式		
8	&	按位与	表达式&表达式	自左到右	双目运算符
9	^	按位异或	表达式^表达式	自左到右	双目运算符
10	|	按位或	表达式|表达式	自左到右	双目运算符
11	&&	逻辑与	表达式&&表达式	自左到右	双目运算符
12	||	逻辑或	表达式||表达式	自左到右	双目运算符
13	?:	条件运算符	表达式 1? 表达式 2: 表达式 3	自右到左	三目运算符
14	=	赋值运算符	变量=表达式	自右到左	双目运算符
	/=	除后赋值	变量/=表达式		
	*=	乘后赋值	变量*=表达式		
	%=	取模后赋值	变量%=表达式		
	+=	加后赋值	变量+=表达式		
	-=	减后赋值	变量-=表达式		
	<<=	左移后赋值	变量<<=表达式		

优先级	运 算 符	含 义	使 用 形 式	结 合 方 向	运算对象个数
14	>>=	右移后赋值	变量>>=表达式		
	&=	按位与后赋值	变量&=表达式		
	^=	按位异或后赋值	变量^=表达式		
	|=	按位或后赋值	变量|=表达式		
15	,	逗号运算符(顺序求值运算符)	表达式,表达式,…	自左到右	从左向右顺序运算

说明:

(1) 优先级序号越小,优先级越高。

(2) 结合方向表示相同级别的运算符的运算次序。

(3) 同一优先级的运算符,运算次序由结合方向决定。

(4) 不同运算符要求有不同的运算对象个数。

(5) 为了读者容易记忆,从表上大致归纳出各类运算符的优先级如下图所示,图中优先级别由上到下是递减的。

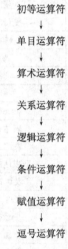

初等运算符
↓
单目运算符
↓
算术运算符
↓
关系运算符
↓
逻辑运算符
↓
条件运算符
↓
赋值运算符
↓
逗号运算符

附录 F　常用的 ANSI C 标准库函数

标准函数的使用都应包含在相应的头文件中，C 语言中主要的头文件有如下几种。

头 文 件	说 明
alloc.h	动态地址分配函数
conio.h	说明调用 DOS 控制台 I/O 子程序函数
ctype.h	字符类及其转换函数
dir.h	目录和路径类操作函数
float.h	浮点运算类函数
graphics.h	图形函数
io.h	低级 I/O 子程序
iostream.h	数据流输入/输出函数
math.h	数学运算函数
mem.h	内存操作类函数
process.h	进程管理函数
stdio.h	标准输入/输出函数
stdlib.h	常用子程序及内存分配函数
string.h	字符串操作函数
time.h	日期与时间类函数

1．数学库函数

使用数学函数时，应包含头文件 math.h。

函数名	函 数 原 型	功 能	返 回 值	说 明
abs	int abs (int x);	求整数 x 的绝对值	计算结果	
acos	double acos (double x);	求 $\arccos(x)$ 的值	计算结果	x 应在[−1.0, 1.0]之间
asin	double asin (double x);	求 $\arcsin(x)$ 的值	计算结果	x 应在[−1.0, 1.0]之间
atan	double atan (double x);	求 $\arctan(x)$ 的值	计算结果	x 应在$(−\infty, +\infty)$之间
atan2	double atan2 (double x, double y);	求 $\arctan(x/y)$ 的值	计算结果	y 不等于 0
ceil	double ceil (double x);	求不小于 x 的最小整数	计算结果	
cos	double cos (double x);	求 $\cos(x)$ 的值	计算结果	x 的单位为弧度
cosh	double cosh (double x);	求 x 的双曲余弦 $\cosh(x)$ 的值	计算结果	
exp	double exp (double x);	求 e^x 的值	计算结果	
fabs	double fabs (double x);	求浮点数 x 的绝对值	计算结果	
floor	double floor (double x);	求不大于 x 的最大整数	计算结果	
fmod	double fmod (double x, double y);	求整数 x/y 的余数	返回余数的双精度数	y 不等于 0
frexp	double frexp (double val, int *exptr);	把双精度数 val 分解为数字部分(尾数)x 和以 2 为底的指数部分 n，即 val=x*2^n，其中 n 存放在 exptr 指向的变量中	返回尾数部分 x 的值，且 $0.5 \le x < 1$	
hypot	double hypot (double x, double y);	x, y 为给定的直角三角形的两直角边，求该直角三角形的斜边	计算结果	
log	double log (double x);	求对数 $\log_e x$，即 lnx	计算结果	
log10	double log10 (double x);	求对数 $\log_{10} x$	计算结果	

函数名	函 数 原 型	功 能	返 回 值	说 明
modf	double modf(double val, double *ipart);	把双精度数val分解为整数部分和小数部分，并把整数部分存到ipart指向的单元中	返回val的小数部分	
pow	double pow(double x, double y);	求x^y的值	计算结果	
pow10	double pow10(int x);	求10^x的值	计算结果	
sin	double sin(double x);	求sin(x)的值	计算结果	x的单位为弧度
sinh	double sinh(double x);	求x的双曲正弦函数sinh(x)的值	计算结果	
sqrt	double sqrt(double x);	求x的平方根	计算结果	x应大于等于0
tan	double tan(double x);	求tan(x)的值	计算结果	x的单位为弧度
tanh	double tanh(double x);	求x的双曲正切函数tanh(x)的值	计算结果	

2. 字符处理函数

使用字符处理函数时，应包含头文件 ctype.h。

函数名	函 数 原 型	功 能	返 回 值
isalnum	int isalnum(int ch);	检查ch是否为字母(alpha)或数字(number)	是字母或数字，返回1；否则返回0
isalpha	int isalpha(int ch);	检查ch是否为字母	是，返回1；否则返回0
isascii	int isascii(int ch);	检查ch是否为ASCII码	是，返回1；否则返回0
iscntrl	int iscntrl(int ch);	检查ch是否为控制字符(ASCII码为127、0~32之间)	是，返回1；否则返回0
isdigit	int isdigit(int ch);	检查ch是否为数字(0~9)	是，返回1；否则返回0
isgraph	int isgraph(int ch);	检查ch是否为除空格符外的可打印字符(ASCII码在33~126之间)	是，返回1；否则返回0
islower	int islower(int ch);	检查ch是否为小写字母(a~z)	是，返回1；否则返回0
isprint	int isprint(int ch);	检查ch是否为可打印字符(ASCII码在32~126之间，包括空格)	是，返回1；否则返回0
ispunct	int ispunct(int ch);	检查ch是否为标点符号，即除字母、数字、空格以外的可打印字符	是，返回1；否则返回0
isspace	int isspace(int ch);	检查ch是否为空格符、制表符或换行符	是，返回1；否则返回0
isupper	int isupper(int ch);	检查ch是否为大写字母(A~Z)	是，返回1；否则返回0
isxdigit	int isxdigit(int ch);	检查ch是否为十六进制数字(即0~9、A~F或a~f)	是，返回1；否则返回0
toascii	int toascii(int ch);	将ch转化为相应的ASCII码	转换后的ASCII码
tolower	int tolower(int ch);	将ch转化为相应的小写字母	若ch为大写英文字母，则返回对应的小写字母；否则返回原来的值
toupper	int toupper(int ch);	将ch转化为相应的大写字母	若ch为小写英文字母，则返回对应的大写字母；否则返回原来的值

3. 字符串处理函数

使用字符串处理函数时，应包含头文件 string.h。

函数名	函 数 原 型	功 能	返 回 值
strcat	char *strcat(char *dest, char *src);	将字符串src连接到字符串dest后面，连接后的结果放在字符串dest中(dest最后面的'\0'被取消)，因无边界检查，调用时应保证dest的空间足够大，能存放dest和src连接之后的内容	返回dest
strchr	char *strchr(char *str, char ch);	在字符串str中查找字符ch第一次出现的位置	返回第一次匹配位置的指针，若找不到，则返回空指针

函数名	函 数 原 型	功　能	返 回 值
strcmp	int strcmp (char *str1, char * str2);	比较两个字符串 str1 和 str2 的大小	str1>str2, 返回正数; str1=str2, 返回 0; str1<str2, 返回负数
strcpy	char * strcpy (char *dest, char * src);	把字符串 src 中的内容复制到字符串 dest 中, 使两个字符串的内容相同	返回 dest
strlen	int strlen (char *str);	统计字符串 str 中字符的个数(不包括终止符'\0')	返回字符的个数
strstr	char *strstr(char *str1, char *str2);	在字符串 str1 中查找第一次出现字符串 str2 的位置(不包括 str2 的串结束符)	返回第一次匹配字符串的指针, 若找不到, 返回空指针
strupr	char *strupr(char *str);	将字符串 str 中的小写字母转换为大写字母	返回指向被转换字符串的指针
strlwr	char *strlwr(char *str);	将字符串 str 中的所有大写字母变成小写字母	返回指向被转换字符串的指针

4. 输入/输出函数

ANSI C 要求在使用输入/输出函数时, 应包含头文件 stdio.h。

函数名	函 数 原 型	功　能	返 回 值
clearerr	void clearerr(FILE *fp);	清除文件指针错误指示器	无
fclose	int fclose(FILE *fp);	关闭 fp 所指的文件, 并释放文件缓冲区	有错, 返回非 0, 否则返回 0
feof	int feof(FILE *fp);	检测文件是否结束	遇到文件结束符, 返回非 0, 否则返回 0
ferror	int ferror(FILE *fp);	测试 fp 是否有错	若检测到错误, 返回非 0 值, 否则返回 0
fgetc	int fgetc(FILE *fp);	从 fp 所指定的文件中取得下一个字符	返回所得到的字符, 若读入错误, 返回 EOF
fgets	char *fgets(char *buf, int n, FILE *fp);	从 fp 所指的文件中读取一个长度为 (n-1) 的字符串, 存入以 buf 为起始地址的缓冲区中	返回地址 buf, 若遇到文件结束或出错, 返回 NULL
fopen	FILE *fopen(char *filename, char *mode);	以 mode 指定的方式打开名为 filename 的文件	打开的文件存在, 返回指向该文件的指针; 不存在, 则在指定的目录下建立该文件并打开, 然后返回指向该文件的指针
fprintf	int fprintf(FILE *fp, char *format, args, …);	把 args 的值以 format 所指定的格式输出到 fp 指向的文件中	正确, 返回实际输出字符数; 错误, 返回一个负数
fputc	int fputc(char ch, FILE *fp);	将字符 ch 输出到 fp 指向的文件中	成功, 返回该字符, 否则返回 EOF
fputs	int fputs(char *string, FILE *fp);	将 string 所指的字符串输出到 fp 指向的文件中	成功, 返回 0, 否则返回非 0
fread	int fread(void *buf, int size, int n, FILE *fp);	从 fp 指向的文件中读取长度为 size 的 n 个数据项, 存到 buf 为首地址的缓冲区中	返回实际读入数据项的个数, 若遇到错误或文件结束返回 0
fscanf	int fscanf(FILE *fp, char *format, args, …);	从 fp 所指向的文件中按 format 给定的格式读取数据到 args 所指向的内存单元(args 是指针)	返回已输入的数据个数
fseek	int fseek(FILE *fp, long offset, int base);	将 fp 指向的文件的位置指针移到以 base 为基准、以 offset 为偏移量的位置	成功, 返回当前位置, 否则返回-1
ftell	long ftell(FILE *fp);	返回 fp 指向的文件的当前读写位置	返回当前读写位置偏离文件头部的字节数
fwrite	int fwrite(void *buf, int size, int count, FILE *fp);	将 buf 所指向的 count*size 个字节的数据输出到 fp 所指向的文件中	返回实际写入文件数据项个数
getc	int getc(FILE *fp);	从 fp 所指向的文件中读取一个字符	返回所读取的字符, 否则返回 EOF

函数名	函数原型	功能	返回值
getchar	int getchar(void);	从标准输入设备中读取下一个字符	返回所读的字符,若文件结束或出错返回 -1
gets	char *gets(char *buf);	从标准输入设备中读取一个字符串,存入以 buf 为首地址的缓冲区中,一直读到接收新行符为止。新行符不作为读入串的内容,变成'\0'后作为该字符串的结束	成功则返回 buf 指针,错误则返回 NULL
printf	int printf(const char *format, args, …);	按 format 指向的格式字符串所规定的格式,将输出表列 args 的值输出到标准输出设备	输出字符的个数,若出错则返回一个负数
putc	int putc(int ch, FILE *fp);	将一个字符 ch 写入 fp 指向的文件中	写入成功,输出字符 ch,不成功则返回 EOF
putchar	int putchar(char ch);	将字符 ch 输出到标准输出设备上	返回输出的字符 ch,若出错则返回 EOF
puts	int puts(char *string);	将 string 指向的字符串输出到标准输出设备,并将'\0'转换为回车换行符'\n'	成功则返回换行符,失败则返回 EOF
remove	int remove(char *filename);	删除以 filename 为文件名的文件	成功删除文件返回 0,否则返回 -1
rename	int rename(char *oldname, char *newname);	把由 oldname 所指的文件名改为由 newname 所指的文件名	成功返回 0,出错返回 -1
rewind	void rewind(FILE *fp);	将 fp 文件的指针重新置于文件头,并清除文件的结束标志和错误标志	无
scanf	int scanf(char *format, args, …);	从标准输入设备按照 format 指向的字符串所规定的格式,将数据输入到 args 所指定的内存单元	成功,返回输入的字符个数,否则遇到结束符返回 EOF,出错返回 0

5. 动态存储分配函数

ANSI 标准建议动态存储分配函数包含在头文件 stdlib.h 中,但许多 C 编译系统在实现时,又增加了一些其他函数,而有的编译系统要求用 malloc.h 头文件。所以大家在使用时应查阅有关手册。

函数名	函数原型	功能	返回值	说明
calloc	void *calloc(unsigned n, unsigned size);	分配 n 个数据项的内存连续空间,每个数据项的大小为 size	返回分配的内存单元的起始地址,如不成功,返回 0	
free	void free(void *ptr);	释放 ptr 所指的内存空间	无	ptr 指向先前由 malloc( )、calloc( ) 或 realloc( )所返回的内存指针
malloc	void *malloc(unsigned size);	分配 size 字节的存储区	分配成功,则返回指向分配内存的指针,否则返回 NULL	
realloc	void *realloc(void *ptr, unsigned newsize);	将 ptr 所指出的已分配内存区的大小改为 newsize,newsize 可比原来分配的空间大或小	返回指向该内存区的指针	

6．其他类函数

函数名	函 数 原 型	功　　能	返回值	说　　明
abort	#include "stdlib.h"void abort (void) ;	异常终止一个进程，并打印一条终止信息"Abnormal program termination"到 stderr	无	
exit	#include "stdlib.h"void exit (int status) ;	正常终结目前进程的执行，并把参数 status 返回给父进程，而进程所有的缓冲区数据会自动写回并关闭未关闭的文件	无	参数 status 用来保存调用进程的出口状态。通常，0 表示正常退出，非 0 表示发生错误
rand	#include "stdlib.h"int rand (void) ;	产生–90～32767 的随机整数	随机整数	
srand	#include "stdlib.h"int srand (unsigned int seed) ;	设置随机时间的种子		常与 rand ( ) 结合使用

参 考 文 献

[1] 谭浩强著．C 程序设计(第四版)．北京：清华大学出版社，2010

[2] Harry H.Cheng．C 语言程序设计教程．北京：高等教育出版社，2011

[3] 张基温著．C 语言程序设计案例教程．北京：清华大学出版社，2004

[4] 廖湖声著．C 语言程序设计案例教程．北京：人民邮电出版社，2010

[5] 杨路明著．C 语言程序设计教程(第 2 版)．北京：北京邮电大学出版社，2006

[6] 李俊著．C 语言程序设计．北京：电子工业出版社，2012

[7] 苏小红著．C 语言程序设计．北京：高等教育出版社，2011

[8] 刘明军著．C 语言程序设计．北京：电子工业出版社，2011

[9] 王婧著．C 程序设计．北京：电子工业出版社，2009

[10] 牟海军．C 语言进阶重点、难点和疑点解析．北京：机械工业出版社，2012

[11] E Balagurusamy．标准 C 程序设计(第 3 版)．北京：清华大学出版社，2006